U0313037

马尾松工业用材林培育技术

Cultivation Technology of Industrial Timber Stand for *Pinus massoniana*

杨章旗 谌红辉 谭健晖 等 著

中国林业出版社

图书在版编目(CIP)数据

马尾松工业用材林培育技术/杨章旗等著 . —北京：中国林业出版社，2015.6
ISBN 978-7-5038-8032-2

Ⅰ.①马…　Ⅱ.①杨…　Ⅲ.①马尾松 – 工业 – 用材林 – 栽培技术　Ⅳ.①S791.248

中国版本图书馆 CIP 数据核字(2015)第 117757 号

出版　中国林业出版社(100009　北京西城区刘海胡同 7 号)
　　　　E-mail　36132881@qq.com　电话　(010)83148345
　　　　网址　http://lycb.forestry.gov.cn
印刷　北京北林印刷厂
版次　2015 年 6 月第 1 版
印次　2015 年 6 月第 1 次
开本　787mm×1092mm　1/16
印张　14
字数　340 千字
定价　56.00 元

《马尾松工业用材林培育技术》
主要著者

杨章旗　　谌红辉　　谭健晖　　冯源恒　　黄永利

李海防　　颜培栋　　覃荣料　　覃开展　　零天旺

张明慧　　王　胤　　徐慧兰　　贾　婕　　舒文波

陈　虎　　覃富健　　兰克豪　　梁远毅　　陈振华

韦理电　　温恒辉　　叶锦培　　吴东山　　唐生森

前　言

马尾松（*Pinus massoniana* Lamb.）是我国松属中分布最广的树种，广泛分布于我国亚热带地区，地跨 17 个省（自治区、直辖市）。20 世纪 50 年代后，马尾松的人工造林在我国得到了较快的发展，每年造林面积数万至数十万公顷。在我国，马尾松人工林面积约占我国人工林总面积的 18%。在我国南方亚热带地区，马尾松人工林面积约占南方人工林面积的 30%~40%。在广西，马尾松人工林面积占人工林总面积的 25%，是广西及我国南方最主要的乡土造林树种。马尾松用途广，综合利用程度高，不仅可以制作多品种、多规格的建筑材，还可做坑木和矿柱材用，其木纤维含量高，是优良的造纸与化纤工业原料。马尾松松脂含量丰富，产量高，质量好，是我国生产松脂的主要树种。马尾松的松花粉、松针还是很好的保健用品。马尾松适应能力强，生长速度快，生产力较高。在一般立地条件下马尾松也能达到较高的产量，每公顷年生长量可达 $10~15m^3/hm^2$。由于马尾松天然更新能力强，且耐贫瘠、适应性广，是我国南方最主要的荒山绿化造林树种，长期以来人们对其培育和利用价值认识不足，对树种的发展重视不够，基础研究及应用技术研究一度滞后。在使用种子过程中，普遍存在着"见种就采，有种就用"的现象，造林用种良莠不一，栽培措施粗放，导致人工林的质量相差悬殊，高产林分年公顷蓄积生长量可达 $15m^3$ 以上，低产的仅为 $3~4.5m^3$；而且，林分质量相差很大，高质量的林分，干形通直圆满，轮枝间距长，出材率高；而劣质林分，树干弯曲，尖削度大，出材率低。直到 20 世纪 70 年代末期以后，随着国家加大对科技的投入，马尾松的研究工作才得以加强，其遗传改良及速生丰产栽培技术被列入国家科技攻关项目。广西从 1973 年开始"松树良种选育和造林技术研究"工作，经过"六五""七五""八五""九五"国家和自治区科技攻关，历经 20 多年。以如何实现马尾松良种化、提高生长量为主要目标，围绕速生、丰产制订了研究攻关内容，先后进行了种源试验及优良种源评价，优良林分选择及采种母树林的建立，种子园营建与经营管理技术体系研究，无性系开花习性、结实规律研究，种子园自由授粉子代测定及优良家系选择，优良性状单株选择与子代评价研究，种质基因资源收集、保存、评价与利用研究，速生丰产技术研究，良种及速生丰产配套技术推广应用等工作。但在整个实施过程中，重点是针对通用材，没能有针对性地对材性、高产脂等工业用材开展定向培育研究，实施"九五"国家科技攻关以来，围绕定向、速生、丰产、优质、高效等目标继续开展研究，特别是针对工业用材林良种选育及高产栽培技术，重点进行了研究。

通过 19 个单位和 92 名科技人员的共同努力，我们在马尾松工业用材林培育的育种策略制定，遗传改良，速生丰产栽培技术，以及高效栽培技术成果应用等方面，开展了广泛而系统地研究，取得了较为丰富的研究和应用成果。

（1）利用 1987～1994 年间在 3 个试验点分年度营造的 12 片种子园自由授粉子代测定林，总面积 36.99hm²，参试家系数 1305 个（次），共测定家系 440个。经过 20 多年的持续观测、分析和评价，选出材积遗传增益平均提高15.04% 以上的优良家系 65 个；在生长的基础上开展优良种源/优良家系的材性和抗逆性研究，选出材性优良的家系 5 个，抗旱优良家系 11 个，抗寒优良家系3 个，抗寒优良种源 1 个。

（2）采用 112 个优良家系在马尾松主产区的广西、贵州、福建、重庆等地营建种子园优良家系区域试验示范林 82.9hm²。通过优良家系区域试验研究，审定自治区马尾松优良家系良种 6 个，优良无性系良种 4 个。

（3）在球果处理和花粉贮藏研究中，获得 2 项国家发明专利授权，有效解决马尾松种内及种间杂交花粉的贮藏和利用难题。

（4）2008～2010 年，在种子园子代测定林中的 59 个优良家系（或组合）中选择优树 169 株，建立第二代育种群体种质基因库 1.6hm²。

（5）建立优良种源/优良家系幼林抚育、造林密度、施肥、密度调控等速生丰产栽培试验林 69.1hm²；采用优良种源、种子园良种和速生丰产配套技术建立高产示范林 270.1hm²。

（6）在环江县华山林场和藤县大芒界种子园建立 2 个工业用材定向培育种子园，面积 24hm²；在藤县大芒界种子园、玉林市林科所建立 2 个高产脂种子园，面积 20hm²。

（7）1996～2011 年间，在广西、福建、贵州、重庆等省（自治区、直辖市）共推广造林约 18.26 万 hm², 新增产值 73.03 亿元, 新增利润 48.65 亿元。

在研究过程中, 一直得到国家林业局、广西科技厅和广西林业厅的关心、支持和指导, 同时也得到广西"八桂学者"专项经费的资助和相关领导的关心和支持。研究项目的参加单位和项目组人员, 为本书的出版付出了艰辛劳动。

经过多年的努力, 我们将研究成果汇编成此书, 希望能对从事林业技术工作的同仁有所帮助。由于作者水平有限, 书中难免有遗漏和错误之处, 恳请读者批评指正。

著者
2015 年 3 月

目　　录

第1章 总 论

1.1 良种选育

马尾松(*Pinus massoniana* Lamb.)是我国主要的乡土造林树种,具有多林种功能和多用途效益,除承担重要的荒山绿化造林外,还广泛应用于木材工业、造纸工业、林产化学工业以及医疗保健品产业,在我国经济建设中占据十分重要的地位。经过大量的研究表明,马尾松在木材产量、材质材性、纸浆性能、松脂产量以及松脂组分等不同经济性状上均存在着丰富的遗传变异,改良潜力巨大。马尾松协作组经过近30年的联合攻关,马尾松工业用材林的良种选育以及高产栽培技术获得重要进展,选择了一批材用、纸浆和脂用优良家系和优良无性系,并进行了规模化推广应用。

1.1.1 早期选择

由于树木生育期较长的特性,林木的选择育种也需要很长时间,时间在很大程度上制约了林木遗传改良的进程,因此,如何缩短育种周期成为林木遗传改良的重要内容。而早期选择是缩短育种周期以及加速多世代遗传改良的重要手段。如何确定初选年龄,减少错漏选率,从而缩短选择周期,提高育种效率?我们对以上问题进行了系统研究。

变异是选择的基础,选择的有效年龄应在性状的遗传变异表达明显且稳定的时期。广西林业科学研究院(以下简称"广西林科院")对广西南宁市林业科学研究所(以下简称"南宁市林科所")1个初级种子园自由授粉子代测定的研究表明,半同胞家系间在树高、胸径、单株材积生长的差异历年都达到极显著水平,从第7年开始趋于平缓,因此,优良家系选择可以从第7年开始。遗传力反映性状受遗传影响的大小,遗传力大小直接影响选择效果,可以在遗传力达到最大或处于相对平衡的时期进行早期选择。连续11年的测定数据表明,树高、胸径、单株材积的遗传力变幅都较小,分别在70.85%～76.57%、67.56%～72.83%、67.11%～74.87%之间,除6年生处于最小值外,第7～8年开始趋于平稳,可以在第7年进行早期选择。幼—成年的遗传相关决定早期选择的效果,7年生时树高、胸径、单株材积遗传相关分别为0.95、0.95、0.97,与11年生时接近,这也证明了早期选择可从7年生时开始。提早选择自然存在着漏选与误选的风险。为此,从历年中选家系与11年时比较(表1-1)来看,6年生的漏选率和误选率分别为16.98%和24.14%,7～8年生的漏选率和误选率分别为11.32%和18.97%,9年生漏选率和误选率分别为11.32%和14.55%,即中选家系数、漏选率和误选率随林龄增大而不断减少,选对家系数和选对率随林龄增大而不断增大,其中选对家系数和漏选率在7～9年维持不变,以漏选率和误选率为评价指标,7～8年生进行初选的风险最小,进行选择比较合适。

表 1-1　不同选择年龄与第 11 年的选择结果比较

选择树龄/a	中选家系	选对家系	选对率/%	漏选率/%	误选率/%
1	78	37	47.44	30.19	52.56
2	59	34	57.63	35.85	42.37
3	52	32	61.54	39.62	38.46
4	67	42	62.69	20.75	37.31
5	61	41	67.21	22.64	32.79
6	58	44	75.86	16.98	24.14
7	58	47	81.03	11.32	18.97
8	58	47	81.03	11.32	18.97
9	55	47	85.45	11.32	14.55
11	53	—	—	—	—

以上研究主要是针对南方短周期工业用材林(轮伐期 17 年)的需求,提出将马尾松工业用材林的早期选择年龄设为第 7～8 年。而马尾松用材林的轮伐期一般设定在 30 年以上,有学者对马尾松人工林发育过程中的养分动态进行了系统研究,从维持林地的长期生产力角度出发,建议将马尾松人工林轮伐期延长到 50 年以上,因此,研究马尾松速生期后的生长表型受遗传控制的程度,对于准确评价育种亲本和选择良种都非常重要。广西马尾松课题组对 14 片 16～20 年生子代测定林的树高、胸径和材积的家系遗传力进行了估算,遗传力均在 0.3 以上,说明马尾松在速生期后的生长表型性状仍受到较高的遗传控制,利用中龄林(15 年左右)进行亲本评价是有效可行的。

因此,马尾松的早期选择需区分不同的培育目标采用不同的选择方法。

1.1.2　优良家系选择和林木良种审定

1.1.2.1　优良家系选择

与种子园混系和全同胞家系相比,马尾松种子园半同胞家系具有产量较高、稳定性较强、易于获取等优点,适宜作为良种进行规模化推广应用。由于受时间和条件等因素限制,林业上主要从以下 3 种试验林中开展优良家系选择:单一子代测定林、同一种子园不同年份子代测定林以及不同种子园子代测定林。我们在长期的研究中发现,半同胞家系随着交配系统空间或时间变化可能会在种子园、无性系不同分株以及不同年份间存在较大的变异。即父本发生变化时子代的遗传品质将受到影响。但由亲本交配格局变化带来的变异是在通常采用单年份单地点或多地点子代测定中无法估测的,仅从单个(次)子代测定林中开展优良家系选择加大了漏选或错选的可能性。因此,根据单年份(次)测定的选优结果不能代表其亲本无性系历年子代的品质,单年份(次)选出的优良家系还不宜作为成熟良种进行推广应用。

广西林科院以 2 个马尾松初级种子园的 14 片半同胞子代测定试验为研究材料,对 15～21 年生,参试家系 440 个的生长数据进行了遗传分析和选择评价。优良家系的选择采用以下 3 种方法。方法一:家系内表现稳定性选择。采用 Francis 和 kannenberg 模型分析,对于每个子代测定试验以变异系数最小的前 30% 家系和材积均值前 10% 家系为分组标准划分出优良家系区,同时符合上述两个条件的即认为属于生长性状表现好且家系内表现稳定的优良家系。方法二：年份间表现稳定性选择。在同一种子园不同年份的子代测定林间进行比较，若家系在所参加试验中材积均值排名进入前10%的次数占测定次数的50%以上，即作为各年份产种质量稳定且生长性状表现好的优良家系加以选择。方法三：产地间表现稳定性选择。在不同种子园的子代测定林间进行比较，选择在两个产地子代测定试验中材积均值均有机会排名前10%的家系作为地点间产种质量稳定且生长性状表现好的优良家系。研究结果表明，不同子代林间生长性状遗传力差异较大。14片子代测定试验平均家系遗传力树高0.33、胸径0.34、材积0.36。这说明马尾松在速生期后的生长表型性状仍受到较高的遗传控制。同一无性系的子代家系在不同产种年份间、不同种子园间生长表现差异很大。共选出在单独测定试验中表现优秀的家系45个；在不同年份测定间表现优秀的家系12个；在不同种子园子代测定中表现优秀的家系5个。尤其是桂GC553A、桂GC414A和桂GC431A采用3种方法皆能入选。这3个优良家系是本种源区进行马尾松良种示范推广的首选材料。对于由交配系统时空变化带来的变异，应以多组同母本多年份多产地的子代为材料，同年进行多地点测定试验进行研究。这与张冬梅、金国庆等的研究结论相似，张冬梅在对油松种子园交配系统研究时发现间伐前后种子园的异交率会发生较大变化，不同年份间无性系分株的异交率及花粉污染情况也存在差异。而金国庆等的研究发现，亲本配合力存在较大差异，在一些测交试验中父本与母本对生长性状的遗传影响能力大致相同，这意味着当父本发生变化时子代的遗传品质将受到影响。

根据实际生产需要，用于生产推广的马尾松良种必须具有经济性状表现好、变异稳定、生态适应性好的特点。半同胞家系具有比种子园混系变异幅度小的优势，生产难度又远低于全同胞家系且有较好的生态适应性。因此，马尾松良种生产推广适宜以半同胞家系为材料。广西林科院结合半同胞子代测定林的结果，开始在全区范围内规模化推广优良家系，2011年至今营建优良家系示范林220公顷，已初步显现了良好的生长潜力。

1.1.2.2 马尾松良种审定

审定良种是林木遗传改良的重要成果产出。广西马尾松研究课题组以生长性状为主，材性和抗逆性为辅进行多性状联合选择，成功选育出国家级良种3个，省级良种37个，改良效果显著。其中广西宁明桐棉种源、广西南宁市林科所马尾松无性系初级种子园种子和广西藤县大芒界马尾松无性系初级种子园种子审定为国家级良种，3个种源、3个种子园、18个家系和13个无性系审定为广西林木良种（表1-2）。

表1-2 审定的马尾松良种一览表

名 称	知识产权类别	授权号
桐棉种源	国家林木良种	国 S-SP-PM-003-2002
南宁市林科所初级种子园混系	国家林木良种	国 S-SP-PM-005-2012
藤县大芒界初级种子园混系	国家林木良种	国 S-SP-PM-006-2012
桐棉种源	广西林木良种	桂 S-SP-PM-005-2004
古蓬种源	广西林木良种	桂 S-SP-PM-006-2004
岑溪波塘种源	广西林木良种	桂 S-SP-PM-007-2004
南宁市林科所种子园	广西林木良种	桂 S-CCO（1）-PM-010-2004
藤县大芒界种子园	广西林木良种	桂 S-CCO（1）-PM-009-2004
贵港市覃塘种子园	广西林木良种	桂 S-CCO（1）-PM-011-2004

（续）

名　称	知识产权类别	授权号
桂 MVF443 材用家系	广西林木良种	桂 S-SF-PM-001-2011
桂 MVF557 材用家系	广西林木良种	桂 S-SF-PM-002-2011
桂 MVF553 家系	广西林木良种	桂 S-SF-PM-003-2011
桂 MVF059 家系	广西林木良种	桂 S-SF-PM-004-2011
桂 MVF112 家系	广西林木良种	桂 S-SF-PM-005-2011
桂 MVF409 家系	广西林木良种	桂 S-SF-PM-006-2011
桂 MVC027 无性系	广西林木良种	桂 S-SC-PM-007-2011
桂 MVC083 无性系	广西林木良种	桂 S-SC-PM-008-2011
桂 MVC085 无性系	广西林木良种	桂 S-SC-PM-009-2011
桂 MVF409DMJ 家系	广西林木良种	桂 S-SF-PM-001-2012
桂 MVF415 家系	广西林木良种	桂 S-SF-PM-002-2012
桂 MVF425 家系	广西林木良种	桂 S-SF-PM-003-2012
桂 MVF428 家系	广西林木良种	桂 S-SF-PM-004-2012
桂 MVF430 家系	广西林木良种	桂 S-SF-PM-005-2012
桂 MVF440 家系	广西林木良种	桂 S-SF-PM-006-2012
桂 MVF455 家系	广西林木良种	桂 S-SC-PM-007-2012
桂 MVF462 家系	广西林木良种	桂 S-SC-PM-008-2012
桂 MVF468 家系	广西林木良种	桂 S-SC-PM-009-2012
桂 MVF787 家系	广西林木良种	桂 S-SC-PM-010-2012
桂 MVF904 家系	广西林木良种	桂 S-SC-PM-011-2012
桂 MVF909 家系	广西林木良种	桂 S-SC-PM-012-2012
桂 MRC409 无性系	广西林木良种	桂 S-SF-PM-001-2013
桂 MRC413 无性系	广西林木良种	桂 S-SF-PM-002-2013
桂 MRC430 无性系	广西林木良种	桂 S-SF-PM-003-2013
桂 MRC507 无性系	广西林木良种	桂 S-SF-PM-004-2013
桂 MRC617 无性系	广西林木良种	桂 S-SF-PM-005-2013
桂 MRC623 无性系	广西林木良种	桂 S-SC-PM-006-2013
桂 MRC795 无性系	广西林木良种	桂 S-SC-PM-007-2013
桂 MRC904 无性系	广西林木良种	桂 S-SC-PM-008-2013
桂 MRC910 无性系	广西林木良种	桂 S-SC-PM-009-2013

1.1.3　纸浆材选择

我国马尾松纸浆材的遗传改良开始于 20 世纪 90 年代，经过 10 多年的联合攻关，全国马尾松纸浆材攻关课题组认为单位时间单位面积的木材产量、基本密度、纸浆得率是马尾松纸浆材的决选指标，为马尾松的纸浆材遗传改良提供科学依据。前期材性研究由于研究材料的局限，研究主要集中在树种或种源水平上。广西在借鉴前期研究的基础上，在研究材料和研究方法上进行了创新，以 30 个 22 年生马尾松初级种子园自由授粉半同胞家系为对象，对其生长、木材基本密度和木材化学组分进行了研究，系统揭示了马尾松半同胞家系的生长和材质材性多层次遗传变异规律及遗传控制模式，解决了生长和材性多性状的综合选择技术。同时创造性地将纤维柔性系数作为纤维质量的选择指标，使材性改良既注重纤维产量也兼顾了纤维质量，大大提升了材性改良的效果。

1.1.3.1 木材基本密度遗传改良与选择

广西林科院对马尾松无性系的纵向和径向木材生材密度和基本密度的研究表明，径向变化规律为外层＞中层＞内层，纵向变化规律为 5m＞1.3m＞10m。径向中层，即 1.3m 中层基本密度最接近家系平均密度水平，1.3m 中层基本密度可作为马尾松家系木材密度的选择标准。而生材密度的实验操作要求较高且规律性不如基本密度明显，因此，马尾松无性系的木材密度宜采用基本密度为选择指标。

木材密度的不均匀严重影响最终产品的品质和制浆造纸的成本，是木材最主要的缺陷。有研究表明，提高幼龄材密度可降低因短轮伐期经营而造成木材品质下降的负面影响。中国林业科学研究院亚热带林业研究所对马尾松不同种源木材径向变异的均匀性进行研究后认为南部种源的木材密度均匀性为 0.77 ~ 0.88，差于北部种源 (0.84 ~ 0.91)，并认为部分南部种源的快速生长是以降低幼龄材密度为代价的，从而致使幼龄材和成熟材生材密度差异较大。广西林科院研究的两个无性系的径向和纵向均匀性均达 0.93 以上，说明这两个马尾松无性系不仅具有优良的生长性能，并且具有良好的木材均匀性，幼龄材与成熟材的差异较小，能够满足优良造纸木材的需求，这两个马尾松无性系中以桂 GC557A 为优良。

1.1.3.2 纤维形态遗传变异及改良

对马尾松纤维形态进行了系统研究，马尾松不同家系间的纤维长、纤维宽、长宽比、壁腔比和柔性系数等 5 个性状均存在不同幅度的变异，其中早材变异系数大于晚材，但早晚材的变异系数均低于 10%，虽然家系间的变异较小，纤维的遗传改良仍具有一定的潜力，家系水平的纤维选择主要是针对早材的选择。晚材纤维宽均值、晚材纤维腔径均值、晚材纤维长均值、早晚材纤维长均值等 4 个指标家系间差异达到显著水平，家系遗传力在 0.38 ~ 0.51 之间，受到中度至强度遗传控制，家系水平的纤维改良潜力较大。

符合制浆造纸的纤维长度范围是 0.4 ~ 5mm，通过对 30 个 22 年生马尾松初级种子园自由授粉家系进行研究，其平均纤维长 3.74mm，平均纤维宽 42.25μm，纤维长度处于造纸材的范围内，符合优良造纸用材要求，但纤维宽度略粗，纸浆材改良需兼顾纤维宽这一指标，选择纤维长宽比大的基因型。按壁腔比分，家系间壁腔比的变幅早材 0.28 ~ 0.50，属很好的原料；晚材变幅为 0.94 ~ 1.60，处于好、劣原料之间，通过降低晚材率从而提高纸浆质量。按柔性系数分，家系间的柔性系数变幅早材 69.16 ~ 78.28，处于 I 级材和 II 级材之间，晚材变幅 40.12 ~ 53.73，处于 II 级材和 III 级材之间，下降了一个等级，降低晚材率仍是马尾松纸浆材优良基因型选择的重要途径，30 个家系的平均晚材率为 32%，变幅为 17% ~ 51%，也表明马尾松纸浆材优良基因型的选择潜力较大。

管胞长宽比、管胞壁腔比和柔性系数是造纸原料分级的重要评判指标，由于优良纤维用材的管胞长度为 0.4 ~ 5.0mm，长度越长越好，马尾松管胞平均长度为 3.74mm，且变化趋势是随着年龄增加长度不断增加，不论早晚材的管胞长度如何变化，其均处于造纸较好的范围内。因此，在管胞选择和改良时只需兼顾这一指标，本研究的造纸材分级主要用管胞壁腔比和柔性系数来确定。借鉴 Runkel 的造纸原料分级指标，即：壁腔比 < 1 为很好的

原料；壁腔比 =1 为好原料；壁腔比 >1 者为劣等原料。按柔性系数分，造纸用材分为 4 个等级：其中 Ⅰ 级材，柔性系数 >75；Ⅱ 级材，50 < 柔性系数 ≤75；Ⅲ 级材，30 < 柔性系数 ≤50；Ⅳ 级材，柔性系数 ≤30。从表 2-17 中可以看出，马尾松木材管胞形态随年龄的变化基本呈现出幼龄材品质好于中龄材，早材优于晚材的规律。校正平均壁腔比 0.44 ~ 0.94 <1，属非常优良的制浆用材；校正平均柔性系数变化范围为 57.31 ~72.38，处于 Ⅱ 级材标准。其中 6 年和 9 年的木材管胞指标最优，此时壁腔比属优质，早材柔性系数在 Ⅰ 级材左右，晚材率也较低；在 9 ~15 年各个指标的优良度均有不同程度下降。由此看来，6 年和 9 年可能是纸浆材的最佳品质时期，此时采伐木材造纸品质最好。但是考虑到广西马尾松在 6 ~9 年正是生长的高峰期，此时采伐木材产量过低。由于试验林没有经过间伐，使 9 年后的胸径生长受到明显密度效应抑制。但仍可看到 9 ~12 年、12 ~15 年和 15 ~18 年的胸径生长量均比 18 ~21 年高出 50% 以上，而此时壁腔比仍属于优质，柔性系数属于 Ⅱ 级材。考虑到管胞指标优良度在 15 ~18 年间仍有一定下滑，且 15 年后生长量也开始下降，因此初步认为马尾松纸浆林经营周期以 15 年较为合适。

1.1.3.3 化学组分遗传变异及改良

木材化学组分是直接影响以木纤维为主的产品质量、产量和工艺特性的重要因素，并决定造纸性能的优劣。我们的研究发现，纤维素含量、苯醇抽提物和 1% NaOH 抽提物家系间差异达到显著水平，纤维素和苯醇抽提物受中等强度控制，1% NaOH 抽提物受到低遗传控制；纤维素与木材密度，冷水抽提物与热水抽提物呈极显著正相关，1% NaOH 抽提物与综纤维含量呈显著负相关，胸径、材积和水分分别与灰分成正的显著相关。因此，进行纤维素的遗传改良具有较大的可行性。木材密度的取样容易，测定方法简单，对马尾松进行木材密度的正向选择即可获得高纤维素的育种材料。同时，纤维素与生长性状间无相关性，通过纤维素和生长的联合选择，可获得理想的选育效果。家系间的木质素含量差异不显著，且变异系数和家系内的绝对变异值均很小，不宜进行家系间或家系内的选择。

木材化学成分中的微量成分包括各种抽提物和灰分，我们探讨了 1% NaOH 抽提物、苯醇抽提物、冷水抽提物与热水抽提物 4 种抽提物和灰分的遗传控制问题，4 种抽提物和灰分中只有苯醇抽提物在家系间差异显著，且受中等遗传控制，但与生长性状和其他化学组分无相关性，在马尾松纸浆材性状改良时，可以进行生长性状和纤维素与苯醇抽提物的负向选择。

由于纸浆材的选择涉及的选择指标较多，且这些指标的测定较为繁杂，生产实际中难以兼顾全部指标，我们通过综合权衡后确定，马尾松单位面积木材产量、木材的基本密度和纸浆得率 3 个指标为马尾松纸浆材性状选择的适宜指标。马尾松家系材性改良最佳方案是幼林期进行生长和干型等表型选择，中龄期进行纤维素的正向选择（可用木材密度作为间接选择指标），苯醇抽提物为负向选择的参考指标。

1.1.3 种质基因收集与良种基地建设

种质创新是提高林业生产力的基础，广西马尾松研究经过 30 多年的联合攻关，建成我国最大的马尾松种质基因库，收集马尾松材用、脂用、高抗、多果、早花早实等类型优树无性系 1612 份，建立了完善的一代育种群体。"十一五"开始，马尾松进入第二代育种时期，随着育种世代的推进，为防止育种群体的遗传基础变窄，避免高世代育种群体遭遇"遗传瓶颈"，广西在优良种源区内扩大了优良种质基因的补充选择力度，为高世代遗传改良奠定基础。

广西林科院以广西马尾松中长期育种战略为指导，根据各良种基地的气候和立地条件优势，因地制宜地规划良种基地的主要发展方向和建设目标。2009～2013年，广西的马尾松遗传改良和良种基地建设取得快速发展，其中，南宁市林科所国家马尾松良种基地和藤县大芒界国家马尾松良种基地成为第一批国家级林木良种基地，贵港市覃塘林场国家马尾松良种基地和广西国有派阳山林场国家马尾松良种基地成为第二批国家级良种基地；环江县华山林场自治区马尾松良种基地、玉林市林科所自治区马尾松良种基地、贺州市八步区黄洞林场自治区马尾松良种基地、百色市百林林场自治区马尾松良种基地、西林县古障林场自治区马尾松良种基地、忻城县欧洞林场自治区马尾松良种基地、玉林市林科所自治区马尾松良种基地、昭平县富罗林场自治区马尾松良种基地等8个单位先后列入省（自治区）级重点林木良种基地。同时，在一代育种群体的基础上，建立了核心育种群体和主群体。目前，选择的第二代育种材料169个，建立了第二代种质基因库和二代育种群体，并制定了较为完整的第二代遗传改良研究方案。材用、脂用和纸浆材等定向培育以及高世代种子园的建立，标志着马尾松的遗传改良向着定向和高世代发展（表1-3）。

表1-3 广西马尾松良种基地建设统计表

时间	培育目标	基地个数	面积/hm²	采用无性系数/个	材积增益(Δ)/%
1985～1987	材用1代	3	200	464	33
2009～2014	材用1.5代	4	50	300	19
2009～2014	脂用1代	4	112	200	
2010～2014	材用2代	2	70	150	

Δ：33%指第1代种子园比优良种源；19%指1代核心群体比1代的增益。

1.2 工业用材林优化栽培模式

种质创新是马尾松产业提质增效的核心内容，而高产优质速生丰产配套培育技术体系的建立则是实现这一目标的保证。为使良种的优良特性得到充分的发挥，南方各地相继开展了立地选择、密度调控、抚育管理、林地施肥、合理确定轮伐期等速生丰产配套技术的研究。经过多年的持续攻关，总结了完善的高产培育技术体系。但由于研究材料和研究方法的局限，国内丰产栽培技术的研究多借助于临时样地，缺乏时间上的连续性，研究方法往往以空间代替时间，其结论常与实际林分生长变化不符，同时由于研究材料的限制，多数以树种为研究材料，而针对相同种源或家系研究少见报道。广西马尾松协作组选用优良种源/家系开展了工业用材林速生丰产配套关键技术研究，通过定位、定株、定期观测，在马尾松人工林密度控制、自然稀疏规律、林地施肥方面取得技术与理论上的较大突破。

1.2.1 密度调控技术

中国林业科学研究院热带林业试验中心对马尾松幼林、中龄林和近熟林的密度控制技术进行深入系统地研究，结果表明，纸浆和纤维等短周期工业用材林，最佳造林密度为 2200 ~ 3300 株/hm²，大、中径材为 1667 ~ 2200 株/hm²。根据综合效益核算、材种出材量与马尾松人工林生长规律，进入中林期后短周期工业用材林适宜的保存密度为 2000 ~ 3000 株/hm²，大、中径材为 1200 ~ 2000 株/hm²，近熟林为 600 ~ 750 株/hm²。研究还表明，不同密度处理的净现值随着林龄增长与密度的相关性由正相关转化为负相关性。净现值峰值出现的时间随密度减小而推迟，越过峰值后均随林龄增长而下降。随着林龄增长各密度内部收益率均呈下降趋势，并且趋向接近，20 年生后均接近 10%，高密度造林最终很难提高出材量与经济效益，在营林生产中应根据培育目标选择科学的造林密度与保存密度。

1.2.2　间伐技术

广西松树协作组对静态间伐(一次性间伐)与动态间伐(多次性间伐)对马尾松中龄林和近熟林林分生长的影响进行了长期定位跟踪后认为，动态多次间伐的净现值曲线为多峰型线，静态一次间伐的净现值曲线为单峰型，随林龄增长，动态间伐处理比相应的静态间伐处理净现值高。动态性多次间伐后林分小径级木比率减少，林木个体分化较小，有利于提高材种规格，在出材量相近的情况下可提高经济效益。马尾松人工林进入中龄期后初次间伐强度对后期材种规格有显著的影响。两种间伐方式相比，马尾松人工林中龄林期保留一定的密度值，可通过后期间伐技术处理以提高林分的经济效益。

我们的研究还发现，在一定时期内间伐调控对林分生长和结构有显著影响，但随时间推移影响逐渐减小。蓄积生长量幼林期与密度呈正相关，但随着林龄增长，不同保留密度的蓄积量差异逐渐减小。高密度林分的间伐间隔期相对要短些。通过间伐提高林地最终生产力的可能性很小，但能够提高材种规格，从而提高经济效益。

将上述研究成果应用于生产，我们提出了不同的定向培育措施，即短周期工业用材林，第 1 次间伐时间为第 6 ~ 7 年，最佳保留密度 2000 ~ 2700 株/hm²，第 12 ~ 13 年时对林分进行采伐；中、大径材，第 1 次间伐时间为第 8 ~ 9 年，最佳保留密度 1600 ~ 2000 株/hm²，最终保留密度为 600 ~ 900 株/hm²，采用以上间伐技术可获得最佳经济效益。

1.2.3　施肥技术

中国林业科学研究院热带林业试验中心系统研究了马尾松幼龄林、中龄林以及近熟林的需肥规律。研究结果表明，在南方红壤地区，单施 N、K 肥对促进马尾松幼林、中龄林生长无显著影响，甚至产生负效应；施 P 肥则能促进幼林生长，最佳施肥量为 P_2O_5 30kg/hm² + K_2O 30kg/hm²。P 肥配施适量的 K 肥对马尾松中龄林与近熟林生长有显著的促进作用，最佳处理组合为中龄林 P_2O_5 240kg/hm² + K_2O 65kg/hm²。近熟林最佳施肥处理为每株混施 P_2O_5 90g + K_2O 90g。对肥效的研究还表明，N 肥没有明显的时效性；K 肥的肥效幼龄林见效快，中龄林见效慢；P 肥效应持续时间长。

同时，施肥能掩盖林地质量的好坏，肥效过后，林地本身仍是林木生长的决定因子。施 N、K 肥促进林木分化，施 P 肥则使林分结构相对均匀。项目组采用项目投资评估财务经济分析法对马尾松中龄林不同施肥处理的经济收益进行分析后认为施 P 肥经济收益最好。因此，结合营养诊断，选择合适的肥种、肥量、施肥时间，才能获得最高的经济收益。

1.3 马尾松工业用材林高产试验示范林营建技术

马尾松是我国南方最重要的乡土树种,其天然更新能力强,耐贫瘠、适应性广。广西经过了近30年的联合攻关,第一代育种群体获得的遗传增益平均达33%,遗传改良和高产栽培技术取得了重大进展,但由于长期以来人们对其培育和利用价值认识不足,造林用种良莠不一,栽培措施粗放,导致人工林的质量相差悬殊,出现大量低产林分,良种化进程进展缓慢,高效栽培配套技术推广利用率仍较低。广西林科院作为4个国家级良种基地和8个省级良种基地的技术支撑单位,统筹全区马尾松良种基地的良种研发和苗木生产,推动种苗一体化生产,坚持适地适种源/家系的原则,选择不同立地营造高产示范林,利用多种渠道和多种形式充分向社会展示项目的先进技术和生产力,以点带面进行辐射推广,使成果迅速转化为生产力。示范林的建设促进了研究成果的转化利用,对推进广西乃至我国南方马尾松良种化进程起到了示范样板作用。

"九五"至"十二五"期间,通过不断地总结和改进,形成了高效和完善的推广应用体系。建立的高产示范林蓄积生长量比行业标准提高40%以上,推广造林平均蓄积生长量提高20%~35%。在广西、福建、重庆和贵州等省(自治区、直辖市)累计推广造林18.26万 km²,20年生林分可新增产值73.03亿元。马尾松示范林面积统计详见表1-4。

表1-4 良种及高产栽培技术示范林生长情况表

序号	示范林名称	示范内容	示范地点	面积/km²	林龄/年	平均树高/m	平均胸径/cm	蓄积量/m³/(hm²·年)
1	桐棉优良种源高产示范	优良种源	国有派阳山林场	46.67	6	6.84	11.91	8.38
2	初级种子园良种高产示范	种子园混系种	藤县山猪冲林场	100.00	7	8.14	9.90	10.34
3	初级种子园良种高产示范	种子园混系种	藤县山猪冲林场	20.00	6	7.45	9.14	11.05
4	初级种子园优良家系区域试验示范	优良家系	横县镇龙林场	1.06	14	13.19	17.53	15.49
5	初级种子园优良家系区域试验示范	优良家系	横县镇龙林场	2.20	14	12.17	19.38	18.30
6	初级种子园优良家系区域试验示范	优良家系	横县镇龙林场	0.60	14	14.22	17.84	15.71
7	桐棉改良代种子园优良家系示范	优良家系(2个)	横县镇龙林场	1.67	4	3.91	5.94	
8	古蓬改良代种子园优良家系示范	优良家系(38个)	横县镇龙林场	4.67	5	4.36	6.65	
9	初级种子园优良家系区域试验示范	优良家系(18个)	横县镇龙林场	5.00	3	2.80		
10	桐棉改良代种子园优良家系示范	优良家系(44个)	环江县华山林场	2.33	4	4.41	6.75	
11	古蓬改良代种子园优良家系示范	优良家系(21个)	环江县华山林场	2.00	4	4.56	7.09	
12	桐棉改良代种子园优良家系示范	优良家系(31个)	国营高峰林场	0.67	4	4.20	7.29	

（续）

序号	示范林名称	示范内容	示范地点	面积/km²	林龄/年	平均树高/m	平均胸径/cm	蓄积量/m³/(hm²·年)
13	古蓬改良代种子园优良家系示范	优良家系(21个)	国营高峰林场	0.67	4	3.95	6.63	
14	初级种子园优良家系区域试验1	优良家系(19个)	国营高峰林场	0.67	4	4.40	7.35	
15	初级种子园优良家系区域试验2	优良家系(27个)	国营高峰林场	1.33	3	2.97	4.25	
16	优良家系高产示范	优良家系(11个)	苍梧县白南林场	2.00	3	2.56		
17	优良家系高产示范	优良家系(9个)	国营维都林场	3.33	3	2.58		
18	优良家系高产示范	优良家系(30个)	国营拉浪林场	3.33	2	1.56		
19	优良家系高产示范	优良家系(混系)	横县镇龙林场	46.67	14	12.21	17.57	15.31
20	初级种子园良种高产示范	种子园混系种	马山县永州林场	23.33	10	13.29	15.99	22.08

1.4　研究成果在技术上的突破和创新

（1）广西是马尾松的中心产区，拥有国内遗传品质最优、数量最为丰富的优良基因资源，马尾松的遗传改良成效十分显著。以生长性状为主，材性和抗逆性为辅进行多性状联合选择，成功选育国家级良种3个，广西良种37个，改良效果显著。种质创新是马尾松产业发展的核心内容和基础。广西的马尾松良种选育经历种源→优良林分→初级种子园混系→初级种子园优良家系→1.5代种子园混系→1.5代种子园优良家系→第二代种子园的不断创新过程。

（2）采用优良家系建立的试验示范林蓄积年生长量达39.15m³/hm²，突破项目组保持的34.65 m³/hm²的全国最高纪录。广西是全国马尾松的中心产区，拥有全国最优良的地理种源/家系(无性系)和最高的生产潜力。1958年，广西国有派阳山林场采用桐棉种源营造的人工林，经过临时样地调查，蓄积最高年生长量达到34.65m³/hm²(含间伐材)。1998年本项目采用桂MVF443初级种子园优良家系，结合密度、施肥、幼林抚育等速生丰产配套技术，在广西国有派阳山林场建立优良家系密度施肥试验林，14年生固定样地立木蓄积最高年生长达到39.15m³/hm²，再一次创造了全国马尾松人工林的最高生长纪录。通过种质材料的创新，配合速生丰产培育技术，成功实现马尾松人工林产量上的创新。

（3）创新了马尾松花粉贮藏利用和球果处理技术并获2项国家发明专利，解决了马尾松种内、种间杂交花粉的有效利用以及出种率低的技术难题。创新性地将花粉抗氧化抗衰老能力和花粉萌发率相结合检验花粉活性，将两者结合进行花粉贮藏温度和贮藏时间的研究并提出花粉既保持较高萌发率又具有较强抗氧化活性下的最佳贮藏条件。获得室温、4℃、－10℃、－20℃ 4种贮藏温度和0d、72d、144d、216d、286d、358d 6种贮藏时间花粉的萌发率及保护酶活性动态变化的重要数据，为马尾松的良种生产和杂交育种提供重要科学依据。该结果的应用有效避免了因无性系生理或气候异常导致的雌雄花期不遇，同时解决了花期较远的松属间的杂交技术瓶颈。此方法操作简便，已在马尾松良种研发和种子生产中应用。研究结果获国家发明专利授权(专利号：ZL2011081100298710)。

创新性地将杀青去脂预处理技术用于马尾松的球果处理，采用杀青→去脂→晾晒三步法处理球果，与传统技术相比形成如下创新：球果开裂整齐；出种时间缩短 20 ~ 25d；出种率提高 1.0%~1.5%；种子发芽率可高达 90% 以上。利用该技术处理球果，操作简便、经济实用，成功解决南方冬季低温阴雨不利气候条件下的球果处理效率。已在生产单位得到广泛应用。研究结果获国家发明专利授权（专利号：ZL2011072100295580）。

（4）选用优良种源/家系开展了工业用材林速生丰产配套关键技术研究，通过长期定位、定株、定期观测，在马尾松人工林自然稀疏规律、密度控制、林地施肥方面取得理论与技术上的重大突破，系统地解决了马尾松人工林密度管理和施肥技术，为马尾松人工林定向培育提供科学的理论指导。利用优良种源和优良家系，在不同立地条件下开展造林密度、不同林龄（幼林、中龄林和近熟林）的密度控制技术和不同林龄（中龄林和近熟林）的静态和动态间伐试验。利用 4 种不同密度连续 1 ~ 20 年（优良种源）和 1 ~ 14 年（优良家系）的固定样地定位观测取得不同立地、不同密度以及不同林龄自然稀疏规律的完整数据，为马尾松不同定向培育目标最适保留密度以及最佳经济效益的确定提供重要技术参数。以人工林自然稀疏规律为核心，研制出人工林密度调控系统，多层次多角度地研究人工林密度效应规律和密度控制技术，系统总结造林密度和间伐方式对人工林的生长以及经济效益的影响，并对马尾松南带产区的自然稀疏规律、最优林分密度模型及疏伐时间与强度的确定、间伐木选择及间伐后林分生长预测等栽培关键技术进行了深入系统的研究，为马尾松人工林的密度调控技术提供了科学的理论指导。

以营养诊断技术为基础，系统研究多种立地条件下马尾松幼林、中龄林及近熟林的需肥规律，科学地揭示了不同林龄阶段的需肥规律以及施肥对林分生长与效益的影响。研究表明，马尾松南带产区较好立地条件下施肥对幼林生长无显著作用，施磷肥和适量钾肥对中龄林和近熟林生长有显著促进作用，并能提高林分的质量与效益，同时揭示了肥效时效性规律。项目科学地总结了不同立地条件各林龄阶段的施肥效应规律及施肥技术，并应用优良家系开展了多点密度控制和施肥试验研究。本成果系统地解决了马尾松人工林密度管理和施肥技术，为马尾松人工林定向培育提供科学的理论指导。国内同类研究多借助于临时样地，缺乏时间上的连续性，研究方法往往以空间代替时间，其结论常与实际林分生长变化不符。本研究通过长期定位、定株、定期观测，得到马尾松人工林密度管理和施肥的精确生长数据，科学指导经营单位根据不同的立地条件和定向培育目标，选择最佳造林密度以及确定不同林龄阶段的密度调控和施肥技术，以取得最优经济效益。

（5）率先开展马尾松家系水平的抗逆性机理研究，成功选育抗旱家系 7 个，抗寒家系 3 个、抗寒种源 1 个，并进行了规模化推广应用。从内源激素、保护酶系统、生理代谢多个角度系统地研究了马尾松家系水平的抗逆性生理动态变化，探索马尾松的抗逆性机理。在室内研究的基础上开展了多点遗传测定（广西、重庆和贵州）。其中，抗寒能力是广西马尾松种源/家系北移的最大限制因子，抗寒性研究结果可为南带优良种源/家系的向北推广应用提供科学依据；干旱是影响广西中部、西南部和西北部等降水量偏少且雨量分配不均干旱地区造林成活率和保存率的最大限制因子，抗旱性研究结果可为干旱地区提供适宜的良种。项目选出的桂 MVF900 同时具有抗寒和抗旱的优良特性，适宜在干旱低温地区推广。研究结果为良种的区划以及良种的规模化推广应用提供了科学依据。

第 2 章　遗传改良及优良家系选择

2.1　马尾松纸浆材育种研究进展及策略

随着经济发展和人民生活水平的提高，纸和纸制品的消费水平，已成为衡量一个国家现代化水平和文明程度的重要标志。我国目前纸张消费水平非常低，人均生活用纸消耗只是发达国家的5%；而发达国家造纸工业原料林木材所占的比例已达90%以上，但我国的国产纸浆中木浆的比重不足10%。

从20世纪50年代林木育种工作在一些发达国家兴起以来，育种目标先后经历早期的生长速度、干形、分枝特性，到杨树、松类等树种的抗性育种，后随着工业人工林集约经营的发展，材性改良和相关研究逐渐受到重视。1958年Harold等论述了生长木芯法在美国南方松和花旗松材性改良中的实用性；20世纪60年代开始，美国和日本陆续制定和实施了美国南方松和日本落叶松等松树的材性改良计划；1979年，Jain对乔松木材密度的变异进行了研究；1984年，Loo等研究了火炬松幼—成熟材性的遗传变异。我国对材性研究最早是成俊卿等1959年发表的《长白落叶松管胞长度的变异研究》和1962年发表的《天然林和人工林长白落叶松木材材性的比较实验研究》。但长期以来，我国的材性改良研究进展缓慢。直到"八五"国家科技攻关计划开始，此项研究工作才得以较快发展，主要研究的树种是：落叶松（*Larix gmelinii*）、火炬松、樟子松（*Pinus sylvestris var. mongolica*）、湿地松（*P. elliotii*）、马尾松等短周期工业用材林。国内木材材性遗传变异规律的研究起步更晚，最早的研究始于成俊卿对黄花落叶松、红松人工林和天然林材性的对比实验。此后我国对松树木材材质遗传变异的研究主要集中在马尾松、湿地松、火炬松和落叶松等。对纸浆材进行研究过程中，世界各国的研究主要包括：木材基本密度、木材纤维形态、木材化学组成等。

2.1.1　木材基本密度遗传变异的研究

由于木材密度直接影响木材制浆造纸，所以木材密度对纤维用材的改良来说是仅次于生长量的重要参数。国内外采取多种方法，对木材密度遗传变异规律进行了研究。研究范围涉及种源间、林分间、家系间、个体间和个体内的变异和遗传控制。

在Wright等对卵果松（*P. oocarpa*）和展叶松（*P. patula*）以及Mugasha等对卡锡松（*P. kesiya*）和卵果松的研究中，发现种源间木材密度没有显著差异，而林思京等和陈天华等在研究马尾松种源间的木材密度和木材比重差异皆显著。另外，荣文琛等报道马尾松不同种源间木材基本密度也有极显著的遗传差异；秦国峰等发现马尾松木材密度有明显的地理变异，另外周志春等通过研究，确定了马尾松造纸材最优种源区和最佳产地。

Donaldson等对辐射松（*P. radiata*）无性系研究表明，木材密度无性系间、无性系内单株间和年轮间都差异显著，且无性系木材密度有高度遗传性；Belonger 等、Gwaze 和 Williams 对火炬松、Hannrup 等对欧洲赤松（*P. sylvestris*）、Hodge 等对湿地松和周志春等、王章荣等对马尾松研究表明，半同胞家系间木材密度存在广泛变异且受中等以上强度的遗传控制。陈天华等、周志春等和郑仁华等发现木材基本密度在家系水平上变异较小，而在个体水平上变异很大。另外陈天华等发现家系内木材比重受中等强度的遗传效应所控制。樊明亮对马尾松分析表明木材比重在亲本无性系间显著相关，而在半同胞家系间的相关都不显著。肖晖对马尾松研究发现，木材相对密度在家系间存在显著的差异。

肖晖对马尾松、赵荣军等对油松的木材的基本密度研究，发现子代家系间基本密度在子代家系间差异显著，但在家系内个体间无显著差异。另外，徐有明等、宋云民等发现湿地松基本密度种源间差异显著且木材基本密度遗传力较高。姜笑梅等还发现湿地松种源间木材气干密度差异极显著；木材密度在株内径向和纵向的变异呈现出明显规律性，King 等对花旗松全同胞家系的研究中表明：直径和木材密度间有强相关关系；王慧梅等对红松（*P. koraiensis*）的研究发现年轮宽度与木材密度存在显著的相关性；段喜华对长白落叶松（*Larix olgensis*）在株内纵向变异上的研究表明，木材密度呈一个明显规律：即树干基部至树梢，基本密度逐渐变小，最大值位于树干基部。陈敬德、周志春等、李火根发现马尾松木材比重随树高的变异因林分起源不同而异，不管是天然林还是人工林样木，距髓心恒定年轮内的木材比重随树高增加而减小。所以不同种源的木材比重的径向差异可分为如下变异类型：①由髓心向外木材比重以直线或曲线的形式增加，无下降趋势；②木材比重由髓心向外开始迅速增加，达到最大值后变化相对稳定；③木材比重由髓心向外开始剧烈增加，至最大值后逐渐缩小。

2.1.2 木材纤维形态遗传变异的研究

木材纤维形态性状是纸浆材遗传改良研究的主要内容，纤维长度与纤维间的结合力密切相关，是影响纤维制品强度的重要因子。纤维长度是造纸用材树种适用性评价的重要指标。纤维长度以柔韧度、细度和纸页密度控制各单根纤维所产生的纤维接触面积，因此，纤维的长度对纸张结构有很大的影响。较宽较厚的长纤维使韧度增加，粗长的纤维不易压溃，有较好的耐破度和抗张强度。纤维长度本身作为主要的纸浆质量参数，并不具有现实意义。因为纤维的规格，如长度、宽度、细胞壁厚度和粗度等，都是相互联系的，只有综合考量，才能科学评价其对制浆造纸的影响，进而确定纤维特征与纸张性能的关系。

Zobel 等研究了火炬松管胞长度的种源变异情况，结果显示，随着纬度从北到南，管胞长度呈逐渐增长趋势。据 Barnes 等对展叶松全同胞家系子代的测定表明，管胞长度受遗传控制；基因与环境的互作效应对管胞长度影响很显著；管胞长度的幼年材和成年材高度相关。Shelbourne 等报道了辐射松管胞弦向和径向直径、粗度、壁厚、比表面积和周长等性状在家系间呈极显著遗传差异，遗传力因性状而不同。Nyakuengama 等对火炬松研究表明：管胞直径是高度遗传的，遗传力比木材密度大。Hannrup 等研究了欧洲赤松全同胞家系管胞长度的遗传变异，结果表明家系遗传变异显著。Muneri 研究了展叶松管胞的树内变异，结果表明，25 年生树木比 14 年生的具有更长管胞，且管胞长度差异较大；管胞长度随年轮增长而增长；管胞长度从基部向上呈增长趋势。

国内对木材纤维形态的研究成果也较丰富。湿地松种源间管胞长度和宽度差异显著，种源内个体间管胞长、宽和壁厚变异大于种源间差异。火炬松管胞长度种源间差异显著。但徐有明等研究的耐寒火炬松种源间木材管胞长度、宽度、直径、壁厚、腔径比、长宽比、壁腔比等7个性状特征的差异则不显著，并受不同程度的遗传控制。吴际友等研究湿地松半同胞子代未发现管胞长度有显著的家系效应。潘志刚等研究表明杂交松纤维长度、宽度和长宽比等性状由髓心向外迅速增加，然后趋于稳定的变异模式。金春德等对赤松管胞形态研究表明：管胞长度、管胞长宽比18年后变化缓慢，45年后保持相对稳定，管胞宽度7年后增加缓慢，22年后保持相对稳定。

徐立安等报道，马尾松管胞长度种源间、试验点间存在显著差异；管胞长度、双壁厚、壁腔比种源间差异大于个体间，受强度遗传控制。马尾松种源林主要造纸经济性状受强度遗传控制；对高、径性状的正向选择会导致管胞长宽比和壁腔比下降，管胞宽度及腔径增大。何天相等、李火根发现管胞长度的幼成过渡存在较大的种源差异，木材性状幼成变异模式表现为较一致。陈天华等研究结果表明，家系内管胞长度受中等偏低的遗传效应控制。王章荣等发现马尾松幼龄材管胞长度具有显著的无性系变异。樊民亮发现马尾松管胞长度与管胞宽度相关性在家系间和无性系间都达到了显著水平，而管胞长度、管胞宽度及管胞长宽比在无性系和半同胞家系间的亲子相关不显著。但周志春等对自由授粉马尾松家系的研究表明，管胞长度在家系间差异很小。杨宗武等研究表明：马尾松家系的纤维长度、宽度、长宽比在家系水平上差异较小；在个体水平上，各性状具有较大的变异。由此可见，松树木材的纤维长度、宽度、长宽比在家系水平上变异较小，但在个体水平上变异较大。

2.1.3　木材化学组成遗传变异的研究

木材主要成分是纤维素、半纤维素和木素，它们是构成木材细胞壁主要的化学成分。另外，还含有其他一些少量组分，它们一般称为抽提（出）物、浸出成分、非细胞壁组分等。木材化学组分是影响制浆过程和浆纸性能的重要因子。

Donaldson 等发现辐射松木质素含量存在显著的变异，表现出一定的稳定性。Miyata 等认为日本赤松（ *P. densiflora* ）无性系间木质素含量有显著差异，而日本黑松（ *P. thunbergii* ）则差异不显著。

国内对木材化学组分的研究涉及种源间、无性系间和个体间的木材化学组分的变异。徐有明报道了火炬松种源间纤维素、木质素含量无显著性差异，戊聚糖、苯醇抽提物含量则差异显著；种源内株间木材化学成分含量变异大于种源间差异，生长速度对木材化学成分含量没有显著的影响。丁彪对日本落叶松测定结果表明，水分含量、1% NaOH 抽提物含量和综纤维素含量无性系间差异极显著。石淑兰等对不同树龄日本落叶松的化学组成进行了研究，结果表明冷水抽提物、热水抽提物、1% NaOH 抽提物含量均随着树龄的增大而增加；随着树龄的增长，酸不溶木素含量略有增加，综纤维素含量略有降低。

有关马尾松木材化学组分的研究，仅在种源水平和天然林群体水平做过研究，而在家系水平上的研究尚少。秦国峰等发现马尾松木材化学组分在多数产地间存在着较大的差异，而周志春发现纤维素含量在家系间差异不显著。杨宗武等研究表明：马尾松各家系的纤维素含量较高；其次是 1% NaOH 抽提物含量，含量最低的是苯醇抽提物。苯醇抽提物含量在家系和个体水平上的差异很大；而木材纤维素含量在家系、个体间的差异较小。徐有明等研究了木材化学组分株内的径向和轴向变异。在径向，马尾松纤维素含量由髓心逐渐向外递增。周志春对不同种源的马尾松木材化学组分和浆纸性能分析发现木材苯醇抽提物、灰分含量和纸张耐折度在产地间差异巨大，木材戊糖含量、浆的卡伯（Kappa）值、黑液残碱以及纸张抗张和撕裂指数都具有适度的产地效应，而木材中 α-纤维素、木素含量、制浆得率和纸张耐破指数在产地间差异较小。范林元等对马尾松自由授粉家系研究表明，木材化学组分、基本密度在家系间的差异都达到了极显著水平，并受中等至强度的遗传控制；灰分、戊聚糖和 1% NaOH 抽提物含量的遗传力较高，木质素、综纤维素和热水抽提物含量的遗传力稍低。

2.1.4　木材材性性状之间相关性及改良的研究

由于材性性状由多个性状指标组成，其遗传改良只能通过多性状综合改良的方法进行，但不同的研究者使用的综合选择方法不尽相同。

刘昭息等在火炬松种源选择中，用树高、胸径、材积、干材干物质重、通直度和木材基本密度 6 个性状，构建不同的等权选择指数方程进行纸浆材种源评定效果的比较，用多性状综合选择法共筛选出 10 个速生、优质、高产的种源。虞沐奎等选用生长、材性、适应性及抗性 4 类 11 个数量指标进行主分量和聚类分析，为北亚热带地区选择了适宜不同材种的 6 个火炬松优良种源。孙晓梅在对 12 年生日本落叶松纸浆材优良家系选育过程中认为，形质性状中，皮厚影响纸浆的数量和质量；材质性状中，一般认为壁腔比小于或接近 1 适合作造纸原料；参试家系的纤维长度远远大于杨树等阔叶树种的纤维长度；木材密度和综纤维素含量与纸的强度和纸浆得率密切相关，木材密度与生长性状间呈弱度负相关。

范林元认为马尾松生长与材性在遗传上相互独立，在马尾松上开展生长和材性的联合遗传改良完全是可行的。肖晖认为马尾松木材相对密度与胸径、材积呈微弱的负相关；林木的生长与材性性状相互独立，可以对其进行生长与材性的联合选择。徐立安等对马尾松种源试验林研究结果表明，木材相对密度与树高、胸径、材积、通直度都呈显著的负相关，且表型和遗传相关都达到了显著或极显著水平。陈天华等研究结果表明马尾松木材性状的遗传变异是丰富而多层次的，木材比重和管胞长度的变异主要来源于个体及株内。荣文琛等在马尾松种源选择中，采用综合坐标法，选出了造纸材优良种源。周志春等利用树高、胸径、通直度、枝角、枝粗和木材基本密度 6 个性状，选择了一批生长、材质兼优的家系。毛桃对马尾松实生种子园的优树子代测定林进行了研究，表明木材基本密度与纤维长度呈显著遗传负相关，与纤维宽度和长宽比呈不显著遗传负相关。

2.1.5　马尾松纸浆材选择育种策略

在马尾松纸浆材遗传改良过程中，由于我们已进行了种源、林分、单株的生长、抗性、材性等方面的试验和研究，选择出了优良种源和优良家系，并对生长和材性的遗传和变异进行了深入的研究，积累了大量的遗传信息，在此基础上，制定纸浆材育种策略是可行的。

2.1.5.1 生长和干形改良是首要的，材性改良是次要的

由于基本密度和纸浆得率的差异相对较小，而优良种源或优良家系的材积生长差异显著，因此，在进行材性改良时，必须在优良种源或优良家系内考虑基本密度和纸浆得率等指标。否则，过分注重材性的改良会适得其反。

2.1.5.2 优良类型的培育及无性繁殖技术

纸浆材林培育主要是寻求单位面积产量或生物量的最大化，且轮伐期相对较短。因此，早期速生、多干等优良性状，可作为纸浆材定向培育的目标来进行选育种，同时采用无性系繁殖的手段，以最大限度地提高其单位面积的产量。

2.1.5.3 确定各时期的良种及高产栽培技术的造纸工艺成熟

造纸材工艺成熟是纸浆材育种的限制因子，因此，研究不同时期的良种和与之配套各种营林措施的互作效应，确定其最佳工艺成熟期，对纸浆材林培育至关重要。

2.2 马尾松优良家系选择的适宜年龄研究

林木生长周期长是造成林木育种见效晚的主要原因。如何有效地缩短育种周期是林木育种工作者关注的问题。近 20 年来，不少学者对早期选择的理论和方法做了大量的研究，想要了解早晚生长阶段的相关关系，找出提早选择的有效年龄和相关选择指标。实践表明通过科学的选择方法，在一定程度上可以提高选择效率，加速育种进程。但提早选择的年龄确定在何时仍有争议。笔者根据广西南宁地区林科所马尾松种子园自由授粉子代测定历年观测数据，通过数量遗传分析，对马尾松种子园家系早期选择年龄的问题进行探讨。

2.2.1 材料与方法

2.2.1.1 试验地概况

试验地设在广西武鸣县南宁市林科所，地处 108°00′E，23°10′N，属热带北缘季风气候。年平均气温 21.5℃，1 月平均气温 12.5℃，极端最低温 −2.5℃，7 月平均气温 29.7℃，极端最高温 40.6℃，年平均有霜日 23d，年降水量 1246mm，年蒸发量 1613.8mm，夏湿冬干，干湿季节明显。全年平均相对湿度 79%。土壤为第四纪红土发育而成的中壤质厚层赤红壤，pH 为 4.5 ~ 5.0。试验地海拔 120m 左右，地势平坦。

2.2.1.2 试验材料及设计方法

子代测定林于 1988 年 2 月育苗，1988 年 8 月定植。试验采用完全随机区组设计，参试家系 168 个，另设湿地松、加勒比松、古蓬马尾松优良种源、4 个本地种，共 175 个号。双行 4 株小区，重复 15 次，株行距 2m × 2m。

2.2.1.3 统计分析方法

在试验过程中按年度(除 1997 年外)分家系测树高、(地)胸径。试验结果分析中采用的数量遗传分析模型：

①方差分析：$X_{ij} = U_0 + P_I + J_I + e_{ij}$(不含交互作用双因素)　　　　　　(2-1)

②相关分析：$R^2 = \left(\sum xy \right)^2 / \sum x^2 \sum y^2$　　　　　　(2-2)

③一般配合力(gca)相对效应值分析：$Z = (x - u)/u \times 100$ (2-3)

④育种值(A)分析：$A = 2(X - U) = 2gca$ (2-4)

⑤广义遗传力(h^2)分析：$h^2 = \delta_f^2/(\delta_e^2 + \delta_f^2)$ (2-5)

⑥遗传增益(ΔG)：$\Delta G = R/X\% = i\delta_p h^2/X\%$ (2-6)

2.2.2 结果与分析

2.2.2.1 优良家系评选及分析

(1)优良家系评选结果及遗传增益计算。根据各年度实测树高、胸(地)径的结果，各年度各家系平均值树高和胸径的一般配合力相对效应值 >1.0 作为中选优良家系(表2-1)。在11年生时中选家系53个，选择强度31.5%，树高、胸径、单株材积与古蓬马尾松优良地理种源比较分别可获得14.93%、19.55%、55.53%的遗传增益(表2-2)。

(2)历年中选家系变动情况。家系间的方差分量和遗传力反映性状变异受遗传制约的程度(表2-1)，若将各家系历年中选变动情况划分为稳定、上升、下降和波动4种类型(表2-3)。在168个家系中，从未中选的家系55个，占32.7%。至少有一次中选的113个，占67.3%。其中，稳定型的21个，占中选的18.6%；上升型的10个，占8.8%；下降型的33个，占29.2%，波动型的49个占43.4%。

表2-1 各家系树高胸径在11年生时的一般配合力相对效应(仅列出了大于4.0部分)

无性系代码	树高		胸径	
	均值	相对效应	均值	相对效应
113	973	10.1	10.7	9.2
100	970	9.7	11.6	17.7
32	966	9.3	11.1	12.6
34	962	8.8	11.0	12.3
0012	961	8.7	10.8	10.3
7	956	8.2	10.8	9.7
61	949	7.4	11.1	13.3
81	939	6.2	10.6	8.2
132	937	6.0	10.5	6.4
166	936	5.9	10.4	5.3
42	935	5.8	10.3	4.9
50	935	5.4	10.7	8.6
82	932	5.4	10.7	8.6
134	930	5.2	10.3	5.1
125	926	4.8	10.4	6.2
161	926	4.8	10.2	4.1
51	925	4.6	10.2	4.1
36	921	4.2	10.3	4.7
96	921	4.2	10.4	6.2

表 2-2　各年度中选优良家系在当年和 11 年生时的遗传增益

选择年龄 /年	选择家系数	入选率 /%	当年预估遗产增益/%			11 年生时预估遗传增益/%		
			树高	胸(地)径	材积	树高	胸(地)径	材积
1	78	46.4	28.73	29.32		12.76	16.43	46.50
2	59	35.1	23.66	16.62		13.42	16.68	47.03
3	52	31.0	24.59	16.75		13.99	17.19	48.62
4	67	39.9	21.92	41.16	93.59	14.18	17.02	48.62
5	61	36.3	23.94	33.35	77.96	14.55	17.61	50.48
6	58	34.5	16.78	21.81	57.58	14.65	18.70	53.14
7	58	34.5	18.66	23.44	67.44	14.74	19.04	53.67
8	58	34.5	16.64	22.53	65.50	14.74	19.04	53.93
9	55	32.7	18.01	24.16	67.43	14.93	19.21	54.47
11	53	31.5	14.93	19.55	55.53	14.93	19.55	55.53

表 2-3　按各年度中选家系出现次序分类

类别	无性系号	备注
稳定	7, 12, 18, 31, 32, 34, 36, 38, 39, 42, 51, 62, 81, 83, 89, 96, 104, 115, 149, 152, 164	每年均中选(21 个)
上升	17, 58, 59, 61, 113, 125, 132, 134, 161, 169	从不中选到中选(10 个)
下降	1*, 6*, 9, 14, 16*, 23, 28, 35, 40, 47*, 49*, 55, 64*, 68*, 71*, 75*, 76*, 77*, 85*, 86*, 87, 88*, 92, 102, 105, 117*, 118*, 120, 121, 128, 142, 147*, 165*	从中选到不中选(打＊号的仅在 1988 年度中选)(33 个, 其中打 ＊有 18 个)
波动	8, 11, 14, 15, 21, 25, 26, 27, 29, 30, 33, 37, 43, 45, 46, 50, 54, 56, 78, 80, 82, 84, 90, 91, 93, 97, 100, 103, 106, 107, 108, 110, 114, 119, 122, 129, 133, 135, 139, 145, 148, 151, 153, 154, 159, 162, 163, 166, 167	中选情况有波动(49 个)

2.2.2.2　早期选择

林木生长周期长,完成一次选择需要很长时间(一般认为半个轮伐期以上)。因此,加速选择进程、缩短育种周期就显得尤为重要。

(1)家系间的差异。变异是选择的基础。选择的有效年龄应在性状的遗传变异表达明显且稳定的时期。根据试验数据的方差分析,家系间在树高、胸径、单株材积生长的差异历年都达到极显著水平。从 F 值及遗传方差分量来看,从第 7 年开始趋于平缓(表 2-4)。因此,优良家系选择可以从该年龄开始。

(2)遗传力。遗传力反映了性状受遗传影响的大小,遗传力的大小直接影响到选择效果,可根据其变化趋势,在其达到最大或处于相对平衡的时期来确定进行早期选择的年龄。根据表 2-4 的结果,树高、胸径、单株材积的遗传力变幅都较小,分别在 70.85% ~ 76.57% 、67.56% ~ 72.83% 、67.11% ~ 74.87% 之间,除 6 年生时处于最小值外,其后基本趋于平稳。故此认为早期选择可以从 7 年生开始。

表2-4　子代林树高、胸径、单株材积差异与方差分析及遗传力

树龄/年	性状	平均值	标准差	F 值	方差分量/%		
					环境	遗传	家系遗传力
1	树高	0.26	0.02	3.549 * *	79.69	20.31	71.82
2	树高	0.93	0.06	3.836 * *	84.10	15.90	73.93
3	树高	1.69	0.12	4.268 * *	82.11	17.89	76.57
4	树高	2.73	0.17	4.088 * *	82.93	17.07	75.54
5	树高	3.72	0.21	3.817 * *	84.19	15.81	73.80
6	树高	4.76	0.21	3.430 * *	86.06	13.94	70.85
7	树高	5.48	0.26	3.896 * *	83.82	16.18	74.33
8	树高	6.37	0.28	3.733 * *	84.59	15.41	73.21
9	树高	7.14	0.32	3.743 * *	84.54	15.46	73.28
11	树高	8.87	0.37	3.572 * *	85.36	14.64	72.01
1	地径	0.67	0.06	3.313 * *	81.21	19.79	69.82
2	地径	2.23	0.14	3.355 * *	86.43	13.57	70.19
3	地径	3.89	0.23	3.508 * *	85.67	14.33	71.49
4	胸径	3.13	0.27	3.641 * *	85.03	14.97	72.54
5	胸径	4.87	0.37	3.511 * *	85.66	14.34	71.52
6	胸径	6.35	0.38	3.083 * *	76.81	12.19	67.56
7	胸径	7.62	0.49	3.681 * *	84.84	15.16	72.83
8	胸径	8.49	0.56	3.432 * *	86.09	13.91	70.79
9	胸径	8.70	0.59	3.542 * *	85.51	14.19	71.77
11	胸径	9.85	0.67	3.226 * *	87.07	12.91	69.00
4	单株材积	0.0017	0.0003	3.401 * *	83.46	16.54	74.87
5	单株材积	0.0051	0.0008	3.333 * *	86.91	13.09	69.32
6	单株材积	0.0100	0.0013	3.074 * *	88.02	11.98	67.11
7	单株材积	0.0160	0.0020	3.572 * *	85.37	14.46	71.99
8	单株材积	0.0220	0.0030	3.365 * *	86.40	13.60	70.25
9	单株材积	0.0270	0.0040	3.391 * *	86.25	13.75	70.51
11	单株材积	0.0400	0.0060	3.102 * *	78.72	12.28	67.75

（3）年龄间的相关。早期选择的效果取决于幼年—成年间的遗传相关。根据年龄间相关程度的分析结果（表 2-5）可以看出，除 1991 年单株材积外，树高、胸（地）径、单株材积的遗传相关皆大于表型相关，但从其紧密程度来看，7 年生时树高、胸径、单株材积遗传相关分别为 0.95、0.95、0.97，与 11 年生时接近，这也表明早期选择可从 7 年生时开始。

表 2-5　1998 年树高、胸径、材积生长与各年度生长相关情况

树龄/年	树高			胸(地)径			单株材积		
	表型	环境	遗传	表型	环境	遗传	表型	环境	遗传
1	0.14	0.07	0.48	0.19	0.14	0.49			
2	0.42	0.37	0.71	0.36	0.34	0.53			
3	0.58	0.55	0.75	0.64	0.62	0.79			
4	0.68	0.66	0.78	0.58	0.57	0.63	0.61	0.61	0.59
5	0.74	0.72	0.88	0.66	0.64	0.78	0.71	0.70	0.84
6	0.80	0.78	0.93	0.77	0.75	0.90	0.82	0.81	0.95
7	0.82	0.80	0.95	0.82	0.80	0.95	0.86	0.84	0.97
8	0.86	0.84	0.96	0.87	0.85	0.96	0.90	0.90	0.96
9	0.88	0.87	0.97	0.87	0.86	0.97	0.91	0.90	0.99

(4)提早选择的风险。提早选择自然存在着漏选与误选的风险。为此，从历年中选家系与 11 年生时比较(表 2-6)来看，在 9 年生时选择，漏选率和误选率分别为 11.32%、14.55%；在 7~8 年生时选择，漏选率和误选率分别为 11.32%、18.97%；而 6 年生时漏选率和误选率分别为 16.98%、24.14%。从漏选率、误选率分析，7~8 年生时进行初选是比较合适的。

表 2-6　历年选择结果与 11 年生时的比较

树龄/年	11	9	8	7	6	5	4	3	2	1
中选家系数	53	55	58	58	58	61	67	52	59	78
选对家系数	–	47	47	47	44	41	42	32	34	37
选对率/%	–	85.45	81.03	81.03	75.86	67.21	62.69	61.54	57.63	47.44
漏选率/%	–	11.32	11.32	11.32	16.98	22.64	20.75	39.62	35.85	30.19
误选率/%	–	14.55	18.97	18.97	24.14	32.79	37.31	38.46	42.37	52.56

2.2.3　结论与讨论

(1)从树高相对效应值 >1 和胸径相对效应值 > 1 的优良家系中选 53 个家系，中选率为 31.5%，其家系子代可望在树高、胸径、单株材积生长上获得 14.93%、19.55%、55.53% 的遗传增益。

(2)从遗传力、年龄间的相关程度，以及考虑到早期选择的风险与效果，马尾松优良家系可以在 7~8 年生时进行选择，这样既加快了选育的进程，又降低了漏选的风险。

2.3　马尾松木材化学组分的遗传变异研究

马尾松的纤维长，制浆造纸性能优良，是重要的制浆造纸原料。广西是马尾松的主产区，拥有全国最优的马尾松地理种源以及最高的生产力，经过 20 多年的科技攻关，以马尾松生长为培育目标的遗传改良获得较大进展，至 2011 年，广西、重庆、福建、贵州、广东、江西、湖南、江苏等省份对入选的种源、种子园(优良家系)进行了规模化的推广示范，推广面积达数十万公顷，且在引种示范区生长迅速，表现突出。20 世纪 90 年代开始，全国多个省份开展了以纸浆材为培育目标的马尾松遗传改良，已开展的马尾松材性研究主

要涉及木材密度、解剖学性质、化学组分和物理性质。Zobel 等研究认为木质素、纤维素和抽提物含量等木材化学组分是影响制浆过程和浆纸性能的重要因子。近 10 多年来化学组分的研究日益受到重视，以往的松树材性研究主要集中在树种或种源水平上，材性的遗传学研究由于测定和分析的工作量大且费用高，技术要求复杂，其中尤以化学组分的遗传学研究为甚，因此鲜有提及，国内仅中国林科院亚林所对 13 年生的优树子代的化学组分的遗传学研究进行了研究。笔者在初级种子园优良家系生长选择的基础上，以 22 年生的半同胞家系及对应亲本为研究对象，探讨马尾松化学组分的遗传学问题，以期为马尾松的材性选择和遗传改良提供科学依据。

2.3.1　材料与方法

2.3.1.1　试验材料

试样取自广西南宁市林科所的 22 年生马尾松初级种子园自由授粉子代测定林。该试验林于 1988 年造林，完全随机区组设计，4 株小区，15 个重复，参试家系 168 个，对照 7 个，目前试验林保存完整。2009 年 12 月，对该测定林进行树高、胸径、冠幅和通直度等全林实测，从中选取 30 个家系，每家系取平均木 5 株，共 150 株样本。将所选样株伐倒，于 1.3m 处上下各取 3～5cm 厚的圆盘，上圆盘用密封袋保温带回，用于木材密度和解剖学测定，下圆盘用于化学组分测定。

2.3.1.2　试样处理

圆盘及时剥皮和干燥，如遇阴雨天气，在圆盘两割面喷药防霉变，否则会影响测定结果。将圆盘沿东西方向劈开，留南面，两割面分别除去 1cm 后即为木样，用电刨将试样刨片，用四分法取样，经粉碎，筛选 40～60 目木粉为试样。测定项目有综纤维素含量、纤维素、戊聚糖、酸不溶木素、灰分、热水抽提物、冷水抽提物、1% NaOH 抽提物、苯醇抽提物、水分等，分别按国家标准 GB/T 2677.10—1995、GB/T 2677.4—1993、GB/T 2677.5—1993、GB/T 2677.6—1994、GB/T 2677.8—1994、GB/T 2677.9—1994、GB/T 2677.10—1994 和 GB/T 2677.2—1993 进行测试。基本密度采用最大含水量法测定。

2.3.1.3　统计分析方法

（1）方差分析：采用线性模型进行分析，设有 i 个家系，j 个区组，每小区 n 株，以单株观测值为统计单元，计算公式为：

$$Y_{ijk} = u + F_i + B_j + E_{ijk} \tag{2-7}$$

式中：Y_{ijk}——第 i 重复第 j 家系第 k 株树的测定值；

　　　u ——总体平均值；

　　　F_i ——家系效应；

　　　B_j ——区组效应；

　　　E_{ijk} ——随机误差。

（2）遗传参数估计：

广义遗传力

$$h_B^2 = \frac{\delta_G^2}{\delta_e^2 + \delta_G^2} \tag{2-8}$$

式中：δ_G^2——遗传方差；

$\quad\quad\delta_e^2$——环境方差分量。

狭义遗传力

$$h_N^2 = 2b_{\overline{OP}} \tag{2-9}$$

式中：$b_{\overline{OP}}$——亲子代回归系数。

(3)性状均值、标准差、变异系数：

均值

$$\overline{X} = \frac{\sum x_i}{n} \tag{2-10}$$

标准差

$$S = \sqrt{\frac{\sum (x_i - \overline{X})}{n - 1}} \tag{2-11}$$

变异系数

$$CV = \frac{S}{\overline{X}} \times 100 \tag{2-12}$$

式中：$\overline{X}$——性状均值；

$\quad\quad x_i$——各单株观测值；

$\quad\quad n$——单株数。

2.3.2 结果与分析

2.3.2.1 各性状家系间与家系内个体间的遗传变异

对 30 个家系的树高、胸径、单株材积和木材化学组分的均值和变异系数等进行统计分析。结果表明，10 个化学组分各家系的绝对差异在 0.04%～2.03% 之间，差异幅度很小（表 2-7）。从 13 个性状的总体变异情况（表 2-8）可以看出，变异系数最大的是材积，其次是胸径、树高，而各化学组分含量的变异系数均在 0.1 以下，远小于生长指标的变异。10 个化学组分中含量最大的是综纤维，其变异幅度也最小，含量最少的是灰分，其变异幅度却最大，各化学组分呈现出含量越大变幅越小，含量越少变幅越大的趋势。对 3 个表型性状和 10 个化学组分的性状方差分析表明，纤维素和苯醇抽提物家系间差异达极显著水平，树高、多戊糖和 1% NaOH 抽提物家系间差异达显著水平（表 2-9）。纤维素虽在家系间差异极显著，绝对差异在 10 个化学组分中也最高，但 2.03% 的差异不足以进行家系间的选育，苯醇和 1% NaOH 抽提物的绝对差异仅为 1.74% 和 0.63%，家系间的深入选择难以取得理想效果。而 3 个表型性状的绝对差异较大，开展生长性状选择将会获得较大的增益。由于以胸径平均木为取样标准，造成胸径和材积家系间的差异不显著，实际上该子代林的 3 个生长性状指标均达到显著差异。

2.3.2.2 各性状遗传力分析

对家系间存在显著差异的树高、纤维素、苯醇抽提物和 1% NaOH 抽提物计算遗传力（表 2-10）。由表 2-10 可看出，纤维素和苯醇抽提物的广义遗传力分别为 0.26 和 0.30，属中等水平，树高和 1% NaOH 抽提物的广义遗传力分别为 0.13 和 0.14，属于低遗传控制。

表 2-7　30 个家系的生长、基本密度和化学组分均值

家系	树高 / m	胸径 / cm	材积 / m³	基本密度 / (g/cm³)	化学组分/%									
					纤维素	半纤维素	酸不溶木素	多戊糖	1% NaOH	苯醇抽提物	水分	冷水抽提物	热水抽提物	灰分
8	16.86	18.86	0.225	0.921	45.144	75.766	28.314	11.914	14.50	2.55	9.82	1.57	3.12	0.30
9	16.40	18.00	0.215	0.966	46.152	76.016	28.666	11.732	13.41	2.35	9.16	1.61	3.21	0.31
12	17.36	17.24	0.194	0.955	45.184	75.550	28.360	12.150	13.21	2.60	10.69	1.55	3.08	0.32
14	17.26	16.36	0.174	0.980	45.350	76.078	28.304	13.058	14.11	2.65	9.79	1.59	3.16	0.34
25	16.96	18.88	0.221	0.953	44.446	75.476	28.380	11.604	14.30	2.59	9.48			
26	15.60	17.12	0.172	1.008	45.656	75.878	27.948	11.504	13.99	2.66	9.92			
27	15.54	15.18	0.135	1.006	45.086	76.334	28.430	11.764	14.00	2.54	9.70			
28	16.72	18.52	0.215	0.974	45.832	75.550	27.962	11.746	14.57	2.87	9.92			
33	16.50	17.00	0.180	0.838	45.686	75.832	28.754	11.546	14.61	2.50	9.70			
37	16.72	20.94	0.286	1.011	44.772	75.930	28.786	11.664	14.25	2.66	9.54			
44	18.30	16.90	0.193	0.958	45.874	75.788	28.446	11.730	13.84	2.78	9.55			
51	16.68	18.10	0.202	0.984	44.098	75.390	28.963	11.553	14.95	2.35	9.51	1.54	3.05	0.33
61	18.22	17.74	0.212	0.952	45.988	75.700	28.656	11.992	13.58	2.51	9.75	1.66	3.32	0.33
76	16.28	16.44	0.165	1.000	44.428	75.500	27.912	11.680	14.89	2.43	9.53	1.64	3.07	0.31
84	16.04	18.46	0.207	1.015	44.842	75.894	28.624	11.644	14.13	2.66	9.82			
100	16.84	20.04	0.253	0.969	44.728	76.006	28.392	12.136	13.43	2.55	9.25	1.49	2.98	0.33
102	17.58	18.74	0.228	1.022	44.984	76.212	28.406	11.686	13.84	2.71	9.67			
113	18.84	18.40	0.235	1.036	45.750	75.632	28.096	12.264	13.92	2.42	10.29	1.60	3.19	0.31
115	16.18	17.86	0.194	0.925	45.380	76.046	28.548	12.128	13.99	2.62	9.55	1.53	3.05	0.34
123	17.02	17.80	0.208	0.992	45.502	75.946	28.746	11.730	13.76	2.79	9.55			
126	16.88	17.20	0.191	0.923	45.608	75.754	28.090	12.046	13.96	2.45	9.98	1.69	3.36	0.32
128	14.92	16.94	0.165	1.014	46.088	75.744	28.594	11.910	13.94	2.98	9.66			
134	16.64	17.30	0.186	1.060	45.040	76.042	28.400	11.808	13.99	2.64	9.67	1.59	3.17	0.32
136	16.76	17.06	0.182	0.903	46.136	75.630	27.994	11.936	13.79	2.53	9.70			
137	17.42	18.04	0.209	0.907	45.814	75.470	28.256	11.824	14.04	2.75	9.32			
145	17.86	18.22	0.221	0.951	44.834	75.808	28.060	11.944	14.73	2.53	9.61	1.61	3.24	0.31
150	16.92	18.58	0.216	1.007	45.592	75.830	28.624	12.132	13.97	2.48	9.98	1.55	3.09	0.32
161	16.56	18.40	0.210	1.041	45.722	75.732	28.368	12.136	13.86	2.52	9.51			
166	17.60	17.92	0.211	0.931	46.456	75.954	28.832	11.790	14.33	2.53	9.55			
169	14.75	17.57	0.184	0.865	45.836	75.954	27.872	11.708	13.97	2.52	9.55	1.56	3.10	0.31
绝对差异	4.86	4.09	0.121	0.222	2.03%	0.94%	1.09%	1.55%	1.74%	0.63%	1.53%	0.15%	0.38%	0.04%

表2-8　生长性状与化学组分总体变异

性状	胸径/cm	树高/m	材积/m³	化学组分/%			
				综纤维	纤维素	多戊糖	酸不溶木素
均值	17.867	16.824	0.203	75.818	45.409	11.884	28.389
标准差	2.724	1.629	0.072	0.573	0.891	0.549	0.722
变异系数	0.152	0.097	0.356	0.008	0.020	0.046	0.025
变幅	14.2~35.5	1.3~21.1	0.099~0.682	74.52~77.24	43.80~47.67	10.95~15.59	7.16~29.73

性状	化学组分/%					
	1% NaOH 抽提物	苯醇抽提物	冷水抽提物	热水抽提物	水分	灰分
均值	14.056	2.592	1.583	3.144	9.692	0.319
标准差	0.734	0.216	0.111	0.215	0.565	0.027
变异系数	0.052	0.083	0.070	0.068	0.058	0.084
变幅	12.56~15.32	2.28~3.16	0.35~1.9	2.69~3.58	8.30~11.78	0.27~0.38

表2-9　木材化学组分各性状总体变异情况

指标	均值	标准差	变异系数	变幅
胸径/cm	17.867	2.724	0.152	14.2~35.5
树高/m	16.824	1.629	0.097	11.3~21.1
材积/m³	0.203	0.072	0.356	0.099~0.682
综纤维/%	75.818	0.573	0.008	74.52~77.24
纤维素/%	45.409	0.891	0.020	43.8~47.67
多戊糖/%	11.884	0.549	0.046	10.95~15.59
灰分/%	0.319	0.027	0.084	0.27~0.38
酸不溶木素	28.389	0.722	0.025	27.16~29.73
冷水抽提物/%	1.583	0.111	0.070	1.35~1.9
热水抽提物/%	3.144	0.215	0.068	2.69~3.58
1% NaOH 抽提物/%	14.056	0.734	0.052	12.56~15.32
水分/%	9.692	0.565	0.058	8.3~11.78
苯醇抽提物/%	2.592	0.216	0.083	2.28~3.16

表2-10　生长与化学组分的方差分析

性状	来源	均方	F值	P>F	性状	来源	均方	F值	P>F
树高	区组	2.780	1.21	0.3121	1% NaOH 抽提物	区组	0.256	0.540	0.705
	家系	4.000	1.74	0.0216 *		家系	0.842	1.780	0.017 *
胸径	区组	19.235	2.62	0.0385	水分	区组	0.336	1.170	0.330
	家系	6.119	0.83	0.7072		家系	0.441	1.530	0.060
材积	区组	0.01177	2.22	0.0712	苯醇抽提物	区组	0.014	0.410	0.802
	家系	0.00415	0.78	0.7736		家系	0.103	3.060	<.0001 **
综纤维	区组	0.294	0.850	0.499	冷水抽提物	区组	0.010	0.850	0.501
	家系	0.258	0.740	0.819		家系	0.014	1.180	0.312
酸不溶木素	区组	0.514	0.950	0.437	热水抽提物	区组	0.014	0.310	0.870
	家系	0.448	0.830	0.715		家系	0.060	1.330	0.220
多戊糖	区组	0.247	0.940	0.446	灰分	区组	0.001	1.520	0.208
	家系	0.456	1.730	0.023		家系	0.001	1.050	0.425
纤维素	区组	0.673	1.150	0.339					
	家系	1.627	2.770	<.0001 **					

2.3.2.3　木材性状与生长性状的遗传相关分析

木材性状与生长性状间的遗传相关研究对马尾松纸浆材的选育有着重要的作用。掌握各性状间的遗传相关规律，能够对目标性状进行间接选择。从表 2-11 可知，冷水抽提物与热水抽提物、纤维素与木材基本密度、纤维素与木材气干密度呈极显著正相关性。胸径与灰分、材积与灰分显著正相关。水分与灰分、综纤维与 1% NaOH 抽提物负显著相关。其中纤维素与木材基本密度、纤维素与木材气干密度呈极显著正相关，说明纤维素的含量多少对木材密度有着重要的影响，也意味着通过检测木材密度来选择纤维素含量较高的育种材料有着较大的理论可行性。

表 2-11　各性状遗传力估算

性状	变异来源	均方	方差分量	广义遗传力
树高	区组	4.016	0.347	0.13
	家系	2.317	2.317	
纤维素	区组	1.635	0.211	0.26
	家系	0.588	0.588	
1% NaOH 抽提物	区组	0.840	0.075	0.14
	家系	0.466	0.466	
苯醇抽提物	区组	0.102	0.014	0.30
	家系	0.033	0.033	

表 2-12　木材性状与生长性状相关分析

相关指标	相关系数	P 值
冷水抽提物与热水抽提物	0.780	<.0001 ***
胸径与灰分	0.270	0.021 *
材积与灰分	0.256	0.0288 *
水分与灰分	−0.246	0.0361 *
综纤维与 1% NaOH 抽提物	−0.246	0.0361 *
纤维素与木材基本密度	0.552	<.0001 ***
纤维素与木材气干密度	0.556	<.0001 ***

2.3.2.4　纸浆材优良家系的选择

纤维素是影响木材造纸性能的重要成分。因此，分析中以家系的纤维素含量均值与家系材积生长量均值为主要评价指标，先以纤维素含量最大的前 10 位家系及材积最大的前 20% 家系作为初选指标，选出 9、61、169、113 等 4 个家系，4 个家系中 9 和 113 号的苯醇抽提物含量较低，最终确定 9 号和 113 号为优良家系。

2.3.3　结论与讨论

木材化学组分是直接影响以木纤维为主的产品质量、产量和工艺特性的重要因素，并决定造纸性能的优劣。因此，开展化学组分的研究显得尤为重要。已有研究表明，综纤维素是构成木材细胞壁主要化学组分的物质，其含量的多少直接影响着木材的强度和加工性质，同时也是造纸用材的主要指标，是确定纸浆、造纸工艺的重要依据。一般综纤维素含量高的原料，纤维之间交织容易，质量较好，纸浆得率较高。张耀丽等的研究表明，综纤维素含量越高，木素含量就越低，蒸煮比较容易，可适当减少化学药品的消耗，从而降低纸张的成本。纤维素是综纤维中含量最大的一种，掌握纤维素和综纤维素在家系间的变异对纸浆材选育有现实意义。本试验中纤维素含量在家系间差异极显著，遗传力属中等水平，且与木材密度成显著正相关，因此，进行纤维素的遗传改良具有较大的可行性，木材密度的取样容易，测定方法简单，对马尾松进行木材密度的正向选择即可获得高纤维素的育种材料。同时，纤维素与生长性状间无相关性，通过纤维素和生长的联合选择，可获得比较理想的选育效果。木材的主要成分除纤维素外还包括木质素，本试验中木质素含量在家系间差异不显著，不宜进行家系间选择，其变异系数和家系内的绝对变异值均很小，家系内的改良难以取得良好效果。

　　木材化学组分中的微量成分包括各种抽提物和灰分，抽提物中的成分差异取决于木材微量成分在不同溶剂中的溶解度。秦特夫等、姚庆端等研究表明，各种抽提物含量越高，越不利于制浆造纸。因为抽提物含量越高，漂白所需的化学和各种溶剂回收所需的药品量也就越大，且废液回收的难度也大，经济成本也就越高。本试验探讨 4 种抽提物和灰分的遗传控制问题，4 种抽提物和灰分中只有苯醇抽提物在家系间差异显著，且受中等遗传控制，但与生长性状和其他化学组分无相关性，在马尾松纸浆材家系选择中，可以进行生长性状与苯醇抽提物的负向选择。

　　正确的林木育种方案应明确适合的目标性状，以使生产能获得最大的收益。就纸浆材而言，单位面积林地的纤维(纸浆)产量和低成本造纸是马尾松纸浆材选育的主要目标，因此，木材产量是最主要的目标性状。Borralho 等的研究表明，木材密度、纤维素含量和纤维长度等对制浆过程和浆纸的性质影响较大，与 Borralho 的结论一致，纤维素含量是本试验得出的马尾松纸浆材选育的最有效的化学组分正向选择指标，苯醇抽提物为负向选择指标。纤维素含量与木材密度呈极显著正相关，对木材密度和纤维素含量二选一的选择均可获得满意的效果，但由于纤维素含量的测定费用大，技术要求复杂，可用木材密度作为纤维素的间接选择指标。试验还表明，木材产量和木材密度应是马尾松材性育种的主要内容，以材积生长选择为主，参考树干通直度和分枝大小等形质指标，木材密度(纤维素含量)和苯醇抽提物分别为正负向选择的参考指标，进行马尾松纸浆材优良家系选择。总结本试验结论认为，科学的马尾松家系材性改良方案是幼林期进行生长和干型等表型选择，中龄期进行纤维素的正向选择(可用木材密度作为间接选择指标)或苯醇抽提物的负向选择。

2.4　马尾松半同胞家系纤维形态遗传变异及纸浆材优良家系选择

　　马尾松是我国南方分布面积最大的造林树种，其木材纤维含量高，纤维细长、柔软，材质易解，是优良的造纸与化纤工业原料。在林浆纸(板)及木材深加工产业中占有重要地位。我国马尾松纸浆材遗传改良开始于 20 世纪 90 年代，经过 15 年的联合攻关研究发现，马尾松单位面积以及单位时间的基本密度、木材产量和纸浆得率 3 个指标为马尾松纸浆材的绝选性状。我们在借鉴前期研究的基础上，以 30 个 22 年生马尾松初级种子园自由授粉家系为对象，对其生长、木材基本密度和化学组分进行了研究，并以 15 年和 22 年的木材干物质产量（基本密度 × 单株材积）和木材纤维素产量（木材干物质产量 × 纤维素含量）为选择指标进行了纸浆材优良家系选择和比较。在确定纤维产量的前提下，我们对其中 29个家系的纤维形态的遗传变异和制浆性能优劣进行了研究，以期为马尾松纸浆材的材性改良以及高产栽培提供科学指导。

2.4.1　材料与方法

2.4.1.1　试验材料

同 2.3.1.1 小节。

2.4.1.2　试样处理

于 2009 年 12 月，进行树高、胸径、冠幅以及通直度的全林实测，选择 30 个家系，各家系取平均木 5 株。伐前在 1.3m 处用红色漆标出南向，将样株伐倒，于 1.3m 近伐根面取 3～5cm 厚的圆盘，用于木材密度及解剖学分析。

过髓心沿西北 45° 取 2cm 左右宽的年轮完整的木条，用大头针分别标记各年轮，由外及内依次切取 21、18、15、12、9 和 6 年共 6 个年龄的完整年轮木块。分年龄将早材和晚材各切取 2 块 1mm × 1mm 的木条，放入玻璃试管内加 5mL 反应液（50% H_2O_2 + 50% 冰乙酸），100℃ 恒温水浴锅中加热 2h 左右（晚材和边材反应时间较早材和心材长），木样颜色变成白色时将反应液倒净，蒸馏水清洗 2 次，加 5mL 蒸馏水沸腾 30min，滤纸吸干表面水分，放入 2% 番红中染色 3～5h 以蒸馏水清洗后制片，甘油封片，在 1 倍显微镜下拍纤维长，40 倍下拍纤维宽，同时测量长度、宽度和纤维腔径，每个试样长、宽、腔径各测量60 条（次）。

在取样圆盘的东向、北向和西向 3 个方向逐一测量各年轮宽和晚材宽度，各方向的晚材率 = 晚材宽/年轮宽，3 个方向的平均值即为晚材率。

2.4.1.3　指标测定及数据处理

此次测定包括 21、18、15、12、9、6 年共 6 个年龄的早材宽度、晚材宽度、纤维直径、纤维腔径共 24 个指标，并分别计算纤维壁厚度、柔性系数、壁腔比以及刚性系数。其中：

胞壁厚度 = （纤维宽 − 纤维腔径）/2

刚性系数 = 2 × 细胞壁厚 × 100/纤维直径

壁腔比 = 2 × 细胞壁厚度/细胞腔直径

柔性系数 = 细胞腔直径 × 100/纤维直径

以单株观测值为统计单元，性状均值、标准差、变异系数及遗传力估算方法参考文献。采用 SAS 8.1 程序进行统计分析。

2.4.2　结果与分析

2.4.2.1　马尾松家系间纤维形态特征变异

对 29 个家系的纤维长、宽、长宽比、壁腔比和柔性系数 5 个性状指标的统计分析表明：家系间和家系内均存在一定幅度的变异，其中早材变异系数排序由大到小依次为纤维长宽比、纤维长、壁腔比、纤维宽、柔性系数，晚材变异系数从大到小排序依次为纤维长、纤维长宽比、纤维宽、柔性系数、壁腔比，变异系数均低于10%（表2-13），表明家系间的变异较小。另外，早晚材的壁腔比变幅较小，其余8个性状的变幅较大，在选择时可以加以利用。早材的纤维长、宽、长宽比、壁腔比和柔性系数5个性状的变异系数均较晚材的大，因此，家系水平的纤维选择主要是针对早材的选择。

表2-13　马尾松家系纤维特征的均值及变异系数

家系号	纤维长/μm		纤维宽/μm		长宽比		壁腔比		柔性系数	
	晚材	早材	晚材	早材	晚材	早材	晚材	早材	晚材	早材
8	3999(4.5)	3505(11.0)	38.1(2.0)	46.0(6.2)	105.0(2.2)	76.4(11.3)	1.44(4.0)	0.30(3.7)	44.49(7.4)	77.17(3.8)
9	3886(5.2)	3494(19.3)	38.6(1.9)	45.5(6.4)	101.0(0.6)	76.5(161.0)	1.07(2.6)	0.47(12.5)	49.87(6.1)	70.03(8.2)
12	3763(8.3)	3319(5.5)	34.5(1.2)	46.5(10.3)	108.9(6.8)	71.9(12.6)	1.45(2.9)	0.28(3.9)	41.73(4.5)	72.28(4.4)
14	3501(18.0)	3357(11.7)	36.4(2.5)	43.5(12.7)	96.2(17.1)	77.4(7.9)	1.38(3.3)	0.50(13.5)	43.79(5.2)	69.16(10.0)
25	3957(9.6)	3592(6.2)	38.6(3.5)	45.5(4.9)	103.0(10.4)	79.1(7.0)	1.44(3.4)	0.49(13.5)	43.22(5.5)	69.46(9.5)
26	3737(2.0)	3237(16.8)	39.1(2.5)	44.0(6.5)	95.9(8.2)	73.2(11.3)	1.07(1.4)	0.44(9.1)	49.48(3.5)	72.01(6.4)
27	3993(6.8)	3559(2.8)	36.0(1.3)	44.5(9.5)	111.2(9.0)	80.7(12.2)	1.44(1.6)	0.43(0.82)	42.23(3.5)	72.11(6.4)
28	3659(15.6)	3459(13.8)	36.0(2.3)	44.7(7.8)	101.4(13.6)	77.7(13.7)	1.49(0.7)	0.38(8.4)	41.72(1.3)	73.70(6.5)
33	3867(9.8)	3636(7.9)	38.0(1.1)	47.5(5.4)	101.9(11.4)	75.0(7.4)	1.46(2.2)	0.41(9.1)	42.94(4.1)	71.88(8.5)
37	3993(6.9)	3505(13.3)	37.0(1.8)	45.3(7.2)	108.1(7.0)	77.2(7.7)	1.41(0.6)	0.49(17.1)	43.62(1.3)	70.24(11.9)
44	4007(3.8)	3526(10.8)	36.6(1.3)	49.1(4.2)	111.3(4.1)	73.7(7.3)	1.39(3.2)	0.29(7.9)	42.70(4.8)	78.18(7.7)
51	3762(12.7)	3678(5.9)	36.1(2.3)	48.0(5.6)	102.6(7.3)	76.5(5.7)	1.55(3.5)	0.40(11.6)	40.47(5.4)	73.23(9.9)
61	3976(7.7)	3650(7.6)	38.9(3.8)	46.7(6.0)	101.5(14.9)	76.3(8.5)	1.20(2.2)	0.49(11.4)	46.96(4.5)	69.24(9.3)
76	4289(3.2)	3852(6.0)	38.0(2.6)	49.5(8.5)	112.7(4.8)	76.4(9.1)	1.60(0.8)	0.40(7.4)	40.12(2.0)	73.49(5.9)
84	4109(6.4)	3654(9.0)	39.8(1.9)	45.5(7.8)	103.6(6.7)	84.7(13.5)	1.33(3.9)	0.47(7.7)	46.55(7.2)	69.20(6.9)
100	3628(15.0)	3491(9.0)	37.3(2.7)	48.4(1.0)	98.5(9.1)	71.1(8.1)	1.38(0.7)	0.31(2.1)	43.29(2.1)	77.03(1.8)
102	4091(0.0)	3530(0.0)	38.4(0.0)	42.8(0.0)	106.7(0.0)	82.5(0.0)	1.15(2.0)	0.47(16.9)	48.44(4.1)	69.68(15.8)
113	4161(4.0)	4128(11.5)	39.8(2.2)	47.5(10.5)	107.5(7.1)	83.8(13.7)	1.30(0.8)	0.40(7.3)	45.35(1.3)	73.28(6.0)
115	3965(5.2)	3568(11.0)	37.8(2.0)	44.5(6.5)	99.1(6.2)	78.5(9.5)	1.21(1.4)	0.44(13.5)	47.12(3.0)	71.01(11.6)
123	3327(11.2)	3745(11.9)	39.8(2.6)	50.3(11.6)	104.7(11.4)	74.9(9.5)	1.13(2.4)	0.35(9.5)	48.55(5.5)	75.27(8.9)
126	3819(14.7)	3461(13.2)	38.6(1.0)	49.9(8.2)	105.8(13.1)	73.9(9.4)	1.26(1.3)	0.29(4.7)	44.80(2.5)	78.06(4.6)
128	3627(5.5)	3534(7.7)	36.8(2.0)	45.4(11.7)	96.4(1.20)	75.2(14.4)	1.31(2.6)	0.29(2.6)	45.58(5.1)	77.73(3.1)
134	3746(6.5)	3555(3.7)	35.6(2.6)	48.6(7.1)	105.7(4.6)	72.4(10.3)	1.16(4.2)	0.28(4.5)	48.23(6.6)	78.90(5.0)
137	4116(9.6)	4073(9.6)	41.0(1.2)	50.0(7.9)	99.1(8.6)	80.5(5.8)	0.94(1.1)	0.34(10.0)	53.73(3.2)	75.46(8.8)
145	3849(6.8)	3562(8.9)	38.4(2.0)	46.3(10.2)	98.7(6.0)	78.1(5.8)	1.03(1.4)	0.36(6.1)	50.76(3.9)	74.25(6.0)
150	3938(8.4)	3761(5.8)	37.5(2.5)	47.2(5.3)	106.4(1.7)	80.3(2.4)	1.19(2.2)	0.38(11.2)	48.76(5.3)	73.26(10.6)
161	3964(2.8)	3701(7.0)	37.7(2.0)	48.0(4.8)	105.0(5.1)	77.5(6.3)	1.36(3.9)	0.41(5.5)	44.56(5.9)	72.47(4.9)
166	3570(10.6)	3588(10.8)	39.0(1.2)	46.0(14.3)	93.2(10.2)	80.5(16.6)	1.08(3.1)	0.40(11.6)	50.53(6.3)	72.95(8.6)
169	3734(10.6)	3622(4.1)	38.8(2.0)	46.0(6.9)	97.4(9.80)	80.1(9.2)	1.22(1.5)	0.38(7.3)	46.17(2.8)	73.34(7.0)

注：（　　）中为各指标的变异系数（%）。

2.4.2.2 马尾松家系间纤维形态的遗传参数估算

对纤维长、宽、腔径和长宽比共 4 个指标在 6 种年龄的早材、晚材、早晚材均值，各年轮早材均值，各年轮晚材均值和总平均值共 42 组数据中进行家系间方差分析，结果表明（方差分析表略）：12、15 和 21 年生晚材纤维长，15 年生早材纤维长，15 和 21 年生平均晚材纤维长，各年轮平均晚材纤维长，以及各年轮的早晚材平均纤维长的家系间差异达显著水平；15 和 18 年生晚材纤维宽、18 年生的早晚平均纤维宽、各年轮平均晚材纤维宽家系间差异达显著水平；9 年生和 18 年生的晚材纤维腔径、各年轮平均晚材纤维腔径家系间差异达显著水平；18 年生晚材纤维长宽比家系间差异达显著水平。

对纤维壁厚度、柔性系数、壁腔比和刚性系数 4 个指标共 42 组数据进行家系间的方差分析，分析不同指标家系间的变异情况。结果表明，6 年生的早晚材平均纤维壁厚、各年轮晚材的柔性系数均值、9 年生的晚材壁腔比与刚性系数在家系间差异显著。

对家系间差异显著的晚材纤维宽均值、晚材纤维腔径均值、晚材纤维长均值、早晚材纤维长均值等 4 个指标进行遗传力估算。晚材纤维宽均值的遗传力为 0.51，属强度遗传控制；晚材纤维腔径均值的遗传力为 0.50，属强度遗传控制；晚材纤维长均值的遗传力为 0.42，属中度遗传控制；早晚材纤维长均值的遗传力为 0.38，属中度遗传控制。

2.4.2.3 各纤维形态相关分析及间接选择

对纤维腔径、宽、长、长宽比、壁厚、柔性系数、壁腔比和刚性系数等 8 个指标与年龄、晚材率、年轮宽等进行相关分析。分析结果表明，多数纤维性状与年龄、年轮宽和晚材率显著或极显著相关，早晚材的纤维性状间也呈显著或极显著相关，由于这 8 个指标测定方法和难易程度相似，在此仅着重分析 8 个指标与年龄、年轮宽和晚材率间的相关关系，结果见表 2-14。由表 2-14 可知，年龄与纤维长、晚材长宽比、纤维壁厚、柔性系数、壁腔比和刚性系数等 6 个指标成显著相关；年轮宽与纤维宽、长、长宽比、壁厚、柔性系数、壁腔比和刚性系数等 7 个纤维形态指标呈显著相关；晚材率与纤维宽、长、长宽比、壁厚、早材柔性系数、早材壁腔比和早材刚性系数等 7 个指标显著相关。在年龄、年轮宽以及晚材率 3 个指标中，年轮宽与各纤维形态间的相关关系比其他 2 个指标显著，且年轮宽是一个表型指标，测定简便，因此，年轮宽最适合用于马尾松的家系纤维选择。年轮宽可作为马尾松家系纤维的间接选择指标，通过年轮宽的正向选择，间接对纤维宽、长、长宽比、壁厚、壁腔比以及刚性系数进行了负向选择，同时对柔性系数进行了正向选择。

表 2-14 马尾松纤维形态指标与年轮参数的相关情况

性状	年龄	年轮宽	晚材率
晚材纤维腔径	−0.84*	0.80	−0.56
早材纤维腔径	−0.38	0.20	−0.11
晚材纤维宽	0.75	−0.85*	0.97**
早材纤维宽	0.75	−0.84*	0.90*
晚材纤维长	0.93**	−0.96**	0.90*
早材纤维长	0.82*	−0.92*	0.94**
晚材长宽比	0.96*	−0.95**	0.97**

（续）

性状	年龄	年轮宽	晚材率
早材长宽比	0.79	− 0.86 *	0.89 *
晚材纤维壁厚	0.923 * *	− 0.965 * *	0.910 *
早材纤维壁厚	0.942 * *	− 0.936 * *	0.937 * *
晚材壁腔比	0.938 * *	− 0.893 *	0.765
早材壁腔比	0.938 * *	− 0.873 *	0.887 *
晚材刚性系数	0.929 * *	− 0.934 * *	0.804
早材刚性系数	0.934 * *	− 0.903 *	0.892 *
晚材柔性系数	− 0.929 * *	0.934 * *	− 0.803
早材柔性系数	− 0.934 * *	0.902 *	− 0.893 *

注：＊表示差异显著，＊＊表示差异极显著。

2.4.2.4　马尾松纸浆材优良家系的选择

单位面积木材干物质产量代表单位面积上的干物质数量，木材纤维素产量则代表单位面积上的纤维产量。单位面积纤维素产量是评价木材造纸纤维产量的指标，因此分析中首先以单位面积纤维素产量均值前 15% 作为初选指标，选出 100、113、37、134 和 61 号等 5 个家系，以长宽比为选择指标选出 113、84、28、76、137、61、37、123、25 和 169 号等排名前 10 的 10 个家系，同时入选的有 113、37 和 61 号，采用 Francis 和 Kannenberg 模型分析，确定家系性状的稳定性，以木材纤维素产量和长宽比变异系数较小的前 30% 家系进行复选。37 号由于单位面积纤维素产量的变异系数过大，而 61 号则由于长宽比变异系数过大均不能通过复选。113 号同时满足单位面积纤维产量高、纤维质量好且变异系数较小等条件，入选浆纸材优良家系，该家系生长和材性均表现突出，可以作为马尾松优良家系大面积推广。

2.4.3　讨　论

2.4.3.1　马尾松木材纤维形态遗传变异及参数估算

马尾松家系间的纤维长、纤维宽、长宽比、壁腔比和柔性系数 5 个性状均存在一定幅度的变异，其中早材的变异系数均大于晚材，但早晚材的变异系数均低于 10%，虽然家系间的变异较小，纤维的遗传改良仍具有一定的潜力，家系水平的纤维选择主要是针对早材的选择。进一步分析 5 个纤维性状变幅发现，除早晚材的壁腔比较小外，其余 8 个性状的变幅较大，在选择时可以加以利用。马尾松纤维早材的变异系数大于晚材，这与对杂种落叶松的研究结论相反，笔者认为这与不同树种有关。晚材纤维宽均值、晚材纤维腔径均值、晚材纤维长均值、早晚材纤维长均值等 4 个指标家系间差异达显著水平，家系遗传力在 0.38 ~ 0.51 间，为中度至强度遗传控制，家系水平的纤维改良潜力较大。年轮宽可作为马尾松家系间纤维的间接选择指标，通过年轮宽的正向选择，间接对纤维宽、纤维长、长宽比、壁厚、壁腔比和刚性系数进行了负向选择，而对柔性系数进行了正向选择。

2.4.3.2　马尾松优良基因型选择

113 号家系的纤维长、纤维宽和纤维长宽比分别为 4169μm、43.1μm 和 103.67，分别比 30 个家系平均值提高 24.7%、− 8.86% 和 36.46%，壁腔比 0.67，柔性系数 60.78，为优良的制浆造纸用材家系。该家系不仅单位面积的纤维产量高而且纤维质量好，且连续 20 多年在多点多年度子代区域测定中生长表现突出。因此 113 号家系可作为纸浆材优良家系大面积推广应用。

2.4.3.3　马尾松晚材率与优良基因型选择

纤维长是衡量造纸原料质量的重要指标之一。纤维长与成纸撕裂度等物理性能有直接关系。符合制浆造纸的纤维长范围是 0.4～5mm，该研究中马尾松家系纤维长的均值为 3.74mm，早材和晚材的纤维长均处于造纸材的范围内，可见马尾松的纤维长非常符合造纸材要求；而纤维的交织能力与纤维宽密切相关，纤细的纤维成纸均匀致密、强度较好；粗短的纤维，其单根纤维的强度较大而结合力较差。马尾松的平均纤维宽度（42.25μm）与马占相思（Acacia mangium）、杨树（Populus sp.）等阔叶树相比较粗。纸浆材改良时需兼顾纤维宽这一指标，选择纤维长宽比大的基因型。由于马尾松纤维长宽比在适宜的造纸用材范围内，因此该研究进一步应用造纸材分级指标壁腔比和柔性系数来确定纤维的优劣度。借鉴 Runkel 的造纸原料分级指标，即：壁腔比 >1 为劣等原料；壁腔比 =1 为好原料；壁腔比 <1 为很好原料。该研究中家系间壁腔比的变幅为早材 0.28～0.50，属很好的原料；而晚材变幅为 0.94～1.60，处于好、劣原料之间，可以通过降低晚材率从而提高纸浆质量。按柔性系数分，造纸用材分为以下 4 个等级：柔性系数 >75 时为Ⅰ级材；柔性系数在 50～75 时为Ⅱ级材；柔性系数在 30～50 时为Ⅲ级材；柔性系数 <30 时为Ⅳ级材。该研究中，家系间的柔性系数变幅为早材 69.16～78.28，处于Ⅰ级材和Ⅱ级材之间，而晚材变幅为 40.12～53.73，处于Ⅱ级材和Ⅲ级材之间，下降了一个等级，降低晚材率仍是马尾松纸浆材优良基因型选择的重要途径，该研究中平均晚材率为 32%，变幅为 17%～51%。孙晓梅等研究日本落叶松和兴安落叶松的晚材率分别为 33% 和 49%，均高于马尾松，初步认为这与广西马尾松优良种源（家系）无休眠期且 1 年抽梢 2～3 次有关，也表明马尾松纸浆材优良基因型的选择潜力较大。

2.4.3.4　径向生长与纸浆材优良基因型选择

该研究中马尾松的年轮宽与纤维长宽比和壁腔比呈负相关，年轮宽与纤维柔性系数呈正相关。这表明年径向生长量越大纤维长宽比和壁腔比越小，纤维柔性系数则越大。研究中还发现，马尾松的纤维长处于造纸材较好范围内，而纤维宽则相对过粗。因此，选择径向生长量大的基因型虽然在纤维长这一指标上会有所下降但影响不大，却能够改良纤维宽过粗，有利于木材纤维质量的提高。另外，壁腔比与年轮宽负相关的显著程度小于柔性系数与年轮宽的正相关程度，马尾松早晚材平均壁腔比为 0.51～0.73，属于造纸材很好的原料，而纤维柔性系数早晚材平均值为 57.82～66.56，介于Ⅰ级材与Ⅱ级材之间。对纤维柔性系数进行改良的效果会更具潜力，因此，纸浆材优良基因型的选择主要以径向生长量为选择指标。

2.5　马尾松家系木材管胞形态特征的年龄变异

马尾松是我国南方重要的乡土树种，其纤维细长、柔软、强度高，材质疏松、易解，是优质的制浆造纸原料，可抄造新闻纸、牛皮纸和其他高品质纸张，在林浆纸（板）一体化产业发展中占有十分重要的地位。我国马尾松纸浆材的遗传改良工作开始于 20 世纪 90 年代,经过 10 多年的联合攻关,全国马尾松纸浆材项目组认为,单位时间单位面积的木材产量、基本密度、纸浆得率是马尾松纸浆材的绝选性状。但是,纸浆得率等制浆性能指标测试工艺复杂,费用较高,难以大规模用于马尾松的材性改良。管胞是构成马尾松木材的主要组分,约占木材细胞的 90% 以上,对于造纸来说,管胞长度和管胞壁腔比是影响造纸质量的重要指标,其对木材的制浆和造纸会产生重要影响。Kibblewhite 和 Wrigh 的研究认为,可以应用木材解剖性状预测其纸浆性能,笔者在研究马尾松木材密度和木材化学性质的基础上,对管胞形态的变异和数量成熟等问题进行研究,以寻找一个简单、科学和有效的马尾松材性改良方案,为马尾松材性的遗传改良和高效栽培提供科学依据。

2.5.1　试验材料与方法

2.5.1.1　试验材料

试样取自南宁市林科所 22 年生马尾松初级种子园自由授粉子代测定林,该试验林于 1988 年造林,完全随机区组设计,4 株小区,15 个重复,参试家系 169 个,对照 6 个,目前试验林保存完整。2009 年 12 月,对该测定林进行树高、胸径、冠幅和通直度等全林实测,从中选取 29 个家系,每个家系取平均木 5 株。伐前用红油漆标出 1.3m 南向,将所选样株伐倒,于 1.3m 近伐根面取 3cm 厚圆盘,用密封塑料袋保湿带回,用于木材密度和解剖学测定。

2.5.1.2　试样处理

在圆盘上通过髓心沿东北 45° 取宽度为 2cm、长度为圆盘半径的木条,在木条上由树皮向髓心依次切取 21、18、15、12、9、6 年共 6 个年龄完整年轮木样,进行化学处理后,对每组年轮木样的早晚材管胞性状进行测定。测定指标包括管胞长度、宽度,管胞腔直径。

在取样木盘的东、西、北 3 个方向逐一测量每层年轮的早晚材宽度,计算晚材率。

2.5.1.3　试验数据情况

通过 6 个年龄完整年轮木样的早晚材宽度,管胞长度、宽度,管胞腔直径,分别计算管胞长宽比、管胞壁厚、壁腔比、柔性系数和刚性系数。

管胞长宽比 = 管胞长度/管胞宽度

管胞壁厚 = (管胞宽度 - 管胞腔直径)/2

刚性系数 = (2×管胞壁厚/管胞腔直径)×100

壁腔比 = 2×管胞壁厚/管胞腔直径

柔性系数 = (管胞腔直径/管胞直径)×100

2.5.1.4　统计方法

(1)方差分析:同式(2-7)。

(2)性状均值、标准差、变异系数:同式(2-10)、同式(2-11)、同式(2-12)。

2.5.2　结果与分析

2.5.2.1　各管胞形态指标的年龄、早晚材相关分析

通过 SAS8.1 软件 GLM 程序对管胞腔径、管胞宽度、管胞长度、管胞长宽比、管胞壁

厚、壁腔比、柔性系数、刚性系数 8 个指标在年龄和早晚材 2 种变异水平上进行方差分析。结果见表 2-15。由表 2-15 可知，除管胞腔直径在不同年龄间差异不显著外，其余指标在不同年龄和早晚材间均存在显著或极显著差异。

表 2-15　管胞形态指标在年龄间和早晚材间的变异情况

指标	来源	均方	F 值	$P > F$
管胞腔直径	年轮	9.78	1.17	0.3326
	早晚材	6587.74	785.68	<.0001
管胞宽度	年轮	25.71	4.98	0.0005
	早晚材	1608.27	311.74	<.0001
管胞长度	年轮	1573571.85	17.32	<.0001
	早晚材	2534818.00	27.90	<.0001
管胞长宽比	年轮	495.74	6.77	<.0001
	早晚材	16408.34	224.05	<.0001
管胞壁厚	年轮	6.15	9.99	<.0001
	早晚材	421.51	684.37	<.0001
壁腔比	年轮	0.17	3.93	0.0030
	早晚材	21.01	493.60	<.0001
刚性系数	年轮	80.20	3.77	0.0040
	早晚材	19044.89	894.54	<.0001
柔性系数	年轮	79.95	3.76	0.0041
	早晚材	19050.24	895.33	<.0001

2.5.2.2　管胞形态指标与年轮参数的相关分析

通过 SAS8.1 软件 CORR 程序对早晚材的管胞腔直径、管胞宽度、管胞长度、管胞长宽比、管胞壁厚、壁腔比、柔性系数、刚性系数等 16 个指标与年龄、晚材率、年轮宽等进行相关分析，结果见表 2-16。

表 2-16　管胞形态指标与年轮参数的相关情况

INDEX	年龄	年轮宽	晚材率
晚材管胞腔直径	-0.84*	0.80	-0.56
早材管胞腔直径	-0.38	0.20	-0.11
晚材管胞宽	0.75	-0.85*	0.97**
早材管胞宽	0.75	-0.84*	0.90*
晚材管胞长	0.93**	-0.96**	0.90*
早材管胞长	0.82*	-0.92**	0.94**
晚材长宽比	0.96**	-0.95**	0.97**
早材长宽比	0.79	-0.86*	0.89*

（续）

INDEX	年龄	年轮宽	晚材率
晚材管胞壁厚	0.923＊＊	−0.965＊＊	0.910＊
早材管胞壁厚	0.942＊＊	−0.936＊＊	0.937＊＊
晚材壁腔比	0.938＊＊	−0.893＊	0.765
早材壁腔比	0.938＊＊	−0.873＊	0.887＊
晚材刚性系数	0.929＊＊	−0.934＊＊	0.804
早材刚性系数	0.934＊＊	−0.903＊	0.892＊
晚材柔性系数	−0.929＊＊	0.934＊＊	−0.803
早材柔性系数	−0.934＊＊	0.902＊	−0.893＊

由表2-16可知，管胞腔直径与年龄、年轮宽度以及晚材率相关不显著；年龄与晚材管胞长度、晚材管胞长宽比、管胞壁厚、壁腔比、柔性系数、刚性系数等6个指标呈极显著相关，与晚材管胞腔直径、早材管胞长度显著相关；年轮宽度与管胞宽度、管胞长度、管胞长宽比、管胞壁厚、壁腔比、柔性系数、刚性系数等14个管胞形态指标呈极显著或显著相关；晚材率与管胞宽度、管胞长度、管胞长宽比、管胞壁厚、早材壁腔比、早材柔性系数、早材刚性系数等指标呈极显著或显著相关。年龄、年轮宽和晚材率3个指标中，年轮宽度最适合用于马尾松家系的选择，一是年轮宽与各管胞形态指标间的相关关系比其他2个指标显著；二是年轮宽是一个表型指标，测定简便。因此，选择年轮宽作为马尾松家系管胞的间接选择指标，通过年轮宽的正向选择，间接对柔性系数进行了正向选择，而对管胞宽度、管胞长度、管胞长宽比、管胞壁厚、壁腔比和刚性系数进行了负向选择。

2.5.2.3　管胞形态指标的年龄变异情况

管胞形态中管胞长宽比、壁腔比和柔性系数是制浆造纸材最重要的3个评价指标，3个指标的年龄变化见表2-17。

表2-17　重要管胞形态指标及树木生长情况的年龄变化情况

指标	21年	18年	15年	12年	9年	6年
晚材管胞长宽比	110.69	108.60	105.06	104.07	98.07	91.18
早材管胞长宽比	77.56	81.92	78.73	77.60	75.25	70.37
校正管胞长宽比	70.71	68.92	64.83	67.75	72.51	71.27
晚材壁腔比	1.45	1.44	1.27	1.28	1.25	1.07
早材壁腔比	0.43	0.46	0.41	0.39	0.35	0.31
校正平均壁腔比	0.87	0.94	0.85	0.80	0.64	0.44
晚材柔性系数	42.65	43.25	45.96	45.64	46.4	50.4
早材柔性系数	71.76	70.92	73.02	73.2	74.94	76.85
校正平均柔性系数	59.08	57.31	59.14	60.54	65.84	72.38
晚材率	0.44	0.49	0.51	0.46	0.32	0.17
胸径增长量	1.12	1.45	1.82	1.78	3.64	

注：校正管胞长宽比、校正平均壁腔比和校正平均柔性系数的算法为早材数据与晚材数据分别乘以早材和晚材率再相加。

从表2-17可以看出，早材管胞长宽比在6~9年阶段明显升高，在18年达到最高值后出现下降；晚材管胞长宽比随着年龄增大不断增大，6~9年阶段升高明显；校正管胞长宽比在9~15年持续下降，15~21年又开始升高。早材壁腔比在9~12年和15~18年2个生长阶段明显升高；晚材壁腔比在15~18年阶段明显升高；校正平均壁腔比在9~12年间增长了20%，在15~18年间增长了9.57%。早晚材柔性系数均在6~9年和15~18年2个生长阶段有明显下降，校正平均柔性系数在9~12年间下降了8.33%，在15~18年间下降了3.19%。晚材率在6~12年迅速增加，在15年达到最大值后略有下降。

2.5.2.4　浆纸材合理采伐年龄的确定

管胞长宽比、管胞壁腔比和柔性系数是造纸原料分级的重要评判指标，由于优良纤维用材的管胞长度为0.4~5.0mm，长度越长越好，马尾松管胞平均长度为3.74mm，且变化趋势是随着年龄增加长度不断增加，不论早晚材的管胞长度如何变化，其均处于造纸较好的范围内。因此，在管胞选择和改良时只需兼顾这一指标，本研究的造纸材分级主要用管胞壁腔比和柔性系数来确定。借鉴Runkel的造纸原料分级指标，即：壁腔比<1为很好的原料；壁腔比=1为好原料；壁腔比>1者为劣等原料。按柔性系数分，造纸用材分为4个等级：Ⅰ级材：柔性系数>75；Ⅱ级材：50<柔性系数≤75；Ⅲ级材：30<柔性系数≤50；Ⅳ级材：柔性系数≤30。从表2-17中可以看出，马尾松木材管胞形态随年龄的变化基本呈现出幼龄材品质好于中龄材，早材优于晚材的规律。校正平均壁腔比为0.44~0.94<1，属非常优良的制浆用材；校正平均柔性系数变化范围为57.31~72.38，处于Ⅱ级材标准。其中6年和9年的木材管胞指标最优，此时壁腔比性能属于优质，早材的柔性系数在Ⅰ级材左右，晚材率也较低；在9~15年各个指标的优良度均有相当幅度的下降。由此看来，6年和9年可能是纸浆材的最佳品质时期，此时采伐木材造纸品质最好。但是考虑到广西马尾松在6~9年正是生长的高峰期，此时采伐木材产量过低。本次试验所在林分因从未间伐，而使得9年之后的胸径生长受到明显的密度效应抑制。但仍可看到9~12年、12~15年和15~18年的胸径生长量均比18~21年高出50%以上，而此时壁腔比性能仍属于优质，柔性系数属于Ⅱ级材。考虑到管胞指标优良度在15~18年间仍有一定下滑，且15年后生长量也开始下降，因此初步认为马尾松纸浆林经营周期以15年较为合适。

2.5.3　结论与讨论

粗浆得率、细浆得率、卡伯值、裂断长、撕裂指数和耐破指数等浆纸性能指标虽然能够准确反映纸浆性能的优劣，但由于这些指标的测定工艺复杂，分析费用高，很少应用于林木的材性改良中，学者们普遍从木材解剖学的角度探讨木材的造纸性能。管胞长度是衡量造纸原料质量优劣的一项重要指标，管胞长度与成纸的物理性能直接相关，较长纤维具有较好的撕裂度，较短纤维成纸匀度较好，纸面较细平。本试验通过3种评价方法均证明马尾松家系为优良的造纸制浆用材，且8个管胞形态指标早晚材的年龄变异差异显著，进行管胞形态的选择和改良能够取得理想效果。

分析8个管胞形态指标与年龄、年轮宽度和晚材率的相关性发现，多数管胞性状与年龄、年轮宽度和晚材率相关关系显著或极显著，其中年轮宽度与早晚材管胞宽度、管胞长度、管胞长宽比、管胞壁厚、壁腔比、柔性系数、刚性系数等7个管胞形态指标呈显著或极显著相关。由于年轮宽度是胸径年增长量的反映，可使用胸径年增长量作为造纸性能优劣的间接选择指标，年轮宽的正向选择，间接对柔性系数进行了正向选择，而对管胞宽度、管胞长度、管胞长宽比、管胞壁厚、壁腔比和刚性系数进行了负向选择。胸径年增长量越大，管胞的壁腔比越小，柔性系数越大，造纸性能越好。马尾松材性的前期研究认同单位面积木材干物质产量(材积与木材基本密度的乘积)可作为马尾松纸浆材木材产量的评价指标，结合本研究的结论，胸径年增长量既在单位面积木材干物质产量中起主要作用，又直接决定浆纸性能的优劣。因此，本研究认为，为简化马尾松的材性育种程序，提高选择效率，胸径年增长量便是马尾松家系造纸材最重要的选择指标，其操作简便，直观可靠，尤其适用大量遗传测定材料中浆纸材的选择和改良。

确定合理的采伐年龄直接关系到林地资源是否得到最佳利用以及能否获得最大经济利益，这是马尾松纸浆材经营中需要解决的实际问题。丁贵杰以经济收益最大为前提研究了马尾松纸浆材的采伐年龄，本研究中 15 年时壁腔比属优质，柔性系数属 II 级材，胸径年增长量达到第 2 峰值，18 年时浆纸性能和胸径生长均出现较大程度下滑，即 15 年达到了纸浆材的数量成熟期。因此，在本试验条件下，以纸浆性能和木材产量为前提确定马尾松家系的纸浆材合理采伐年龄为第 15 年。

2.6 马尾松种子园 2 个无性系木材密度变异规律

马尾松是我国南方重要的乡土树种，在林浆纸(板)一体化产业发展中占有十分重要的地位。马尾松的纸浆材良种选育开始于 20 世纪 90 年代，研究人员在林分、种源、家系、无性系等不同层次上对木材密度、木材解剖、木材化学组分等方面进行了系统深入地研究，取得了重要的研究成果。木材密度由于测定简单、稳定性强等优点成为马尾松材性育种中重要而常用的选择指标。我们在马尾松材性研究中发现，不同单株以及不同取样位置的木材密度均存在差异，为探求一个准确、简便的马尾松木材密度选择指标，项目组在初级种子园中选择生长性状优良的 2 个 22 年生无性系，利用圆盘取样法研究纵向和径向木材密度的变异规律，以期为马尾松的材性选择和遗传改良提供科学依据。

2.6.1 试验材料与方法

2.6.1.1 试验材料

试样取自广西南宁市林科所的 22 年生马尾松无性系嫁接种子园第 4 大区，该大区于 1986～1987 年嫁接，每亩株数 40 株，经过 1 次去劣疏伐，保存株数为 20 株。2009 年 12 月，对该测定林进行树高、胸径、冠幅和通直度等全林实测，2010 年 6 月结合种子园第 2 次去劣疏伐，在种子园中选择生长优良的桂 GC427A 和桂 GC557A 号无性系，各选 3 株进行木材密度测定。

伐前用红油漆标出 1.3m 南向，将所选样株伐倒，于 1.3m、5m 和 10m 近伐根面各取厚 3cm 圆盘，用密封袋保温带回，用于木材密度和解剖学测定。

2.6.1.2 试样处理

木材密度采用最大含水量法测定。生材密度指刚被砍伐下来木材含有水分时的木材密度，基本密度是指含水率为0时的木材密度。具体方法如下：过髓心沿东北45°左右取2cm宽木条，离开髓心和皮层各1cm，用等分法分别取内、中、外3个约2cm×2cm木段，去掉两头失水部分，用湿毛巾包好待测。生材密度为防止水分流失影响测定数据的准确性，所有操作步骤均需保温，取样回来后尽快测定，本实验的生材密度测定在7h内完成。测完生材密度后将木块80℃干燥8h和103℃干燥48h，测定基本密度。实验材料包括纵向1.3m、5m、10m，径向外层、中层、内层的木材生材密度和基本密度共18个密度指标。

2.6.1.3　统计分析方法

按式(2-7)线性模型测量数据。

2.6.2　结果与分析

2.6.2.1　纵向木材平均密度的变化规律

表2-18和表2-19列出了桂GC427A和桂GC557A号2无性系不同取样高度间木材密度的差异分析结果。2个无性系的生材密度在取样高度间差异均不显著，GC427A号的基本密度在取样高度上存在显著差异(表2-18)；2个无性系1.3m处的基本密度间差异达显著水平(表2-19)。图2-1显示，2种木材密度在不同无性系均表现为5.0m>1.3m>10.0m，GC427A号的纵向生材密度稍高于GC557A号，但基本密度相反。

表2-18　不同取样高度、不同径向层次间木材密度差异分析

无性系	指标类型	来源	均方	F值	P>F
桂 GC427A	生材密度	取样高度	0.018	2.91	0.076
		径向层次	0.017	2.7	0.090
	基本密度	取样高度	0.001	0.340	0.715
		径向层次	0.027	6.720	0.005*
桂 GC557A	生材密度	取样高度	0.005	3.030	0.069
		径向层次	0.008	4.960	0.017*
	基本密度	取样高度	0.036	7.040	0.004*
		径向层次	0.049	9.690	0.001**

*：$F<0.05$；**：$F<0.01$。

2.6.2.2　径向木材平均密度的变化规律

表2-18和表2-20列出了GC427A和GC557A号2个无性系径向间木材密度的差异分析结果，2个无性系径向间的基本密度和GC557A径向间的生材密度间差异达显著水平(表2-18)；GC427A号中层的生材密度和GC557A号外层2种密度间的差异达显著水平(表2-20)。图2-2显示，2种木材密度在不同无性系均表现为外层>中层>内层，变化规律十分明显。GC557A号的径向生材密度稍高于GC427A号，但基本密度相反。

表 2-19　不同纵向木材密度差异分析

无性系	取样高度/m	指标类型	均方	F 值	$P > F$
桂 GC427A	1.3	生材密度	0.038	2.450	0.166
		基本密度	0.038	7.820	0.021 *
	5	生材密度	0.000	2.330	0.178
		基本密度	0.003	1.540	0.288
	10	生材密度	0.000	1.240	0.355
		基本密度	0.002	0.760	0.507
桂 GC557A	1.3	生材密度	0.010	3.530	0.097
		基本密度	0.0456	44.65	0.0002 * *
	5	生材密度	0.002	1.210	0.363
		基本密度	0.017	1.430	0.311
	10	生材密度	0.000	4.200	0.072
		基本密度	0.002	3.640	0.092

＊：$F < 0.05$；＊＊：$F < 0.01$

2.6.2.3　不同取样位置木材密度变化规律

图 2-1 和图 2-2 分别给出了 2 个无性系纵向和径向的木材平均密度，图 2-3 更清晰显示 2 个无性系木材密度在不同取样位置的变化规律。生材密度变化幅度小于基本密度，186 号的生材密度变化最平缓，各取样密度间相关最紧密。从图 2-3 可以看出，径向中层的木材密度最接近平均密度，或者说中龄期的木材密度决定马尾松无性系的木材密度的整体水平，径向外层的木材密度与无性系木材密度的平均水平相差最远，最不适合用其代表整体密度水平，尤其是 1.3m 外层密度不能用作马尾松无性系木材密度的选择指标。

表 2-20　径向间木材密度差异分析

无性系	径向层次	指标类型	均方	F 值	$P > F$
桂 GC427A	内层	生材密度	0.038	2.470	0.165
		基本密度	0.003	1.150	0.377
	中层	生材密度	0.002	12.000	0.008 *
		基本密度	0.001	0.490	0.635
	外层	生材密度	0.000	0.060	0.940
		基本密度	0.013	2.800	0.138
桂 GC557A	内层	生材密度	0.005	1.930	0.225
		基本密度	0.009	1.010	0.419
	中层	生材密度	0.002	1.020	0.416
		基本密度	0.009	2.700	0.146
	外层	生材密度	0.002	9.040	0.016 *
		基本密度	0.034	19.140	0.003 *

＊：$F < 0.05$；＊＊：$F < 0.01$

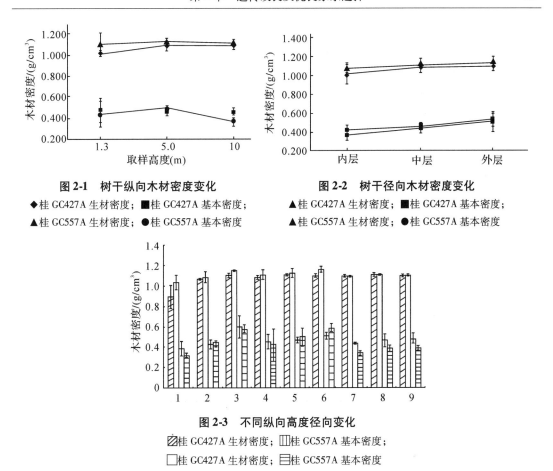

图 2-1　树干纵向木材密度变化
◆桂 GC427A 生材密度；■桂 GC427A 基本密度；
▲桂 GC557A 生材密度；●桂 GC557A 基本密度

图 2-2　树干径向木材密度变化
▲桂 GC427A 生材密度；■桂 GC427A 基本密度；
▲桂 GC557A 生材密度；●桂 GC557A 基本密度

图 2-3　不同纵向高度径向变化
☑桂 GC427A 生材密度；▥桂 GC557A 基本密度；
☐桂 GC427A 生材密度；▤桂 GC557A 基本密度

2.6.2.4　不同无性系木材密度的均匀性

用径向内层密度与外层密度的比值表示木材径向均匀性，用 1.3m 木材密度与 10m 的比值表示木材纵向均匀性，分别比较 2 个无性系的木材均匀性。桂 GC557A 和桂 GC427A 号的生材密度径向比分别为 0.95 和 0.93，纵向比分别为 0.99 和 0.93，桂 GC557A 号不论是径向还是纵向的均匀性均优于桂 GC427A 号，因此，可以认为桂 GC557A 的木材均匀性较好。

2.6.3　结论与讨论

关于马尾松木材密度的研究较为一致的结论是不同种源间存在显著差异，这种差异受中等强度的遗传控制；秦国峰等认为马尾松木材密度存在极显著的种源×地点效应，不同地区种源的木材相对密度具有从西南往东北增大的地理变异趋势。周志春等在优树半同胞家系的木材密度中的研究中发现半同胞家系的木材密度存在明显的遗传差异，受到弱至中度的遗传控制，具有较高的遗传改良潜力。为了探讨科学的马尾松木材密度的评价方法和有效的密度选择指标，我们对马尾松无性系不同纵向和径向的木材生材密度和基本密度进行研究，以明确马尾松无性系木材密度的选择指标。本研究结果表明木材密度径向变化规律十分明显，越靠近髓心密度越小，表现为外层 > 中层 > 内层，纵向变化为 5m > 1.3m > 10m。径向中层的木材密度最接近平均密度，或者说中龄期的木材密度决定马尾松无性系的木材密度的整体水平，径向外层的木材密度与无性系木材密度的平均水平相差最远，最不适合用其代表整体密度水平，尤其是 1.3m 外层不能用于马尾松无性系木材密度的选择指标。同时对木材的生材密度和基本密度的研究表明，生材密度对实验操作的要求较高且的规律性不如基本密度明显，在无性系选择中宜采用基本密度作为选择指标。

Zobel 等研究表明，木材密度的不均匀严重影响最终产品的品质和制浆造纸的成本，是木材最主要的缺陷。Rozenberg 等认为提高幼龄材密度可降低因短轮伐期经营而造成木材品质下降的负面影响。刘青华等计算了不同种源木材径向变异的均匀性，认为南部区种源的均匀性为 0.77 ~ 0.88，差于北部区种源（0.84 ~ 0.91），并认为部分南部区种源的快速生长是以降低幼龄材密度为代价的，从而致使幼龄材和成熟材生材密度差异较大。本研究中 2 个无性系的径向和纵向均匀性均达 0.93 以上，说明这两个马尾松无性系不仅具有优良的生长性能，并且具有良好的木材均匀性，幼林材与成熟材的差异较小，能够满足优良造纸木材的需求，这两个马尾松无性系中以桂 GC557A 为优良。

2.7　马尾松种子园 6 个家系生长和木材性质的比较研究

马尾松是南方重要的乡土树种，具有优良的制浆造纸性能。1986 ~ 2000 年，广西林科院从种子园半同胞家系的子代测定试验中以生长和干型为选择指标，选出优良家系 112 个，并在广西、重庆、福建、贵州、广东、江西、湖南、江苏等南方省份进行了规模化的推广示范，在引种地生长表现优良。20 世纪 90 年代，多个省份进行了以纸浆材为选育目标的马尾松遗传改良工作，有研究表明，马尾松的生长和材性成负相关，生长和材性不能同时得到改良，马尾松优良种源或家系的材性品质较差。广西是马尾松的主产区，经过 20 多年的遗传改良，建成的初级种子园和 1.5 代种子园，其生长量比优良种源增益 15% ~ 25%。纸浆是马尾松最重要的用途，材性改良刻不容缓，而建立在生长改良基础上的材性改良意义尤为重大。为此，广西马尾松协作组在马尾松初级种子园自由授粉子代测定林中选择了 30 个家系进行了木材密度、化学组分和管胞形态等材性研究，在此研究的基础上，以 10% 的选择强度，对最优家系、平均家系和最差家系的生长和材性进行了比较研究，以解决马尾松纸浆材选育过程中存在的问题，为纸浆材的生长和材性联合选择提供科学依据。

2.7.1　试验林地自然情况

同 2.2.1.1 小节和 2.2.1.2 小节。

2.7.2　研究方法

2009 年 12 月，对该测定林进行树高、胸径、冠幅和通直度等全林实测，从中选取 30 个家系，每个家系取平均木 5 株。在 30 个家系中以单株材积为选择性状，按 10% 的选择强度选出材积生长最优的 37#、100# 和 113# 3 个家系作为优良家系，材积生长最差的 27#、76# 和 128# 3 个家系作为最差家系。30 个家系的平均值为对照，分别比较最优家系、最差家系和对照的生长、木材物理性质和化学组分的差异。2010 年 6 月进行材性测定，伐前用红油漆标出 1.3m 南向，将所选样株伐倒，于胸高处各取厚 3 ~ 5cm 圆盘，上圆盘用于木材基本密度测定，下圆盘用于木材化学组分测定。

2.7.2.1 生长量测定

全林实测树高和胸径，计算单株材积，公式如下：

$$V = 0.714265437 \times 10^{-4} D^{1.867008} H^{0.9014632} \tag{2-13}$$

式中：D——胸径（cm）；

H——树高（m）。

2.7.2.2 木材物理性质测定

（1）木材基本密度。过髓心沿东北45°左右取2cm宽木条，离开髓心和皮层各1cm，用等分法分别取内、中、外3个约2cm×2cm的木段，去掉两头失水部分，用湿毛巾包好待测。用0.001电子天秤采用最大含水量法测定生材体积，木块自然干燥，转入烘箱内110℃干燥8h，80℃干燥48h，测定气干质量。基本密度=气干质量/生材体积。

（2）木材干物质产量。木材干物质产量计算方法为：木材干物质产量=木材材积×木材基本密度。

（3）木材水分测定测定。方法参照国家标准GB/T 2677.2—1993进行。

2.7.2.3 木材化学特性测定

圆盘应及时剥皮和干燥，遇阴雨天气在圆盘两切面喷药防霉变以避免影响测定结果。将圆盘沿东西方向劈开，留南面，两切面分别除去1cm后即为样木，用电刨将试样刨片，用四分法取样，经粉碎后，筛选40~60目的木粉为试样。测定项目有灰分、热水抽提物、冷水抽提物、1% NaOH抽提物、苯醇抽提物、酸不溶木素、多戊糖、木质素、综纤维素含量等9项，分别按国家标准GB/T 2677.3—1993、GB/T 2677.4—1993、GB/T 2677.5—1993、GB/T 2677.6—1994、GB/T 2677.8—1994、GB/T 2677.9—1994、GB/T 2677.10—1994进行测定。

2.7.2.4 数据统计分析法

采用SAS8.1软件GLM程序进行多种比较及差异显著性检验。

2.7.3 结果与分析

2.7.3.1 家系间生长量比较

以单株材积为选择指标选出的最优家系、最差家系和对照的生长性状比较见表2-21。优良家系的树高、胸径和材积分别比最差家系增益12.13%、22.24%和66.45%；分别比对照增益-2.18%、17.73%和27.09%，优良家系与最差家系相比，胸径和材积增益较大，其中以材积与最差家系相比增益最大，不同处理间的单株材积差异显著（表2-23），材积改良具有较大的潜力。

表2-21 家系间生长和木材物理性质比较

家系	树高/m	胸径/cm	单株材积/m³	基本密度/（g/cm³）	单株木材干物质量/kg	单位面积木材干物质量/t
37	16.72	20.94	0.286	0.512	146.432	14.643
100	16.84	20.04	0.253	0.469	118.657	11.866
113	18.84	18.40	0.235	0.464	109.040	10.904

（续）

家系	树高/m	胸径/cm	单株材积/m³	基本密度/(g/cm³)	单株木材干物质量/kg	单位面积木材干物质量/t
优良家系平均	17.47	19.79	0.258	0.482	124.356	12.436
27	15.54	15.18	0.135	0.513	69.255	6.926
76	16.28	16.44	0.165	0.447	73.755	7.376
128	14.92	16.94	0.165	0.472	77.880	7.788
对照	15.58	16.19	0.155	0.477	73.935	7.394
林分平均	17.86	16.81	0.203	0.459	93.177	9.318
优良家系与对照绝对差异	1.89	3.6	0.103	0.005	50.421	5.042
优良家系与林分平均绝对差异	-0.39	2.98	0.055	0.023	31.179	3.118

2.7.3.2　家系间物理性质比较

最优家系、最差家系和对照的木材水分、基本密度和木材干物质产量比较见表2-21。3个不同处理基本密度和单株木材干物质产量间差异显著（表2-22）。木材密度排序为优良家系＞最差家系＞对照；优良家系的水分、基本密度和单株干物质产量分别比最差家系增益1.05%、0.62%和68.20%，分别比对照增益5.01%、0和33.46%。参考1997年纸浆材优良家系密度试验的结果，马尾松纸浆材主伐时的最适密度为1500株/hm²，以单位面积木材干物质产量作为马尾松纸浆材木材产量的评价指标，采用优良家系造林，22年生马尾松单位面积木材干物质产量分别比对照和最差家系增产33.46%和68.20%，增产效果十分显著。

表 2-22　生长和材性性状多重比较表

家系	单株材积/m³	基本密度/(g/cm³)	单株木材干物质量/kg	化学组分/%									
				纤维素	综纤维	酸不溶木素	多戊糖	1%NaOH抽提物	苯醇抽提物	冷水抽提物	热水抽提物	水分	灰分
优良家系平均	0.258a	1.005a	259.290a	45.083a	75.865a	28.425a	12.021a	13.87a	2.54a	1.55a	3.09a	9.69a	0.32a
对照	0.155c	1.007a	156.085c	45.201a	75.859a	28.312a	11.785a	14.38a	2.65a			9.63a	
平均林分	0.203b	0.969b	196.707b	45.400a	75.815a	28.393a	11.882a	14.06a	2.59a	1.59a	3.15a	9.69a	0.32a

注：字母相同表示差异不显著。

2.7.3.3　家系间木材化学组分比较

纤维素、综纤维、酸不溶木素和戊聚糖是构成木材细胞壁的主要成分，从表2-23可以看出，综纤维、酸不溶木素和戊聚糖含量以优良家系稍高，但与最差家系和对照相比绝对差异均不到1%，不足以进行家系间的遗传改良。

冷水抽提物、热水抽提物、苯醇抽提物、1%NaOH抽提物等4种抽提物以及灰分是制浆造纸过程中的剩余物，抽提物及灰分的含量与制浆造纸的经济成本成正比，因此，抽提物及灰分含量越少越好。马尾松优良家系除热水抽提物外，其余3种抽提物含量均比最差家系和对照低，有利于制浆造纸，但灰分含量仅仅比最差家系多0.02%，差异很小，故6个马尾松家系2种抽提物和灰分含量没有全测，只作为参考指标。

最优家系、最差家系和对照的 9 个化学组分差异不显著(表 2-22)，进行家系间的化学组分选择潜力不大。

表 2-23　6 个家系化学组分均值

家系	纤维素 /%	综纤维 /%	酸不溶 木素/%	多戊糖 /%	1% NaoH 抽提物/%	苯醇抽 提物/%	冷水抽 提物/%	热水抽 提物/%	水分 /%	灰分 /%
37	44.772	75.930	28.786	11.664	14.25	2.66			9.54	
100	44.728	76.006	28.392	12.136	13.43	2.55	1.49	2.98	9.25	0.33
113	45.750	75.632	28.096	12.264	13.92	2.42	1.60	3.19	10.29	0.31
优良家系平均	45.083	75.865	28.425	12.021	13.87	2.54	1.55	3.09	9.69	0.32
27	45.086	76.334	28.430	11.764	14.00	2.54			9.70	
76	44.428	75.500	27.912	11.680	14.89	2.43	1.64	3.07	9.53	0.31
128	46.088	75.744	28.594	11.910	13.94	2.98			9.66	
对照	45.201	75.859	28.312	11.785	14.38	2.65			9.63	
林分平均	45.400	75.815	28.393	11.882	14.06	2.59	1.59	3.15	9.69	0.32
优良家系与对照绝对差异	-0.118	0.006	0.113	0.236	-0.51	-0.20	-0.09	0.02	0.06	0.01
优良家系与林分平均绝对差异	-0.317	0.050	0.032	0.139	-0.19	-0.05	-0.04	-0.06	0.00	0.00

2.7.4　结论与讨论

20 世纪 90 年代，全国多个省份开展了马尾松纸浆材遗传改良，在马尾松种源、家系和无性系等不同层次上进行了木材密度、纤维形态和化学组分等木材材性研究。关于材性和生长的相关性问题，研究结论不尽相同，周志春、刘青华等认为，生产力水平高的速生种源其木材密度会下降；Zobel 等认为，多数针叶树尤其是硬松类树种其生长与木材密度相关性很小。针对上述不同观点，我们开展了以生长性状为主要目标的优良家系的材性选择，探讨单位面积纸浆的最大产量。本项研究中，优良家系与最差家系和对照相比，胸径和材积增益较大，其中与最差家系材积相比增益达 66.45%，材积改良具有较大的潜力，不同处理间的单株材积差异显著；基本密度的排序为优良家系 > 最差家系 > 对照，说明优良家系的高生长量不会造成木材密度的下降，同时生长量较低的家系的基本密度高于对照，密度与生长之间的关系似相互独立。据报道，美国南方松木材密度提高 2%，制浆材的干重可提高 10.3kg/m³，产生的效益十分可观，本试验中最优家系的基本密度比平均家系提高了 2.3%，改良潜力巨大；最优家系和最差家系的材积生长和单位面积木材干物质产量相差近 2 倍，通过生长量和木材密度的联合选择，可以获得理想的改良效果。

纤维素、戊聚糖和木质素是构成针叶树木材细胞壁的三要素，它们以多种化学方式结合构成木材细胞壁。纤维素是一种高分子聚合物，是植物纤维原料的主要组分，因此，纤维素含量的高低直接影响纸浆的质量和制浆得率，纤维素含量越高，纸浆的质量越好，制浆得率越高；戊聚糖是一种半纤维素，利于纸张纤维的结合，增加纸浆得率，还会影响高级纸张的白度和透明度；木质素是一种天然高分子化合物，木质素的存在会降低制浆得率，增加药品消耗量，因此在化学制浆和纸浆漂白过程中，都要尽可能去除木质素。抽提物和灰分是制浆造纸过程中的剩余物，抽提物含量越高，越不利于制浆造纸。因为抽提物含量越高，漂白的化学和各种溶剂回收所需的药品量也就越大，且废液回收的难度越大，经济成本也就越高，还会加深纸浆的颜色。本实验中，除纤维素含量外，优良家系的综纤维含量、戊聚糖含量和酸不溶木素含量均高于最差家系和对照值，抽提物含量较低，似乎对纸浆产量有利，但由于绝对差异太小，因此对木材化学组分的直接选择比较困难，难以取得理想的遗传改良效果。

综上所述，本研究结果表明，选用单位面积木材干物质产量作马尾松材性育种的主要指标，树干通直度和分枝大小等形质指标作为辅助选择指标，操作简单易行，具体的改良方案是在马尾松幼林期淘汰生长和干形差的家系，中龄期进行生长量和木材密度的联合选择。由于木材化学组分在家系间差异不显著且测试方法繁琐测定费用较高，不建议用于大规模的马尾松家系水平的材性选择。

2.8　马尾松种子园家系化学组分的株内纵向变化规律

马尾松的纤维长，制浆造纸性能优良，是重要的制浆造纸原料树种。国内马尾松的材性研究开始于 20 世纪 90 年代，分别从种源、林分、家系、无性系等几个层次进行了木材密度、解剖学性质、化学组分和物理性质等四方面的研究，其中以不同种源的木材密度方面的研究最多也最为深入。马尾松木材化学组分的研究由于分析测定费用较高使其在材性选育中较少涉及，然而，Zobel 等的研究表明，木质素、纤维素和抽提物含量等木材化学组分是影响制浆过程和浆纸性能的重要因子，分析马尾松的化学组分的变化规律具有重要意义。中国林科院亚林所对 13 年生的优树子代的化学组分的遗传学进行了研究，该研究采用全株削片混合取样的方法，得出的是株间化学组分的平均含量。为更深入了解马尾松化学组分的变异规律，笔者以 3 个 22 年生马尾松初级种子园半同胞家系为研究对象，研究化学组分的株内纵向变异规律，以期为马尾松的材性选择和遗传改良提供科学依据。

2.8.1　试验材料与方法

2.8.1.1　试验材料

试样取自设在南宁市林科所的 22 年生马尾松初级种子园自由授粉子代测定林。2009年 12 月，对该测定林进行树高、胸径、冠幅和通直度等全林实测，从中选取 3 个家系，每家系取平均木 5 株，共 15 株样本，伐前用红油漆标出 1.3m 处，将所选样株伐倒，在1.3m、5.3m 和 10.0m 处向树冠方向各取 1 个 5cm 圆盘，遇树结前后移动，用记号笔在圆盘上注明家系号和取样高度。

2.8.1.2　试样处理

圆盘及时剥皮和干燥，遇阴雨天气在圆盘两割面喷药防霉变而影响测定结果。采样方法参照 GB/T 2677.1—1993 进行，具体方法为：将圆盘沿东西方向劈开，留南面，两割面分别除去 1cm 后即为木样，用电刨将试样刨片，用四分法取样，经粉碎，筛选 40~60 目木粉为试样。测定项目有灰分、热水抽提物、冷水抽提物、1% NaOH 抽提物、苯醇抽提物、酸不溶木素、多戊糖、木质素、综纤维素含量、水分等 10 项，分别按国家标准 GB/T 2677.3—1993、GB/T 2677.4—1993、GB/T 2677.5—1993、GB/T 2677.6—1994、GB/T

2677. 8—1994、GB/T 2677. 9—1994、GB/T 2677. 10—1994 和 GB/T 2677. 2—1993 进行测试。基本密度采用最大含水量法测定。

2.8.1.3　统计分析方法

按式(2-7)线性模型进行。

2.8.2　结果与分析

2.8.2.1　纵向化学组分差异性分析

通过对 3 个家系 5 株样木的 1.3m、5m、10m 处分别取样进行木材化学组分分析,发现除纤维素和多戊糖外其他 8 个指标在不同的取样高度间均差异显著。混合取样数据接近整株化学组分的平均水平(表 2-24)。

表 2-24　纵向化学组分差异分析

化学成分	10m 取样	5m 取样	1.3m 取样	混合取样	$P > F$
综纤维	75. 74	75. 99	76. 19	75. 88	0.0001
纤维素	44. 18	44. 27	44. 54	43. 92	0.372
多戊糖	11. 33	11. 29	11. 34	11. 33	0.8289
冷水抽提物	1. 40	1. 50	1. 63	1. 48	0.0024
热水抽提物	2. 95	3. 02	3. 26	3. 06	0.0003
灰分	0. 28	0. 31	0. 34	0. 31	0.001
酸不溶木素	28. 16	28. 25	28. 45	28. 27	<.0001
1% NaOH 抽提物	14. 79	14. 88	15. 09	14. 92	0.0005
水分	8. 78	8. 76	9. 85	9. 48	0.0006
苯醇抽提物	2. 37	2. 39	2. 43	2. 39	0.0009

2.8.2.2　纵向木材细胞壁物质的变化

不同家系的纤维素、综纤维、酸不溶木素和多戊糖纵向的变化范围分别为 43.88%~45.03%、75.38%~76.58%、27.22%~29.38% 和 11.22%~11.56%。不同家系的纤维素、综纤维和酸不溶木素 3 种化学组分在纵向的变化趋势相同,均随着树干高度的增加含量不断下降,多戊糖不同家系的纵向变化复杂,169 号两边高中间低,159 号不断下降,而 162 号不断升高(图 2-4 至图 2-7),不同家系的多戊糖纵向多样性变化的原因有待进一步研究。

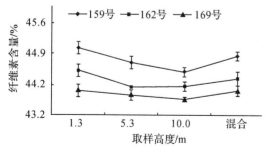

图 2-4　不同纵向纤维素含量变化

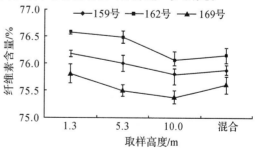

图 2-5　不同纵向综纤含量的变化

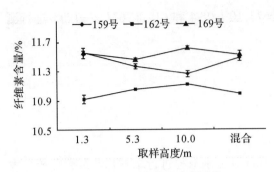

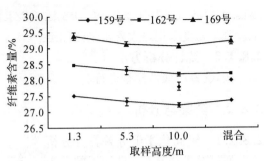

图 2-6　不同纵向多戊糖含量变化　　　图 2-7　不同纵向酸不溶木素含量变化

2.8.2.3　纵向抽提物和灰分、水分的变化

不同家系的冷水抽提物、热水抽提物、苯醇抽提物、1% NaOH 抽提物、灰分和水分的纵向变化范围分别为 1.40%～1.69%、2.80%～3.38%、2.27%～2.52%、14.65%～15.17%、0.27%～0.39% 和 8.31%～10.03%。不同家系的热水抽提物、苯醇抽提物、1% NaOH 抽提物、灰分和水分等 6 种化学组分在纵向的变化趋势相同，均随着树干高度的增加含量不断下降，冷水抽提物不同家系的纵向变化复杂，169 和 159 号不断下降，而 162 号两头低中间高(图 2-8 至图 2-13)，不同家系的冷水抽提物纵向多样性变化的原因有待进一步研究。

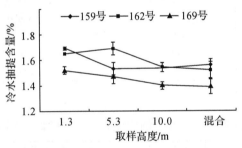

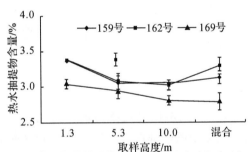

图 2-8　不同纵向冷水抽提物含量的变化　　图 2-9　不同纵向热水抽提物含量的变化

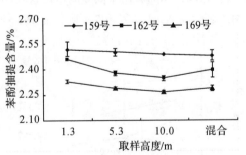

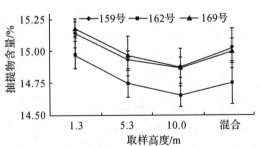

图 2-10　不同纵向苯醇抽提物含量的变化　　图 2-11　不同纵向 1% NaOH 抽提物含量的变化

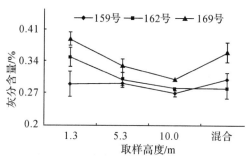

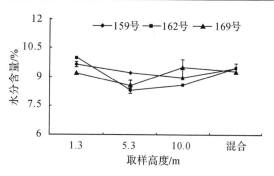

图 2-12　不同纵向灰分含量的变化　　　　　图 2-13　不同纵向水分含量的变化

2.8.2.4　不同家系化学组分的纵向均匀性

以 1.3m 高度化学组分的含量/10m 高度化学组分的含量表示化学组分的纵向均匀性，用"C"表示，C 值越高越稳定。不同家系纤维素、综纤维、多戊糖、酸不溶木素、冷水抽提物、热水抽提物、苯醇抽提物、1% NaOH 抽提物、灰分和水分的 C 值排序分别为 169 > 162 > 159、159 > 169 > 162、169 > 162 > 159、162 > 159 > 169、162 > 169 > 159、169 > 159 > 162、159 > 169 > 162、159 > 169 > 162、159 > 162 > 169 和 169 > 159 > 162，其中 169 号排第 1、第 2 和第 3 化学组分分别有 4 个、4 个和 2 个；159 号排第 1、第 2 和第 3 化学组分分别有 4 个、3 个和 3 个；162 号排第 1、第 2 和第 3 化学组分分别有 2 个、3 个和 5 个，由此可以判定 169 号纵向均匀性最好，159 次之，162 最差。

2.8.3　结论与讨论

纤维素、戊聚糖和木质素是构成马尾松木材细胞壁的三个要素，它们分别具有不同的化学结构和性质，以多种化学方式结合而构成木材细胞壁，是植物纤维原料的主要组分。纤维素含量的高低，对纸浆质量和制浆得率都起着至关重要的作用。多戊糖是一种半纤维素，利于纸张纤维的结合，增加纸浆得率，同时亦影响到高级纸张的白度和透明度。木素会降低制浆得率，增加药剂消耗量。因此，细胞壁的三个要素中纤维素、综纤维和多戊糖的含量越高，对化学制浆越有利，木素含量越小，对化学制浆和纸浆漂白越有利。抽提物和灰分是制浆造纸过程中的剩余物，抽提物含量越高，漂白的化学和各种溶剂回收所需的药品量也就越大，且废液回收的难度也大，经济成本也就越高。因此，木材细胞壁成分的含量越高，抽提物含量越少越好。本研究表明，除纤维素和多戊糖外其他 8 个化学组分指标在不同的取样高度间均差异显著。3 个家系的化学组分含量变化除多戊糖和冷水抽提物外 8 个化学组分指标均随着树干高度的增加不断下降，混合取样数据接近整株化学组分的平均水平，宜采用混合样分析马尾松化学组分变化。

Zobel 等研究表明，基本密度的不均匀严重影响最终产品的品质和制浆造纸的成本，是木材最主要的缺陷。Borralho 等认为木质素、纤维素和抽提物含量等木材化学组分是影响制浆过程和浆纸性能的重要因子。因此，木材化学组分的均匀性也是一个值得关注的内容，我们参考木材密度的研究方法，以 1.3m 高度化学组分的含量/10m 高度化学组分的含量表示化学组分的纵向均匀性，研究不同家系木材化学组分的均匀性，综合评价认为 169 号纵向均匀性最好，159 号次之，162 号最差。

2.9　马尾松第一代育种群体生长性状的遗传分析与选择评价

　　马尾松广泛分布于我国秦岭、淮河以南，云贵高原以东 17 个省（自治区、直辖市）约 200 万 km²，面积居全国针叶林首位，蓄积居第 4 位，是我国南方特有的乡土树种，适应性强，生长迅速。马尾松木材具纤维素含量高、纤维长、纤维直径大等特点，是优质的制浆造纸原料，也是我国主要的建筑用材树种。有关马尾松遗传改良的研究始于 1958 年的种源试验，1980 年后马尾松良种选育正式列入国家重点科研攻关项目，进入 20 世纪 90 年代，马尾松遗传改良从单一木材产量改良逐步转向木材产量和质量兼顾的改良，尤其是在天然林分水平和种源水平上对马尾松纸浆材改良进行了较系统的研究。进入本世纪，关于马尾松的家系水平的遗传研究内容开始大量报道，主要集中在生长量、木材力学性能、纸浆材性能及产脂能力等研究方向上。与此同时，为了保证马尾松良种生产供应和高世代育种研究的顺利进行，各地开始陆续建设改良代种子园和第 2 代种子园。而在这一过程中，对第一代育种群体的遗传能力进行准确的评价尤为重要。

　　岭南马尾松（*Pinus massoniana* Lamb. *lingnanensis* Hort.）是马尾松的地理变种，其分布区为我国最好的速生高产马尾松种源区，以桐棉松和古蓬松两个优良种源为代表，具有树干通直、树皮薄、生产潜力大的特点。种源试验研究结果表明，岭南马尾松各个种源先后于 6～15 年生时进入材积速生期。因此以造林 15 年以上的子代测定材料对其亲本进行遗传评价十分必要。广西马尾松第一代育种群体于 20 世纪 80 年代初完成选择收集工作，并同期建立了 3 个初级种子园。在种子园投产后于 1987～1994 年营造了第一批自由授粉半同胞子代测定林。本研究以南宁武鸣与梧州藤县两个试验点造林年龄在 15 年以上的 14 处马尾松自由授粉子代测定林为材料进行广西马尾松第一代育种群体的遗传分析研究，继而进行改良代种子园的建园材料及推广用优良家系的选择评价。

2.9.1　材料与方法

2.9.1.1　试验地基本情况

　　南宁市林科所地试验地情况同 2.2.1.1 小节。子代试验林的造林前茬为马尾松疏林。

　　藤县林业科学研究所（以下简称"藤县林科所"）地处北纬 23°24′，东经 110°，属亚热带湿润季风气候。年平均气温 21.3℃，1 月平均气温 11.6℃，极端最低温 −3.0℃，7 月平均气温 28.3℃，极端最高温 39.5℃，年平均无霜日 305～330d，年降水量 1250mm，集中在 4～8 月份，5、6 月份为最高峰。土壤为紫色砂页岩发育而成的中壤质中层赤红壤，土层厚 50～80cm 以上，属丘陵山区。子代试验林的造林前茬为油茶林。

2.9.1.2　试验材料与试验设计

　　本项研究共调查了设在南宁市林科所的 8 个子代测定试验（N88、N92A、N92B、N92C、N94A、N94B、N94C、N94D）及藤县林科所的 6 个子代测定试验（D87、D90A、D90B、D90C、D92、D93），共计自由授粉家系 444 个，分别来自广西南宁市林业科学研究所国家级马尾松良种基地初级种子园和藤县大芒界国家级马尾松良种基地初级种子园，试验分别设置湿地松、洪都拉斯加勒比松（*P. caribaea* Morelet var. *hondurensis* Barr & Golf.）、桐棉优良种源、古蓬优良种源、本地马尾松、贵州马尾松、信宜优良种源等对照，详见表 2-25。

表 2-25 各子代测定试验概况

试验代码	造林年份	试验小区	重复数	参试家系数	来源	对照数	数据调查年份
D87	1987	单株小区	60 重复	47	大芒界种子园	2	2008
D90A	1990	4 株小区	10 重复	55	大芒界种子园	1	2008
D90B	1990	4 株小区	5 重复	30	大芒界种子园	1	2008
D90C	1990	4 株小区	5 重复	28	南宁市林科所种子园	1	2008
D92	1992	4 株小区	5 重复	69	大芒界种子园	5	2008
D93	1993	4 株小区	7 重复	50	大芒界种子园	2	2008
N88	1988	4 株小区	15 重复	169	南宁市林科所种子园	6	2010
N92A	1992	10 株小区	6 重复	132	南宁市林科所种子园	8	2008
N92B	1992	10 株小区	6 重复	48	南宁市林科所种子园	8	2008
N92C	1992	10 株小区	6 重复	127	南宁市林科所种子园	8	2008
N94A	1994	12 株小区	5 重复	94	南宁市林科所种子园	6	2008
N94B	1994	12 株小区	5 重复	101	南宁市林科所种子园	6	2008
N94C	1994	12 株小区	5 重复	94	南宁市林科所种子园	6	2008
N94D	1994	10 株小区	5 重复	137	南宁市林科所种子园	6	2008

2.9.1.3 数据调查与统计分析

2010 年 5 月对 N88 进行间伐前全林测定，其他试验林采用 2008 年冬季测定数据，测定树高、胸径等指标。并通过式(2-13)计算材积。

采用 SAS8.1 软件，以式(2-7)为线性模型对各子代测定林数据分别进行方差分析，并根据方差分析结果进一步估算遗传力。遗传力的计算方法为：

单株遗传力

$$h_i^2 = \frac{4\delta_f^2}{\delta_e^2 + \delta_{fr}^2 + \delta_f^2} \tag{2-14}$$

家系遗传力

$$h_B^2 = \frac{\delta_f^2}{\delta_f^2 + \frac{1}{r}\delta_{fr}^2 + \frac{1}{nr}\delta_e^2} \tag{2-15}$$

式中：δ_f^2、δ_{fb}^2、δ_e^2 分别为家系、家系内区组和环境方差分量。

采用以下公式估算遗传增益

$$\Delta G = (h^2 \times S)/\overline{X}_P \tag{2-16}$$

式中：h^2——遗传力；

S——选择差；

$\overline{X}_P$——群体表现型平均数。

采用式(2-12)计算变异系数。

2.9.1.4 优良家系选择方法

在进行优良家系选择时，不但要考虑家系生长表现是否优秀，还要考虑在交配系统发生时空变化时系的生长表现是否稳定。因此本研究采用 3 种方法分别在 3 个不同的试验水平进行优良家系选择。方法一：家系内表现稳定性选择。采用 Francis 和 kannenberg 模型分析，对于每个子代测定试验以变异系数最小的 30% 前家系和材积均值最大的前 10% 家系为分组标准划分出优良家系区，同时符合上述两个条件的即认为属于生长性状表现好且家系内表现稳定的优良家系。方法二：年份间表现稳定性选择。在来自相同种子园不同年份的子代测定林间进行比较，若某家系在所参加试验中材积均值排名进入前 10% 的次数占测定次数的 50% 以上，即作为各年份产种质量稳定且生长性状表现好的优良家系加以选择。方法三：产地间表现稳定性选择。在不同种子园的子代测定林间进行比较，选择在两个产地子代测定试验中材积均值均有机会排名前 10% 的家系作为地点间产种质量稳定且生长性状表现好的优良家系。

2.9.2　结果与分析

2.9.2.1　生长性状的遗传力分析

采用 SAS8.1 软件对 14 片子代测定林的树高、胸径和单株材积 3 项指标进行方差分析并估算遗传力。方差分析结果表明在所有子代试验中参试家系在树高性状上均存在极显著差异；在胸径性状上除 D90B 试验家系间差异不显著外其他均达到极显著差异；在胸径性状上 D90B 试验家系间差异不显著，N92A 试验家系间差异显著，其他均达到极显著差异（表 2-26）。这说明产自马尾松初级种子园的半同胞家系间存在丰富的遗传变异，有很大遗传改良潜力。

表 2-26　各子代测定试验家系水平分析

试验代码	树高			胸径			材积		
	家系均方	F 值	P > F	家系均方	F 值	P > F	家系均方	F 值	P > F
D87	7.93	2.58	<.0001	37.93	2.15	<.0001	0.021	2.08	<.0001
D90A	4.68	2.22	<.0001	28.24	2	<.0001	0.013	2.07	<.0001
D90B	3.62	2.29	0.0013	21.71	1.38	0.1223	0.009	1.39	0.1194
D90C	7.83	2.55	0.0005	52.42	3.51	<.0001	0.030	3.16	<.0001
D92	4.47	3	<.0001	22.28	1.51	0.006	0.006	1.59	0.002
D93	4.90	2.26	<.0001	30.99	1.81	0.001	0.009	2.09	<.0001
N88	9.37	3.43	<.0001	34.78	1.81	<.0001	0.021	1.87	<.0001
N92A	12.67	6.7	<.0001	50.67	3.02	<.0001	0.023	3.21	0.0491
N92B	7.90	4.18	<.0001	41.22	2.26	<.0001	0.019	2.33	<.0001
N92C	8.28	4.41	<.0001	39.47	2.01	<.0001	0.016	23.10	<.0001
N94A	11.60	6.40	<.0001	43.71	2.69	<.0001	0.017	3.05	<.0001
N94B	8.90	5.15	<.0001	36.44	2.4	<.0001	0.009	2.57	<.0001
N94C	9.77	5.48	<.0001	47.90	3.76	<.0001	0.010	3.77	<.0001
N94D	9.96	6.01	<.0001	66.71	4.22	<.0001	0.016	4.28	<.0001

不同子代林的遗传力差异较大。树高平均遗传力为 $h_B^2 = 0.33$，$h_i^2 = 0.22$；胸径平均遗传力为 $h_B^2 = 0.34$，$h_i^2 = 0.18$；材积平均遗传力为 $h_B^2 = 0.36$，$h_i^2 = 0.19$。马尾松在速生期后

的生长表型性状仍受到较高的遗传控制。多数子代林的家系遗传力大于单株遗传力,材积的家系遗传力在 3 项指标中最高。除 D87、D90A 遗传力较低外,多数子代林的材积指标家系遗传力处于中等以上水平($h^2 \geqslant 0.2$)适于开展优良家系选择(表 2-27)。

表 2-27 各子代测定试验遗传分析

试验代码	树高			胸径			材积		
	均值	家系遗传力	单株遗传力	均值	家系遗传力	单株遗传力	均值	家系遗传力	单株遗传力
D87	14.41	0.06	0.25	18.02	0.05	0.19	0.19	0.04	0.18
D90A	13.04	0.07	0.06	18.12	0.15	0.10	0.17	0.16	0.11
D90B	13.07	0.40	0.32	18.86	0.36	0.16	0.19	0.35	0.16
D90C	14.15	0.47	0.55	19.89	0.50	0.73	0.22	0.47	0.64
D92	11.97	0.40	0.32	15.65	0.36	0.16	0.12	0.35	0.16
D93	11.88	0.20	0.15	15.49	0.38	0.17	0.12	0.38	0.21
N88	16.86	0.49	0.16	16.90	0.40	0.09	0.20	0.38	0.09
N92A	14.33	0.37	0.20	17.35	0.45	0.18	0.17	0.47	0.20
N92B	13.85	0.37	0.16	18.66	0.16	0.05	0.19	0.31	0.10
N92C	12.72	0.29	0.13	16.97	0.28	0.07	0.15	0.36	0.11
N94A	12.95	0.44	0.24	16.56	0.27	0.08	0.15	0.39	0.13
N94B	11.09	0.45	0.24	16.50	0.25	0.08	0.13	0.37	0.13
N94C	11.42	0.12	0.05	14.09	0.49	0.18	0.10	0.43	0.15
N94D	11.72	0.54	0.32	15.12	0.65	0.34	0.12	0.64	0.33

2.9.2.2 优良家系选择与遗传增益

根据产生家系内变异的不同影响因素,采用 3 种方法分别在单一子代测定试验内、相同种子园不同年份子代测定试验间、不同种子园子代测定试验间进行优良家系选择。

(1)单一子代测定试验优良家系选择。采用 Francis 和 kannenberg 模型分析,以变异系数最小的 30% 前家系和材积均值最大的前 10% 家系为分组标准划分出优良家系区,对每个子代测定试验进行家系内表现稳定性选择(不包括家系间差异不显著的 D90B 及家系遗传力低的 D87、D90A)。共选出 45 个生长性状表现好且家系内表现稳定的优良家系(表 2-28)。树高平均遗传增益为 2.64;胸径平均遗传增益为 7.63;材积平均遗传增益为 20.56。其中家系桂 GC542A 的树高遗传增益最大,为 7.11;家系桂 GC420A 的胸径和材积遗传增益最大,分别为 33.86 与 69.83;家系桂 GC433A 两次入选(表 2-29)。

表 2-28 各子代测定试验单独选优情况

试验代码	优良家系数目	树高		胸径		材积	
		均值/m	ΔG	均值/cm	ΔG	均值/m³	ΔG
D90C	1	15.97	6.01	24.87	12.51	0.36	64.87
D92	3	12.83	2.89	15.65	6.18	0.17	12.61
D93	2	12.53	1.1	18.25	6.78	0.17	13.84
N88	8	1.83	2.78	18.75	4.35	0.24	9.31
N92A	11	15.14	2.06	19.55	5.71	0.22	12.90

（续）

试验代码	优良家系数目	树高		胸径		材积	
		均值/m	ΔG	均值/cm	ΔG	均值/m³	ΔG
N92B	1	14.61	2.05	21.17	2.08	0.25	8.41
N92C	1	13.67	2.18	18.97	3.31	0.20	10.23
N94A	5	14.04	3.69	19.57	4.86	0.21	15.23
N94B	6	11.7	2.45	19.67	5	0.18	13.65
N94C	3	11.8	0.41	17.1	10.52	0.14	18.12
N94D	5	12.45	3.38	20.35	22.58	0.20	46.95

（2）相同种子园不同年份子代测定试验优良家系联合选择。对分别来自南宁市林科所种子园的9片子代测定试验和产自藤县大芒界种子园的5片子代测定试验进行不同年份的子代测定比较。选择在所参加试验中材积均值排名进入前10%的次数占测定次数的50%以上的家系共12个，作为不同年份子代品质稳定且生长性状表现好的优良家系。其中8个家系在方法一中入选。在14片子代测定试验中，平均每个家系参加测定2.65次，但只有12个家系能在不同年份的测定中反复入选。说明同一无性系不同年份产生的半同胞子代间存在很大的变异，子代品质随亲本交配格局的变化而变化。

表2-29 多年份测定试验优良家系选择

种子来源	优良家系	测定次数	入选次数
大芒界种子园	桂 GC414A※	3	2
	桂 GC431A※	4	2
	桂 GC439A	3	2
	桂 GC449A	3	2
	桂 GC462A※	3	2
	桂 GC553A※	4	2
南宁林科所种子园	桂 GC413A※	4	2
	桂 GC416A	2	2
	桂 GC421A	4	2
	桂 GC431A※	4	2
	桂 GC443A※	4	3
	桂 GC544A※	2	2
	桂 GC549A※	2	2

注：※表示在方法一中同样入选。

（3）不同种子园子代测定试验优良家系联合选择。对来自南宁市林科所种子园与藤县大芒界种子园相同无性系的子代家系进行选择。若该家系在两个产地分别的子代测定试验中均有材积均值排名进入前10%的记录，则作为地点间产种质量稳定且生长性状表现好的优良家系加以选择。共选出5个家系。其中桂 GC553A、桂 GC414A 和桂 GC431A 采用3种方法皆能入选（表2-30）。两个种子园共有相同无性系106个，但只有5个家系能在不同产地的测定中共同入选。说明同一无性系在不同种子园产生的半同胞子代间存在很大的变异，子代品质随亲本交配系统的变化而变化。

表 2-30 不同产地测定试验优良家系选择

优良家系	测定试验次数		入选次数		材积遗传增益范围
	大芒界种子园	南宁林科所种子园	大芒界种子园	南宁林科所种子园	
桂 GC553A	4	4	2	1	1.74 ~ 7.79
桂 GC414A	3	3	2	1	4.4 ~ 14.48
桂 GC468A	1	3	1	1	9.79 ~ 10.22
桂 GC401A	3	4	1	1	9.34 ~ 10.04
桂 GC431A	4	4	2	2	6.57 ~ 9.77

2.9.3 结论与讨论

2.9.3.1 马尾松速生期后生长性状的遗传分析

马尾松的用材林轮伐期一般设定在 30 年以上，纸浆林轮伐期最早可以设定在 15 年，而杨会侠等通过对马尾松人工林发育过程中的养分动态研究，从维持林地的长期生产力角度出发，建议将马尾松人工林轮伐期延长到 50 年以上。因此，研究马尾松速生期后的生长表型受遗传控制的程度，对于准确评价育种亲本和选择良种都非常重要。本研究中发现通过 14 片子代测定试验估算树高、胸径、材积的家系遗传力平均都在 0.3 以上。这说明马尾松在速生期后的生长表型性状仍受到较高的遗传控制，利用中龄测定林进行亲本评价与优良家系选择是有效可行的。

2.9.3.2 马尾松育种群体的亲本评价与优良家系选择方法

根据实际生产需要，用于生产推广的马尾松良种必须具有经济性状表现好、变异稳定、生态适应性好的特点。半同胞家系具有比种子园混系变异幅度小的优势，生产难度又远低于全同胞家系且有较好的生态适应性。因此，马尾松良种生产推广适宜以半同胞家系为材料。但由于父本不固定，随着交配系统的时空变化半同胞家系可能在种子园间、无性系分株间、甚至是不同年份间存在较大的变异。张冬梅等在对油松种子园交配系统研究时发现间伐前后种子园的异交率会发生较大变化，不同年份间无性系分株的异交率及花粉污染情况也存在差异。金国庆等通过全同胞测定试验对马尾松生长性状的配合力研究中发现亲本配合力存在较大差异，在一些测交试验中父本与母本对生长性状的遗传影响能力大致相同。这意味着当父本发生变化时子代的遗传品质将受到影响。以往所做的半同胞子代测定试验主要以单年份单地点测定试验为主，但由亲本交配格局变化带来的变异是在通常采用单年份单地点或多地点子代测定中无法估测的。也就意味着根据一次单年份测定的选优结果并不能代表其亲本无性系历年子代的品质，这样选出家系不宜作为成熟的良种进行推广应用。

本研究在对每个测定试验分别进行选优的基础上，在不同测定年份和不同种子产地两个水平进行多个测定试验的联合选择。通过方法一选出的优良家系意义在于其种子园母本无性系在特定交配格局下可以产生性状优秀、变异稳定的子代。这种无性系有一定的配合力优势适于作为改良代种子园的建园材料，在经过改良更加稳定交配系统中生产良种；也可以入选核心育种群体作为下一代遗传改良的亲本。通过方法二选出的优良家系，有 8 个家系在通过方法一的选择中也入选。说明其母本无性系具有较好的母本配合力。能够在其所处的种子园交配系统动态变化的情况下保证子代家系性状优秀、变异稳定。这样的家系可以作为初选良种进入示范推广阶段。但种子来源仅限于该种子园，以其亲本无性系营造的改良代种子园还需经过稳定性测定。通过方法三选出的优良家系，在通过方法一的选择中也全部入选。其母本无性系可以在两个不同的交配系统中产生性状优秀、变异稳定的子代，说明其具有很好的母本配合力和母本遗传力，是建立改良代种子园、核心育种群体的理想材料。尤其是桂 GC553A、桂 GC414A 和桂 GC431A 采用 3 种方法皆能入选。这 3 个优良家系是本种源区进行马尾松良种示范推广的首选材料。

对于由交配系统时空变化带来的变异，应以多组同母本多年份多产地的子代为材料，同年进行多地点测定试验进行研究。如果在今后的研究中能够对这种变异进行精确估算制定更为准确选优标准，随着遗传改良研究深入会有更多的优良家系被选育推广。

2. 10　马尾松工业用材林优良基因型选择

马尾松是我国分布最广的针叶树种，也是我国南方地区重要的用材、荒山造林和工业原料树种，其木材和松脂是许多森林工业、林产工业和造纸工业的支柱，而其花粉则营养丰富，是新一代的食疗珍品。在我国亚热带地区约占国土 1/5 范围内的山地均有其分布；林分总面积居全国针叶树种首位；蓄积量仅次于云杉、冷杉和落叶松，居全国针叶树种第四位。分布区内具有众多的高山大川，地理环境条件变化多端，因长期自然选择和生殖隔离等原因，马尾松存在着极为丰富的遗传变异。经过五个连续 5 年的协作攻关，在地理变异和种源选择、种子园建设、造纸材定向选育、种内变异和遗传等基础研究领域获得了巨大成就和进展。

广西林科院松树研究团队在"十一五"期间对马尾松工业用材的相关性状开展了大量的遗传改良与森林培育方面的研究工作。根据马尾松木材密度、木材纤维含量、纤维解剖学性质年龄变化研究结果，结合马尾松不同营林年限的木材收益情况初步确定广西马尾松工业用材林的经营周期在 15 年左右为宜。本研究以林龄 14 ~ 16 年的马尾松半同胞子代测定林为研究材料，进行马尾松公益林优良基因型的选择研究。

2. 10. 1　材料与方法

2. 10. 1. 1　试验地基本情况

南宁市林科所和藤县林科所试验地情况同 2. 9. 1. 1 小节。

广西林科院地处 108°21′E，22°56′N，属南亚热带季风气候，年均温 20℃ 左右，≥ 10℃ 的年积温 7206℃，年降水量在 1350mm 以上，干湿季节明显，低丘、地势平缓，砂页岩发育而成的红壤、pH 为 5 ~ 6，适宜油茶正常生长。油茶良种培育中心项目建设用地为广西林科院的国有土地，林地权属明确，能确保培育中心的长期稳定。

2. 10. 1. 2　试验材料与试验设计

本项研究共调查了设在南宁市林科所的 8 个子代测定试验（N88、N92A、N92B、

N92C、N94A、N94B、N94C、N94D)、藤县林科所的 2 个子代测定试验(D92、D93),及广西林科院老虎岭林场的马尾松优良家系造林试验,共计自由授粉家系 440 个,分别来自广西南宁市林科所国家级马尾松良种基地初级种子园和藤县大芒界国家级马尾松良种基地初级种子园,试验分别设置湿地松、洪都拉斯加勒比松、桐棉优良种源、古蓬优良种源、本地马尾松、贵州马尾松、信宜优良种源等对照,详见表 2-31。

表 2-31　各子代测定试验概况

试验代码	造林年份	试验小区	重复数	参试家系数	来源	对照数	数据调查年份
D92	1992	4 株小区	5 重复	69	藤县大芒界种子园	5	2008
D93	1993	4 株小区	7 重复	50	藤县大芒界种子园	2	2008
N88	1988	4 株小区	15 重复	168	南宁林科所种子园	7	2003
N92A	1992	10 株小区	6 重复	132	南宁林科所种子园	8	2008
N92B	1992	10 株小区	6 重复	48	南宁林科所种子园	8	2008
N92C	1992	10 株小区	6 重复	127	南宁林科所种子园	8	2008
N94A	1994	12 株小区	5 重复	94	南宁林科所种子园	6	2008
N94B	1994	12 株小区	5 重复	101	南宁林科所种子园	6	2008
N94C	1994	12 株小区	5 重复	94	南宁林科所种子园	6	2008
N94D	1994	10 株小区	5 重复	137	南宁林科所种子园	6	2008
L94	1994	30 株小区		30	南宁林科所种子园		2008

2.10.1.3　数据调查与统计分析

N88 采用 2008 年冬季测定数据,其他试验林采用 2008 年冬季测定数据,测定树高、胸径等指标。并通过公式 $V = 0.714265437 \times 10^{-4} D^{1.967008} H^{0.9014632}$ 计算材积,式中,D 为胸径,H 树高。

(1)采用 SAS8.1 软件,以式(2-7)为线性模型对各子代测定林数据分别进行方差分析。并根据方差分析结果进一步估算遗传力。遗传力的计算方法同式(2-14)、式(2-15)、式(2-16)、式(2-17)。

采用式(2-12)计算变异系数。

(2)采用 SAS8.1 软件,以(2-7)为线性模型对 L94 优良家系造林试验数据进行方差分析。并根据方差分析结果进一步估算遗传力、遗传增益,计算方法为:

$$h_B^2 = \frac{V_P - V_E}{V_P} ; \qquad \Delta G = \frac{\overline{X}_O - \overline{X}_P}{\overline{X}_P} ;$$

式中,h_B^2 为广义遗传力,V_P 为表型方差,V_E 为环境方差;ΔG 为遗传增益,$\overline{X}_O$ 为子代表型平均数,$\overline{X}_P$ 为亲本表型平均数。采用式(2-12)计算变异系数。

2.10.1.4　优良家系选择方法

在进行优良家系选择时不但要考虑家系表现是否优秀,还要考虑家系表现是否稳定。因此本研究采用 Francis 和 kannenberg 模型分析,对于每个子代测定试验以变异系数最小的 30% 前家系和材积均值最大的前 15% 家系为分组标准划分出优良家系区,同时符合上述两个条件的即认为属于生长性状表现好且家系内表现稳定的优良家系。

2.10.2 结果与分析

2.10.2.1 生长性状的遗传力分析

采用SAS8.1软件对11个子代测定林的树高、胸径和材积3项指标进行方差分析并估算遗传力。方差分析结果表明在所有子代试验中参试家系在树高、胸径性状上均存在极显著差异；在材积性状N92A试验家系间差异显著，其他均达到极显著差异（表2-32）。这说明产自马尾松初级种子园的半同胞家系间存在丰富的遗传变异，有很大遗传改良潜力。

表2-32 各子代测定试验家系水平分析

试验代码	树高			胸径			材积		
	家系均方	F值	P > F	家系均方	F值	P > F	家系均方	F值	P > F
D92	4.47	3	<.0001	22.28	1.51	0.006	0.006	1.59	0.002
D93	4.90	2.26	<.0001	30.99	1.81	0.001	0.009	2.09	<.0001
N88	9.37	3.43	<.0001	34.78	1.81	<.0001	0.021	1.87	<.0001
N92A	12.67	6.7	<.0001	50.67	3.02	<.0001	0.023	3.21	0.0491
N92B	7.90	4.18	<.0001	41.22	2.26	<.0001	0.019	2.33	<.0001
N92C	8.28	4.41	<.0001	39.47	2.01	<.0001	0.016	23.10	<.0001
N94A	11.60	6.40	<.0001	43.71	2.69	<.0001	0.017	3.05	<.0001
N94B	8.90	5.15	<.0001	36.44	2.4	<.0001	0.009	2.57	<.0001
N94C	9.77	5.48	<.0001	47.90	3.76	<.0001	0.010	3.77	<.0001
N94D	9.96	6.01	<.0001	66.71	4.22	<.0001	0.016	4.28	<.0001
L94	19.73	7.04	<.0001	0.43	1.63	0.0201	0.007	1.48	0.0514

不同子代林的遗传力差异较大。树高平均遗传力为 $h_B^2 = 0.42$；胸径平均遗传力为 $h_B^2 = 0.37$；材积平均遗传力为 $h_B^2 = 0.40$。树高的家系遗传力在3项指标中最高。多数子代林的材积指标家系遗传力处于中等以上水平（$h^2 \geq 0.2$）适于开展优良家系选择（表2-33）。

表2-33 各子代测定试验遗传分析

试验代码	树高		胸径		材积	
	均值	家系遗传力	均值	家系遗传力	均值	家系遗传力
D92	11.97	0.40	15.65	0.36	0.12	0.35
D93	11.88	0.20	15.49	0.38	0.12	0.38
N88	12.26	0.63	11.97	0.57	0.08	0.55
N92A	14.33	0.37	17.35	0.45	0.17	0.47
N92B	13.85	0.37	18.66	0.16	0.19	0.31
N92C	12.72	0.29	16.97	0.28	0.15	0.36
N94A	12.95	0.44	16.56	0.27	0.15	0.39
N94B	11.09	0.45	16.50	0.25	0.13	0.37
N94C	11.42	0.12	14.09	0.49	0.10	0.43
N94D	11.72	0.54	15.12	0.65	0.12	0.64
L94	12.36	0.86	15.11	0.39	0.121	0.32

2.10.3 结 论

本研究以在南宁市林科所的 9 个子代测定试验和藤县大芒界的 2 个子代测定试验为研究材料，采用 Francis 和 kannenberg 模型分析，以变异系数最小的 30% 前家系和材积均值最大的前 15% 家系为分组标准划分出优良家系区，对每个子代测定试验进行马尾松纸浆材优良家系选择。共选出 65 个在 14～16 年生长性状表现好且家系内表现稳定的优良家系。材积平均遗传增益为 15.04%。家系桂 GC414A、桂 GC420A、桂 GC431A、桂 GC455A、桂 GC508A 两次入选，家系桂 GC443A 三次入选。具体入选家系见表 2-34。

表 2-34 马尾松纸浆材优良家系选择结果

统编号	所参加试验	遗传增益/%
桂 GC401A	D93	10.04
桂 GC403A	D93	17.63
桂 GC406A	D93	8.71
桂 GC409A	N94D	28.62
桂 GC413A	N88	9.52
桂 GC414A	N92A/D92	12.42/8.34
桂 GC416A	N94C	30.67
桂 GC419A	N88	12.91
桂 GC420A	N94D/N94C	66.49/10.49
桂 GC424A	N88	9.24
桂 GC428A	N88	12.03
桂 GC429A	N92A	9.83
桂 GC431A	D92/D92A	12.13/8.65
桂 GC440A	N92A	11.56
桂 GC443A	N88/N94D/N92A	25.42/19.52/16.98
桂 GC452A	N94D	22.34
桂 GC455A	L94/N92A	13.23/9.18
桂 GC456A	D92	13.43
桂 GC458A	N94D	24.63
桂 GC461A	N92A	7.87
桂 GC462A	D92	12.26
桂 GC463A	D92	7.30
桂 GC468A	N92A	9.01
桂 GC471A	N94D	18.94
桂 GC486A	N92A	9.03
桂 GC489A	N92B	8.41
桂 GC502A	L94	13.576

（续）

统编号	所参加试验	遗传增益/%
桂 GC508A	N88/N92A	16.60/12.38
桂 GC515A	N88	12.84
桂 GC518A	N88	16.35
桂 GC536A	N94C	13.21
桂 GC539A	N94B	13.57
桂 GC540A	N94B	12.66
桂 GC541A	N94B	22.03
桂 GC542A	N94B	12.68
桂 GC543A	N92A	15.80
桂 GC544A	N94A	15.51
桂 GC544A	N94A	12.82
桂 GC546A	N94A	9.36
桂 GC547A	N92C	10.85
桂 GC548A	N94A	25.71
桂 GC549A	N94A	12.75
桂 GC550A	N94D	78.87
桂 GC551A	N94B	10.60
桂 GC552A	N94B	10.39
桂 GC553A	L94	17.52
桂 GC553A	N88	14.45
桂 GC557A	N88	13.69
桂 GC564A	N94D	25.14
桂 GC568A	N94D	15.13
桂 GC620A	N92A	7.51
桂 GC628A	N94D	15.23
桂 GC640A	N94D	18.69
桂 GC666A	N94B	8.81
桂 GC673A	N92C	8.39
桂 GC688A	N94B	9.48
桂 GC697A	N92C	7.63
桂 GC701A	N94B	9.53
桂 GC763A	N94A	7.09
桂 GC788A	D92	6.81
桂 GC789A	D93	9.51
桂 GC790A	N92C	7.51
桂 GC791A	N94C	10.21
桂 GC792A	N94C	9.73
桂 GC793A	N94D	19.91

在这 65 个家系中，从藤县的 2 个子代测定试验中选择出的桂 GC401A 等 10 个家系适合于在广西东部的梧州、玉林等地及广东西部推广种植。从南宁的 9 个子代测定试验中选出的 GC409A 等 55 个家系适合于在广西中部的南宁、来宾、贵港等地推广种植。

本次研究选出的优良家系意义还在于其种子园母本无性系在特定交配格局下可以产生性状优良、变异稳定的子代。这 65 个无性系有一定的配合力优势，一方面可以作为改良代种子园的建园材料，在经过改良更加稳定交配系统中可以生产出改良效果更好良种；另一方面也可以入选核心育种群体作为杂交遗传改良的亲本。

第3章 人工林培育及利用

3.1 马尾松造林密度效应研究

马尾松是我国南方主要工业用材树种之一，广泛分布于 17 个省(自治区、直辖市)。造林密度和保留密度是否合理，直接关系到培育目标能否实现，直接影响经营者的经济效益。密度是影响速生丰产的关键技术之一，因此，密度调控一直是林业研究的难点和热点。许多学者开展了这方面的研究。为了探明南亚热带栽培区适宜的马尾松造林密度，1989 年我们在中国林科院热带林业实验中心伏波实验场设置了造林密度试验。根据 11a 的观测材料对不同造林密度的林分生长、材种出材量、经济效益作了定量的分析。为生产部门根据培育目标，选择相应的造林密度和不同时期的保留密度提供了科学依据。

3.1.1 试验地概况

试验林设在广西凭祥市中国林业科学研究院热带林业实验中心伏波实验场，106°43′E，22°06′N，海拔 500m，低山，年均温 19.9℃，降水量 1400mm，属南亚热带季风气候区，土壤为花岗岩发育成的红壤，土层厚 100cm，马尾松立地指数 20，前茬为杉木(*Cunninghamia lanceolata*)。

3.1.2 试验方法

试验地于 1988 年主伐杉木清理后，明火炼山，块状整地，1989 年 1 月用 1 年生马尾松裸根苗定植。造林当年成活率 99% 以上。试验采用随机区组设计，设如下 4 个处理，A：2m×3m、B：2m×1.5m、C：2m×1m、D：1m×1.5m，4 次重复，小区面积为20m×30m，实行定时(每年年底)、定株、定位观测记录。测定内容包括胸径、树高、冠幅、枝下高、林木生长状况等，其中胸径全测，其他因子每小区样本数不少于 50 株。用断面积平均求林分平均胸径，采用 Richards 曲线拟合胸径与树高关系，然后用林分平均胸径求算林分平均高。其他测树指标均采用实测法计算平均值。按广西马尾松二元材积公式求算单株材积，乘上径阶株数得径阶材积，累计各径阶材积得蓄积量。利用削度方程和原木材积公式计算材种出材量。

3.1.3 结果分析

各试验处理、各年的逐年观测资料见表 3-1。

3.1.3.1 不同造林密度对生长的影响

造林密度的选择是人工林培育的重要措施，对林分在不同时期的林木种群数量有决定性作用，从而影响林分结构与生产力，直接影响培育目标能否实现及经营者的经济效益。

为了比较不同造林密度的生长差异情况，我们根据逐年调查资料，进行了方差分析(表 3-2)。

表 3-1　不同造林密度林分生长过程

项目	处理	树龄/年									
		2	3	4	5	6	7	8	9	10	11
H/m	A	1.40	2.15	3.46	4.65	5.70	6.65	7.42	8.37	9.15	10.08
	B	1.15	1.82	3.13	4.40	5.48	6.30	7.43	8.30	9.21	9.99
	C	1.30	2.02	3.38	4.67	5.76	6.60	7.61	8.63	9.52	10.35
	D	1.27	2.02	3.34	4.71	5.83	6.79	7.72	8.63	9.43	10.29
HS/m	A	2.11	3.16	4.74	6.28	7.60	8.68	9.59	10.48	11.35	12.12
	B	2.02	2.91	4.54	6.00	7.47	7.83	9.21	10.56	11.10	12.06
	C	2.03	3.12	4.85	6.45	7.74	8.17	9.42	10.57	11.31	12.45
	D	2.06	3.21	4.83	6.21	7.79	8.48	9.43	10.46	11.08	12.13
D/cm	A		2.40	4.98	7.41	9.68	11.24	12.62	13.96	14.66	15.58
	B		1.82	4.04	6.06	7.75	9.09	10.03	11.12	11.76	12.58
	C		2.15	4.23	6.00	7.27	8.28	9.01	9.97	10.73	11.30
	D		2.10	4.09	5.63	6.76	7.65	8.26	9.03	9.66	10.35
DX	A		0.34	0.31	0.30	0.21	0.26	0.27	0.27	0.28	0.26
	B		0.37	0.37	0.36	0.35	0.35	0.36	0.35	0.34	0.33
	C		0.34	0.33	0.34	0.35	0.35	0.35	0.33	0.31	0.30
	D		0.33	0.32	0.33	0.36	0.36	0.35	0.35	0.34	0.32
V/m^3	A		0.0045	0.0123	0.0243	0.0367	0.0501	0.0672	0.0795	0.0920	
	B		0.0027	0.0079	0.0152	0.0232	0.0323	0.0433	0.0529	0.0644	
	C		0.0033	0.0083	0.0143	0.0204	0.0271	0.0367	0.0460	0.0546	
	D		0.0030	0.0073	0.0125	0.0180	0.0233	0.0304	0.0374	0.0460	
M/ (m^3/hm^2)	A			7.43	20.68	40.87	61.30	82.73	110.93	131.41	156.69
	B			8.92	26.14	49.93	75.09	102.36	132.99	157.69	180.79
	C			16.20	41.45	70.56	98.42	127.05	159.39	184.93	206.82
	D			19.40	47.82	81.21	112.70	140.40	172.14	194.50	220.79
CW/m	A		1.53	2.17	3.17	3.34	3.47	3.09	3.70	3.08	4.04
	B		1.25	1.79	2.69	2.87	2.66	2.66	3.16	2.68	3.02
	C		1.35	1.80	2.66	2.46	2.43	2.04	3.00	2.49	2.78
	D		1.27	1.68	2.48	2.52	2.29	1.93	2.47	2.26	2.50
PC	A			0.56	1.26	1.40	1.52	1.19	1.73	1.19	2.02
	B			0.76	1.75	2.00	1.68	1.72	2.33	1.66	2.02
	C			1.18	2.60	2.21	2.12	1.54	3.04	1.99	2.27
	D			1.35	2.97	3.15	2.48	1.77	2.76	2.25	2.33
HC/H	A			0.89	0.88	0.76	0.80	0.73	0.67	0.56	0.50
	B			0.87	0.87	0.69	0.73	0.65	0.55	0.49	0.44
	C			0.86	0.82	0.63	0.68	0.61	0.49	0.47	0.41
	D			0.83	0.79	0.62	0.67	0.58	0.49	0.46	0.41
H/D	A			69.5	62.8	58.9	59.2	58.8	60.0	62.4	64.7
	B			77.5	72.6	70.7	69.3	74.1	74.6	78.3	79.4
	C			79.9	77.8	79.2	79.7	84.5	86.6	88.7	91.6
	D			81.7	83.7	86.2	88.8	93.4	95.6	97.6	99.4

注：表中 H 为树高、HS 为优势高、D 为胸径、DX 为胸径变动系数、V 为单株材积、M 为蓄积、CW 为冠幅、PC 为重叠度、HC/H 为冠高比、H/D 为高径比。

表 3-2　不同造林密度试验方差分析结果

项目	方差分析	林龄/年									
		2	3	4	5	6	7	8	9	10	11
H/m	F 值	1.50	1.57	1.38	0.71	0.61	0.78	0.34	0.35	0.32	0.29
HS/m	F 值	0.13	1.26	1.33	1.06	0.41	1.89	0.82	0.04	0.36	0.34
D/cm	F 值		1.38	2.70	5.07*	12.79**	22.45**	41.95**	56.88**	55.42**	68.13**
	Q 检			ad	ab ac ad	ab ac ad bd	ab ac ad bd	ab ac ad bd	ab ac ad bd	ab ac ad bd	ab ac ad bd bc
DX/m	F 值		0.52	0.85	2.10	2.27	3.80*	4.06*	4.07*	3.65*	6.02**
	Q 检						ad	ab ad	ab ad	ab	ab ad
V/m³	F 值			2.31	3.23	6.39**	9.45**	14.65**	17.32**	17.81**	21.40**
	Q 检					ab ac ad	ab ac ad	ab ac ad	ab ac ad	ab ac ad	ab ac ad
M/(m³/hm²)	F 值			8.55**	9.12**	8.87**	9.63**	10.78**	8.02**	7.81**	6.70**
	Q 检			ac ad bd	ac ad bd	ac ad bd	ac ad bd	ac ad bd	ac ad	ac ad	ac ad
CW/m	F 值			21.74**	5.79**	10.86**	16.16**	13.67**	4.40*	5.20*	34.12**
	Q 检			ab ac ad	ad	ac ad	ab ac ad	ac ad bd	ad	ad	ad ac ab bd
PC	F 值			29.23**	13.38**	10.08**	8.23**	1.25	2.43	1.40	1.15
	Q 检			ac ad bc bd	ac ad bd	ad bd	ad bd				
HC/H	F 值			13.90**	38.97**	13.64**	14.10**	11.91**	9.34**	4.99**	10.11**
	Q 检			ac ad bd	ac ad bc bd	ac ad	ab ac ad	ab ac ad	ab ac ad	ab ac ad	ab ac ad
H/D	F 值			7.46**	34.04**	131.92**	146.55**	122.39**	142.55**	126.61**	126.37**
	Q 检			ac ad ad bd	ab ac bc bd cd	ab ac ad bc bd cd	ab ac ad bc bd cd	ab ac ad bc bd cd	ab ac ad bc bd cd	ab ac ad bc bd cd	ab ac ad bc bd cd

　　注：表中 H 为树高、HS 为优势高、D 为胸径、DX 为胸径变动系数、V 为单株材积、M 为蓄积、CW 为冠幅、PC 为重叠度、HC/H 为冠高比、H/D 为高径比。* 显著，** 极显著，ab、ac、ad、bc、bd、cd 表示两两间差异显著。

　　（1）不同造林密度对树高生长的影响。密度对林分平均高的影响比较复杂，结论也不一。有些研究表明密度对树高生长有影响，但影响较弱，在相当宽的一个中等密度范围内无显著影响。从表 3-2 的方差分析可知，密度对马尾松的平均高与优势高生长无显著影响。

　　（2）不同造林密度对胸径生长的影响。直径是密度对产量效应的基础，同时直径又是材种规格的重要指标，密度对直径的影响显著相关，这一点林学界普遍认同。本试验研究表明，胸径生长量随密度增大而减小，5 年生开始，不同密度间胸径生长量一直表现出极显著差异。由于 5 年前林分尚未充分郁闭，处于个体生长阶段，密度对胸径生长影响不显著，5 年后开始，林分充分郁闭，密度大的林分个体营养空间小，不利于林木种群的所有个体生长发育。由表 3-2 可知，不同造林密度的胸径生长差异随林龄增大而增大，差异主要表现在 A 与 B、C、D 及 B 与 D 之间。

胸径变动系数是反映林分分化与离散程度的重要指标。同一密度处理的胸径变动系数随林龄的增大而减小,同林龄的林分胸径变动数随密度的增大而增大;由表3-2的方差分析可知,7年生时开始呈现出显著差异,主要表现在A与B、D之间,B、C、D之间差异不显著。这是由于同一密度级林分随林龄增大个体间竞争分化趋于稳定,而同一林龄的林分随密度加大而个体间竞争分化加剧。

(3)不同造林密度对材积生长的影响。立木的材积取决于胸径、树高、形数3个因子,密度对3因子均有一定的影响。分析各处理逐年生长资料(表3-1)得知,同一密度级的单株材积随林龄的增大而增大,同林龄的单株材积随密度的增大而减小。方差分析表明,不同造林密度单株材积从第6年开始表现出极显著差异,其差异主要表现在A与B、C、D之间,这种现象是由于3~5年生时林分刚郁闭,种群个体间竞争较小,密度对胸径和树高生长影响都很小,所以对单株材积生长影响尚不显著。6年生时林分充分郁闭,密度间的胸径生长差异已十分明显,因而导致单株材积生长差异显著。

林龄相同时蓄积生长随密度增大而增大,与单株材积生长正好相反。由表3-2方差分析可知,4年生时蓄积生长开始表现出显著差异,4~8年生时蓄积生长差异随林龄增长而加大,并在8年生时达到最大差异,D密度蓄积生长量比A密度大70.7%,该生长期内差异主要表现在A与B、C、D及B与C、D之间,9年生时蓄积生长差异开始有所减小,但11年生时D密度蓄积生长量仍比A密度大41.0%,差异主要表现在A与B、C、D之间,B、C、D之间差异不显著。

由于林分的蓄积取决于单株材积与株数密度,而这两因子互为消长,达到平衡时遵守产量恒定法则,B、C、D均属于高密度,蓄积的密度效应易于提前达到饱和,所以造林9年后只有A与B、C、D之间表现出差异显著。

(4)造林密度对冠幅生长的影响。许多研究表明树冠的大小和直径是紧密相关的。从本研究逐年生长资料可知,同一密度级的冠幅有随林龄增大而增大的趋势,但在6年生开始,因林分充分郁闭,出现自然整枝,使冠幅大小出现一定的波动,林龄相同时冠幅随密度增大而减小。经方差分析表明,各处理间冠幅生长差异显著,主要表现在A与B、C、D及B与C、D之间。

由逐年生长资料可知,同一密度级林分在郁闭后(5年生后),重叠度变化与冠幅一样有一定的波动,7年生前重叠度随密度增大而增大,7年后规律不明显。经方差分析发现,重叠度4~7年生时,不同造林密度间差异明显,7年后差异不显著,这可能是在一定的营养空间内,林分郁闭后,树冠面积总和趋向一定的饱和值。

(5)造林密度对干形的影响。营造用材林时选择的密度应有利于自然整枝、干形通直饱满和较小的冠高比,林龄相同时冠高比愈小愈好。经资料分析发现,同一密度级林分随林龄增长冠高比减小,林龄相同时冠高比随密度增大而减小。经方差分析表明,冠高比在4年以后一直表现出显著差异,主要表现在A与B、C、D之间。立木的高径比是林木的重要形质指标之一,与木材的质量与经济价值密切相关。林分郁闭后同一密度级的高径比随林龄增大而增大,林龄相同时,高径比随密度增大而增大。经方差分析表明,各处理间的高径比差异,两两间均显著。因此,对于工业用材我们应适当密植,降低树干尖削度。

(6)不同造林密度对林分自然稀疏的影响。林分密度调节的核心是自然稀疏,即不断减少林木株数调节生长与繁殖。由表3-3可知，林分郁闭后由于个体间产生空间与资源的竞争，开始出现自然稀疏，同一密度级的枯损株数与自然稀疏强度随林龄增大而增大，林龄相同时枯损株数与自然稀疏强度随密度增大而增大。

对连年稀疏强度分析可知，林分郁闭后一定时期内连年稀疏强度呈上升趋势，达到一定峰值后开始下降，大规模稀疏阶段通常是自然稀疏刚刚开始的一段时间内。C、D处理峰值出现在8年生(即重叠度差异显著性开始消失的林龄)，这主要是由于此时林木正处于生长速生时期，个体对营养空间的需要急剧增加，加之此时的种群密度仍十分大，因此，加剧了种群的自然稀疏，使林分种群个体间的竞争在此时表现最强烈，而达到最大的淘汰率。此后由于各处理的林木树冠生长减缓，趋于稳定，可基本充分利用营养空间，因此，以后的自然稀疏率降低。

表3-3　不同造林密度对自然稀疏的影响

林龄/年	总稀疏强度/%				连年稀疏强度/%			
	A	B	C	D	A	B	C	D
6	0	1	2	3	0	1	2	3
7	0	3	5	6	0	2	3	3
8	0	6	12	12	0	3	7	7
9	2	7	17	18	1	2	6	7
10	4	11	21	23	2	4	5	6
11	5	13	25	26	1	3	4	3

(7)不同造林密度的起始间伐期确定。林分直径和断面积连年生长量的变化能明显反映出林分的密度状况，因此，直径和断面积连年生长量的变化可以作为是否需要进行第一次间伐的指标。从表3-4可知，C、D两种密度从第6年开始胸径与断面积的连年生长量已明显下降，所以在该立地条件下，若培育建筑材，可将第7～8年生定为C、D两种密度的初始间伐期。同样，B密度第7年时断面积连年生长量开始明显下降，可将第8～10年作为B密度的初始间伐期。A密度连年生长量下降特征尚不明显，有待进一步观测。

表3-4　不同造林密度的胸径与断面积连年生长量

项目	处理	林龄/年								
		3	4	5	6	7	8	9	10	11
胸径/cm	A	1.77	2.58	2.43	2.27	1.56	1.38	1.34	0.70	0.92
	B	1.60	2.22	2.02	1.69	1.34	0.94	1.09	0.64	0.82
	C	1.72	2.08	1.77	1.27	1.01	0.73	0.96	0.76	0.57
	D	1.70	1.99	1.54	1.13	0.89	0.61	0.77	0.63	0.69
断面积/cm²	A	4.21	14.95	23.63	30.45	25.62	25.85	27.96	15.73	21.84
	B	2.56	10.21	16.02	18.32	17.71	14.11	18.10	11.49	15.67
	C	3.48	10.42	14.21	13.23	12.33	9.91	14.30	12.35	9.86
	D	3.34	9.67	11.75	10.99	10.07	7.62	10.45	9.24	10.84

3.1.3.2 造林密度对林分结构与出材量的影响

造林密度对林分生长各时期的保存密度有着决定性的影响，从而影响林分不同时期的自我调控过程与林分生产力，我们应选择适宜的造林密度以利于林分结构的优化与林分生产力的提高。

（1）密度对径级株数分布的影响。因密度影响林分直径生长，自然会影响林分的直径结构规律，探讨密度对林分株数按直径分布的影响，对营林工作十分有益。各处理株数按径阶分布情况见表3-5。

表 3-5　不同密度的径级株数分布率（％）

林龄/年	处理	径阶/cm												
		2	4	6	8	10	12	14	16	18	20	22	24	26
5	A	5.4	8.7	30.4	33.7	17.5	4.3							
	B	10.2	24.6	37.9	19.9	6.60	0.6							
	C	9.8	25.4	35.6	24.7	4.1	0.4							
	D	10.8	29.1	40.5	17.4	2.2								
7	A	1.8	3.3	4.6	13.5	23.2	27.2	18.5	7.1	0.8				
	B	4.7	9.1	15.3	21.8	28.0	12.7	7.0	1.4					
	C	5.0	12.4	20.7	26.4	21.6	11.1	2.2	0.4	0.2				
	D	5.3	15.2	25.0	27.7	18.2	7.4	0.9	0.3					
9	A	1.3	2.2	1.5	7.2	10.7	17.1	22.0	19.7	12.0	5.6	0.3	0.3	
	B	1.9	6.5	10.6	15.4	19.6	20.5	12.8	7.8	4.1	0.5	0.3		
	C	0.9	7.9	14.7	20.8	22.8	17.4	11.0	3.3	1.0	0.1	0.1		
	D	1.2	12.0	20.4	24.3	20.5	12.3	6.7	2.1	0.4	0.1			
11	A		1.3	1.3	4.5	10.8	12.1	15.2	19.7	17.3	10.7	5.5	1.3	0.3
	B	0.1	2.4	9.8	12.5	17.4	19.0	16.8	9.9	7.1	4.3	0.4	0.3	
	C		3.1	10.3	20.0	20.8	19.4	14.0	7.9	3.4	0.8	0.2	0.1	
	D	0.1	4.2	15.8	24.1	23.1	17.7	9.4	5.6	1.7	0.3	0.3		

由表3-5可知，除高密度的D处理外，同一密度的株数最大分布率所处的径阶值随林龄的增大而增大，7年生时，A、B、C、D株数最大分布率所处的径阶值分别为12、10、8、8，11年生时所处的径阶值分别为16、12、10、8。不同密度处理的株数最大分布率随着密度的增大，所处的径阶值减小。将11年生的株数按径阶分布的情况绘成图3-1，由图3-1可知，曲线峰值随密度加大而左移，A、B、C、D 4种密度处理峰值分别在16、12、10、8径阶处，基本遵循每增大一个密度级峰值向左移动一个径阶值，由近似常态的分布变为顶峰左偏的曲线分布。A、B、C、D 4种密度处理大于18径阶的株数分布率分别为17.9%、5.0%、3.4%、0.2%，小于12径阶的株数分布率分别为17.6%、42.2%、54.2%、67.0%。可见，密度对材种出材量影响很大。

（2）造林密度对出材量的影响。计算出材量时我们采取密切联系生产的方法，以南方普遍采用的2m原木检尺长为造材标准，利用马尾松削度方程求出从地面开始每上升2m

处的去皮直径，即为该 2m 段的小头检尺径，先分径阶求出林分各径级规格材种出材量，再把各径阶径级规格相同的材积相加，得林分各径级规格材的材积，再把所有材种材积相加，得林分总出材量（表 3-6）。

表 3-6　11 年生不同造林密度林分的材种出材量

处理	各径阶出材量/（m³/hm²）				合计 /（m³/hm²）	出材率/%
	4~6cm	8~12cm	14~18cm	≥20cm		
A	9.11	59.08	64.80	2.22	135.23	86.30
B	22.18	92.52	39.17	1.46	155.42	85.90
C	33.79	121.46	25.29	0.32	180.79	87.41
D	57.93	114.23	21.15	0.00	193.33	87.56

主要计算公式如下：削度方程

$$d/D_{0.1} = C_0(1 - h/H) + C_1(1 - h/H)^2 + C_2(-h/H)^3$$
$$(n = 421.7, R = 0.9973) \tag{3-1}$$

$$D_{0.1} = 0.99276 D_g^{0.98183937} H^{-0.02268117}$$
$$(n = 339, R = 0.9915) \tag{3-2}$$

式中：d——某一材种的小头去皮直径；

H——地面到 d 处的树高（此处 h 分别为 2m、4m、6m…）；

$D_{0.1}$——$1/10H$ 处的去皮直径；

H——树高；

D_g——胸径；

$C_0 = 2.242861$；$C_1 = -1.744034$；$C_2 = 0.5417106$。

根据胸径（D_g）和树高（H）；首先由式（3-2）计算出 $D_{0.1}$，然后将相应指标回代到式（3-1），便可求出各 h 处的 d，进而由原木材积公式，便可计算各段原木材积。

原木材积式：

$$V_1 = 0.7854L(D + 0.45L + 0.2)^2/10000$$
$$4cm \leqslant D \leqslant 12cm \tag{3-3}$$

$$V_2 = 0.7854L[D + 0.5L + 0.005L^2 + 0.000125L(14 - L)^2(D - 10)]^2/10000$$
$$D \geqslant 14cm \tag{3-4}$$

式中：V——材积；

D——检尺径；

L——检尺长。

由表 3-6 可知，总出材量随密度增大而增大，其中 C 与 D 处理相差不大，比 A 处理出材量分别高 34.0%、43.0%，从造林投入考虑可以否定 D 密度。4 种密度处理 11 年生时经济用材均以小径材为主，由于马尾松 10 年后进入速生期，从发展的观点来看，培养短周期工业用材（如纸浆材、纤维原料林）造林密度可选取 B~C（3333~5000 株/hm²）间的密度，有利于缩短轮伐期，培育大、中径材造林密度宜选择 A~B（1667~3333 株/hm²）间的密度。

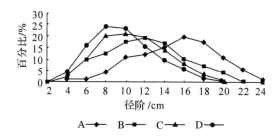

图 3-1　不同造林密度径级株数分布率曲线图(11 年生)

3.1.3.3　不同造林密度的生产成本及产值

生产成本主要包括基本建设投资(苗木、林地清理、整地、栽植、林道、抚育费及10% 的间接费)、经营成本(管护、管理)、木材生产(采伐、运输、归堆等) 3 大类。我们参照世界银行林业贷款的各项标准,结合广西具体生产实践进行成本核算,见表 3-7。产值计算以现行市场价格为准,将 11 年生不同密度不同规格材种乘以相应的价格即得出产值(材种规格我们已计算至检尺径 4cm,主要以经济用材进行效益核算)。

表 3-7　不同造林密度生产成本与产值统计

处理	基本建设投资 /(元/hm²)	经营成本 /(元/hm²)	木材生产 /(元/hm²)	总计投资 /(元/hm²)	产值 /(元/hm²)
A	1659.16	495.00	10818.40	12972.56	45626.90
B	2014.87	495.00	12433.60	14943.47	48271.00
C	2288.00	495.00	14463.20	17246.20	53472.40
D	2704.16	495.00	15466.40	18665.56	53881.90

从 11 年生林分的生产投资与产值来看,培育短周期工业用材林宜选用 B ~ C 密度,培育大、中径材宜选用 A ~ B(1667 ~ 3333 株/hm²)间的密度,这样既可减少造林与间伐投资,又可尽快成材。

3.1.4　结　论

经 11 年的观测资料表明,马尾松不同造林密度的生长差异非常显著,随着密度增大,胸径、单株材积、冠幅生长量与冠高比减小,表现出与密度间的负相关;蓄积、高径比与自然稀疏强度随密度增大而增大,但造林密度对树高生长无显著影响。间伐初始期随密度增大而提前。

不同造林密度对林分结构与出材量有着显著影响。随着密度增大,小径阶株数分布率、小径级材种出材量及所占比例增加,但大径阶株数分布率与大径阶材种出材量减少;总出材量随密度增大而增大,11 年生林分 C、D 密度(5000 株/hm²,6667 株/hm²)比 A 密度(1667 株/hm²)总出材量分别高 34.0% 、43.0% 。

综合效益核算、材种出材量与马尾松人工林生长规律,培育短周期工业用材林宜采用 B ~ C 间的密度(3333 ~ 5000 株/hm²),培育大、中径材宜采用 A ~ B(1667 ~ 3333 株/hm²)间的密度。

3.2 造林密度对马尾松林分生长与效益的影响研究

林分密度控制技术是人工用材林实现高产高效的关键技术之一，因此，许多学者开展了这方面的研究，其中包括杉木、红松（*Pinus koraiensis* Sieb. Et Zucc.）、桉树（*Eucalyptus* ssp.）、西南桦（*Betula alnoides* Buch. -Ham. ex D. Don）、落叶松及樟子松等树种。马尾松是我国南方主要工业用材树种之一，其造林密度研究工作开展较早，但大部分相关试验林观测年限局限于幼林期，没能很好地反映造林密度对林分后期生长的影响。广西为马尾松南带高产种源区，为了解决该地区不同培育目标的造林密度，1989 年在广西凭祥市中国林业科学研究院热带林业实验中心林区设置了造林密度试验，作者曾对该试验林 11 年生观测材料进行过总结，但只反映出密度对幼林期生长的影响。现根据 21 年生的生长观测材料，系统地分析造林密度对不同林龄阶段的林分生长与经济效益的影响，为不同培育目标提供科学的造林密度。

3.2.1 试验材料与方法

马尾松造林密度试验林设在广西凭祥市中国林业科学研究院热带林业实验中心所属林区，106°43′E，22°06′N，海拔 500m，低山，年均气温 19.9℃，年降水量 1400mm，土壤为花岗岩发育成的红壤，土层厚 100cm，属南亚热带季风气候区。马尾松立地指数 18，前茬为杉木人工林。

1989 年 1 月用 1 年生马尾松裸根苗定植。试验采用随机区组设计，设 4 个密度处理，即 A、B、C、D（造林密度分别为 1667 株/hm²、3333 株/hm²、5000 株/hm²、6667 株/hm²），试验小区面积为 600m²，4 次重复。造林后不进行密度调控，连续观测到 21 年。测定指标包括胸径、树高、冠幅、枝下高等，其中，胸径全测，其他测树因子每小区样本数不少于 50 株。分小区采用 Richards 曲线拟合胸径与树高曲线模型，求算林分平均高；用一元幂曲线函数拟合胸径与冠幅曲线模型，求算平均冠幅；按广西马尾松二元材积公式求算单株材积与蓄积，利用削度方程和原木材积公式计算材种出材量。采用更新重置成本法，按近年平均营林成本与不同规格木材的市场价格进行效益分析。

3.2.2 结果与分析

3.2.2.1 不同造林密度对林分生长的影响

为了比较不同造林密度对林分生长的影响差异，对 13 次的观测材料进行了方差分析（表 3-8、表 3-9）。

（1）造林密度对树高生长的影响。从表 3-8 树高生长资料与表 3-9 的方差分析可知：造林密度对马尾松林分各林龄阶段的平均高生长无显著影响。21 年生时 A、B、C、D 4 种密度处理的平均树高分别为 15.56m、15.47m、16.07m、16.12m。

（2）造林密度对林分直径生长的影响。本试验研究表明：林分郁闭后，胸径生长量随密度增大而减小，且呈显著差异，但进入近熟林期（15 年生）后，各处理间胸径生长差异逐步缩小。由表 3-9 可知：不同造林密度的林分平均胸径生长差异随林龄增大而增大，差异主要表现在 A 与 B、C、D 及 B 与 D 之间。5 年生后，不同密度间胸径生长量一直表现出极显著差异。8 年生时，F 值开始迅速上升，在 16 年生左右达峰值，19 年生后迅速下降，说明 8～19 年生胸径差异较大，19 年生后胸径差异减小。

表 3-8　不同造林密度林分生长指标

项目	处理	树龄/年					
		5	8	10	16	19	21
树高/m	A	4.65	7.42	9.15	13.66	14.98	15.56
	B	4.40	7.43	9.21	13.57	14.74	15.47
	C	4.67	7.61	9.52	13.70	15.26	16.07
	D	4.71	7.72	9.43	13.78	15.11	16.12
胸径/cm	A	7.41	12.62	14.78	18.99	21.27	22.17
	B	6.06	10.18	11.97	16.01	18.33	19.00
	C	6.00	9.30	10.92	14.20	16.70	17.52
	D	5.63	8.49	9.88	13.35	16.08	17.16
单株材积/m³	A	0.0123	0.0501	0.0809	0.1842	0.2477	0.2764
	B	0.0079	0.0334	0.0549	0.1329	0.1844	0.2063
	C	0.0083	0.0290	0.0477	0.1076	0.1607	0.1841
	D	0.0073	0.0247	0.0391	0.0966	0.1484	0.1775
蓄积/(m³/hm²)	A	20.67	82.50	131.17	252.50	297.00	318.67
	B	26.17	101.83	156.33	280.17	318.17	331.17
	C	41.50	125.83	182.50	290.67	314.83	319.17
	D	47.83	138.33	191.67	293.00	315.67	330.00
冠幅/m	A	3.17	3.09	3.08	2.86	2.71	2.86
	B	2.69	2.66	2.68	2.30	2.47	2.59
	C	2.66	2.04	2.49	2.39	2.08	2.31
	D	2.48	1.93	2.26	2.11	2.19	2.44
密度/(株/hm²)	A	1667	1667	1600	1366	1200	1150
	B	3300	3135	2866	2100	1733	1616
	C	4900	4400	3850	2733	2000	1783
	D	6467	5863	4950	3150	2183	1916
重叠度	A	0.56	1.19	1.19	0.88	0.69	0.74
	B	0.76	1.72	1.66	0.88	0.84	0.85
	C	1.18	1.54	1.99	1.21	0.69	0.75
	D	1.35	1.77	2.25	1.10	0.80	0.88
高径比	A	62.8	58.8	62.4	74.23	72.09	71.09
	B	72.6	74.1	78.3	90.98	83.71	83.15
	C	77.8	84.5	88.7	103.32	97.26	94.17
	D	83.7	93.4	97.6	114.65	101.31	96.78

立木的高径比是与林分木材的质量与经济价值密切相关的重要形质指标。从表 3-8 可知：林龄相同时，高径比随密度增大而增大。方差分析结果（表 3-9）表明：各处理间的高径比差异极显著，但 16 年生后，随着林龄增大，高径比差异逐步缩小。因此，培育大、

中径材林应保持合适的密度，以降低树干的尖削度。

表 3-9　不同造林密度试验方差分析结果

树龄 /年	树高 F 值	胸径		单株材积		蓄积		冠幅		高径比	
		F 值	Q 检验	F 值	Q 检验	F 值	Q 检验	F 值	Q 检验	F 值	Q 检验
2	1.50										
3	1.57	1.38									
4	1.38	2.70		2.31		8.55**	AC AD BD	21.74**	AB AC AD	7.46**	AC AD
5	0.71	5.07*	AD	3.23		9.12**	AC AD BD	5.79*	AD	34.04**	AB AC AD BD
6	0.61	12.79**	AB AC AD	6.19**	AB AC AD	8.87**	AC AD BD	10.86**	AC AD	131.92**	AB AC AD BC BD CD
7	0.78	22.45**	AB AC AD BD	8.99**	AB AC AD	9.39**	AC AD BD	16.16**	AB AC AD	146.55**	AB AC AD BC BD CD
8	0.34	41.95**	AB AC AD BD	12.11**	AB AC AD	10.60**	AC AD BD	13.67**	AC AD BD	122.39**	AB AC AD BC BD CD
9	0.35	56.88**	AB AC AD BD	14.37**	AB AC AD	7.74**	AC AD	4.40*	AD	142.55**	AB AC AD BC BD CD
10	0.32	55.42**	AB AC AD BD	17.08**	AB AC AD	7.61**	AC AD	5.20*	AD	126.61**	AB AC AD BC BD CD
11	0.29	68.13**	AB AB AD BC BD	20.28**	AB AC AD	6.79**	AC AD	34.12**	AB　　AC AD BD	126.37**	AB AC AD BC BD CD
16	0.07	98.37**	AB CD	22.49**	AB AC AD BD	3.24		5.98**	AB AD	86.14**	AB CD
19	0.19	46.84**	AB AB AD BC BD	13.26**	AB AC AD	3.23		6.91**	AC AD	43.05**	AB AC AD BC BD
21	0.98	23.96**	AB AC AD BD	12.38**	AB AC AD	0.53		3.96*	AC	32.34**	AB AC AD BC BD

注：* 表示差异显著，** 表示差异极显著；表中 A、B、C、D 代表不同密度处理，AB 表示处理 A 与 B 间差异显著，AC、AD、BC、BD、CD 同理。

（3）造林密度对林分材积生长的影响。由表 3-8、表 3-9 可知：林龄相同时，林分的单株材积与林分密度呈负相关，但随着林龄的增大，单株材积的差异逐渐缩小；10 年生时，A、B、C 处理的单株材积分别为高密度 D 处理的 206.9%、140.4%、122.0%；21 年生时 A、B、C 处理的单株材积分别为高密度 D 处理的 155.7%、116.2%、103.7%，单株材积差异明显减小。在 16 年生左右 F 值达峰值，然后逐渐变小，其差异主要表现在 A 与 B、C、D 之间。这种现象是由于林分从 5 年生开始郁闭后（从重叠度变化可知），一定时期内不同密度间的平均胸径生长差异显著，而树高差异不显著。由此可知，单株材积生长差异显著主要由胸径差异所致，但由于高密度林分逐年自然稀疏一部分被压个体，各处理的密度差异逐年变小导致胸径差异变小，从而在 16 年生后单株材积差异有所减小。

　　生长前期林分蓄积与密度呈正相关，与单株材积生长正好相反，但 19 年生后，各密度间蓄积趋于相近。由表 3-9 可知：在 8 年生时，蓄积生长差异达最大，B、C、D 密度的蓄积生长量分别是 A 密度的 123.4%、152.5%、167.7%，差异主要表现在 A 与 C、D 及 B 与 D 之间。16 年生后，各密度处理间的蓄积已无显著差异，至 21 年生时，B、C、D 密度的蓄积生长量分别是 A 密度的 103.9%、100.2%、103.6%，单位面积蓄积量几乎相等。这说明在营林生产中加大造林密度只能提高中、幼林期的蓄积，但不能提高近熟林与成熟林的蓄积量。

　　(4)造林密度对冠幅生长的影响。从本研究长期生长资料可知：林龄相同时，冠幅随密度增大而减小，但后期各密度的冠幅差异开始变小。从 6 年生开始，因林分充分郁闭，出现自然整枝，使冠幅大小出现一定的波动，但 11 年生后，各密度处理的平均冠幅均有趋于稳定的趋势。方差分析结果(表 3-9)表明：11 年生前冠幅差异主要表现在 A 与 B、C、D 及 B 与 D 之间，而 11 年生后主要表现在 A 与 C、D 之间，16 年生后冠幅差异逐渐缩小。其主要原因是因自然稀疏使林分密度差异缩小，从而使冠幅差异变小。

3.2.2.2　造林密度对林分结构与材种出材量的影响

　　(1)造林密度对径级株数分布的影响。探讨造林密度对林分株数按直径分布的影响，对马尾松人工林的定向培育有重要指导意义。从图 3-2 可知：21 年生时，A、B、C、D 4 种密度处理大于 18 径阶的株数率分别为 66.4%、41.0%、29.3%、27.0%，14~18 径阶的株数率分别为 28.6%、46.0%、48.2%、45.4%，小于 12 径阶的株数率分别为 5.0%、13.0%、22.5%、23.6%，A、B、C、D 4 种密度处理最大株数率径阶分别为 22cm、18cm、16cm、16cm。4 种密度林分径级结构差异主要表现在 A 与 B、C、D 之间，而且高密度林分林木直径集中分布在较少的径级范围内，可见造林密度对林分径级结构影响较大，从而影响林分材种出材量。因此，营林工作中，应根据培育目标选择相应的造林密度，以便减小材种规格的差异。

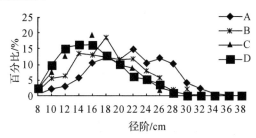

图 3-2　不同造林密度径级株数分布率曲线(21 年生)

　　(2)造林密度对林分材种出材量的影响。以 2m 原木检尺长为造材标准，利用马尾松削度方程求算林分材种出材量与林分总出材量(表 3-10)。由表 3-10 可知：马尾松人工林的中、幼林期总出材量随密度增大而增大，但随着林龄的增大出材量逐渐接近；11 年生时，高密度的 C 与 D 处理相差不大，比低密度的 A 处理出材量分别高 33.9%、43.9%，因此，从造林投入考虑可以否定 D 密度；16 年生时，4 种密度出材量已无显著差异；21 年生时，A、B、C、D 各密度的出材量分别为 300.13m³/hm²、309.94m³/hm²、303.19m³/hm²、313.32m³/hm²。除 A 密度外，B、C、D 密度材种仍以小径材为主。

表 3-10　不同造林密度林分的材种出材量

林龄/年	处理	材种出材量/(m³/hm²)				
		薪炭材	小径材	中径材	大径材	合计
11	A	3.31	126.89	2.25	0.00	132.45
	B	5.30	146.57	0.65	0.00	152.52
	C	13.66	163.35	0.32	0.00	177.33
	D	18.85	171.76	0.00	0.00	190.61
16	A	3.29	172.76	52.52	2.59	231.16
	B	5.32	222.85	27.36	2.06	257.59
	C	9.33	244.86	14.77	0.51	269.47
	D	8.24	250.48	11.31	0.95	270.98
21	A	1.61	166.06	112.87	19.59	300.13
	B	3.07	227.45	68.56	10.86	309.94
	C	5.57	241.83	49.65	6.14	303.19
	D	6.94	258.60	42.71	5.07	313.32

注：材种规格按原木小头检尺径分类，其中原木小头检尺径薪炭材＜6cm，小径材6~18cm，中径材20~24cm，大径材≥26cm。

综上所述，从马尾松林分生长规律来看，培养短周期工业用材（如纸浆材、纤维原料林）造林密度可选取接近 B 处理的密度，即 2200~3300 株/hm²，有利于缩短轮伐期，培育大、中径材造林密度宜选择 A 密度为参照，即 1667~2200 株/hm²。

3.2.2.3　不同造林密度的效益评价

采用更新重置成本法，结合广西具体生产实践进行效益评价（表 3-11）。产值计算以现行市场价格为准，折现率定为 10%，将不同密度不同规格材种乘以相应的价格即得出产值。

根据不同造林密度产值、净现值随林龄变化统计可知：各处理的产值、净现值随林龄的增大而增大，但达到相应的林龄阶段后，密度与产值、净现值的相关性均由正相关转化为负相关性。

根据表 3-11 可知：11 年生前，C、D 高密度处理的产值比 A、B 低密度处理的高；11年生后，各处理的产值开始接近；16 年生时，各密度处理的产值差异小于 3.6%，且 A、B 低密度处理的产值开始比 C、D 高密度处理的高；21 年生时，产值差异扩大至 8.4%，A、B、C、D 处理的产值分别为 177412.10 元/hm²、173316.30 元/hm²、163627.60 元/hm²、167151.70 元/hm²。

11 年生前，C、D 高密度处理的净现值比 A、B 低密度处理的高，16 年生后，造林密度与净现值呈规律性的负相关性，出现 A、B 低密度处理的净现值比 C、D 高密度处理的高，16 年生时，A、B、C、D 处理的净现值分别为 19206.53 元/hm²、18466.93 元/hm²、16819.69 元/hm²、15304.45 元/hm²。

净现值峰值出现的时间随着密度的增大而提前。高密度 C、D 处理的净现值峰值出现在 16 年生前，而低密度 A、B 处理的净现值峰值出现在 16 年生后，根据净现值峰值时间可合理确定经济成熟龄。

根据表 3-11 与不同造林密度内部收益率随林龄变化可知：随着林龄的增大各密度处理的内部收益率均呈下降趋势，并且各密度处理的内部收益率趋向接近。11 ~ 16 年生下降较快，平均每年下降 1.1% ~ 1.3%，16 年生后内部收益率下降减缓，各密度处理的内部收益率趋向接近，21 年生时为 10.2% ~ 10.8%，高密度造林处理在后期无明显收益优势。

表 3-11　不同造林密度的效益评价

树龄/年	处理	基本建设投资/（元/hm²）	经营成本/（元/hm²）	木材产量/（m³/hm²）	木材生产投资/（元/hm²）	总计投资/（元/hm²）	产值/（元/hm²）	净现值/（元/hm²）	内部收益率/%
9	A	5250.80	675.00	89.26	5801.90	11727.70	35356.00	7328.44	21.4
	B	6754.50	675.00	107.76	7004.40	14433.90	42350.00	8417.60	21.4
	C	8251.80	675.00	131.02	8516.30	17443.10	51078.00	10116.75	21.5
	D	9750.60	675.00	140.80	9152.70	19578.30	55039.00	10164.16	21.6
11	A	5250.80	825.00	132.45	8789.50	14865.30	68788.70	15768.77	20.5
	B	6754.50	825.00	152.52	10102.30	17681.80	73627.30	15637.54	19.6
	C	8251.80	825.00	177.33	11751.35	20828.15	82327.80	16747.85	19.1
	D	9750.60	825.00	190.61	12566.45	23142.05	84867.80	15989.87	18.6
16	A	5250.80	1200.00	231.16	15025.40	21476.20	127909.00	19206.53	14.1
	B	6754.50	1200.00	257.59	16744.00	24698.50	132510.50	18466.93	13.5
	C	8251.80	1200.00	269.47	17515.55	26967.35	131967.60	16819.69	13.1
	D	9750.60	1200.00	270.98	17614.35	28564.95	131364.80	15304.45	13.0
19	A	5250.80	1425.00	276.83	17993.30	24669.10	161143.00	18005.30	12.0
	B	6754.50	1425.00	295.88	19231.55	27411.05	162996.00	16738.81	11.6
	C	8251.80	1425.00	296.39	19264.70	28941.50	157110.80	14409.93	11.3
	D	9750.60	1425.00	296.48	19271.20	30446.80	155691.10	12814.19	11.3
21	A	5250.80	1575.00	300.13	19508.45	26334.25	177412.10	15915.50	10.8
	B	6754.50	1575.00	309.94	20146.10	28475.60	173316.30	13908.87	10.5
	C	8251.80	1575.00	303.19	19707.35	29534.15	163627.60	11297.74	10.2
	D	9750.60	1575.00	313.32	20364.50	31690.10	167151.70	10322.60	10.2

注：折现率 10%。

3.2.3　结论与讨论

对 21 年生马尾松造林密度生长资料分析表明：造林密度对林分的生长有显著影响。林龄相同时，胸径、单株材积及冠幅表现出与造林密度间的负相关，高径比随密度的增大而增大，但 16 年生后这些生长因子均有随林龄的增大差异缩小的规律。在本试验研究的造林密度范围内，造林密度对树高生长无显著影响。

不同造林密度对林分蓄积与出材量的影响在前期呈正相关，但随着林龄的增大趋于相近。密度对林分结构与材种出材量影响显著。林龄相同时，高密度林分的小径阶株数率与小径材量增加，而大径阶株数率与大径材出材量减少。

综合林分生长状况与效益评价，按 10% 的折现率分析，以 15 年生为纤维材工艺成熟基准年龄，高密度 C、D 处理的经济收获期宜在 16 年生左右，低密度的 A、B 处理的经济收获期宜在 19 年生左右，具体收获期应根据木材市场变化调整。按 10% 的内部收益率标准评价，21 年生后采伐经济效益有所下降。高密度造林在后期很难提高出材量与经济效益。因此，在营林生产中应根据培育目标选择科学的造林密度。培养短周期小径材与纤维材造林密度可选取 2200 ～ 3300 株/hm²，培育大、中径材造林密度宜选择 1667 ～ 2200 株/hm²。

3.3　马尾松人工同龄纯林自然稀疏规律研究

密度是影响人工林生产力的三大主要因子(良种、立地与密度)之一，也是最易人工控制的因素。密度调控的目的是加速林木生长，改善森林卫生状况，提高林木质量，从而提高林分的经济效益与生态效益，其理论基础是基于林分的不同生长发育时期的不同特点、林分的分化与自然稀疏规律、密度与林分生长的关系等方面的内容。密度控制是否合理，关系到林分结构与生产力，从而直接影响培育目标及经济效益。因此，许多学者对不同树种人工林的密度效应与自然稀疏规律进行过研究，但许多研究材料均来自临时样地，缺乏时间上的连续性，取之以空间代替时间的研究方法，使许多结论与相关数学模型出现与实际林分生长不符的现象。为了探明马尾松人工同龄纯林的自然稀疏规律，为马尾松人工林的经营提供科学的密度控制技术资料，作者采用对固定标准地连续定位观测的方法，先后对不同初植密度与不同间伐保存密度的试验林进行了长达 12 年的观测，对马尾松人工同龄纯林的自然稀疏规律进行了总结分析。根据林分密度与时间的相关性拟合出了精度较高的自然稀疏模型，并采用聚类分析的方法对马尾松人工同龄纯林生长过程中林木个体分化规律进行了定量的分析。利用该研究成果，可为马尾松人工林的密度调控提供科学的技术指导。

3.3.1　材料与方法

3.3.1.1　试验地概况

试验林设在广西凭祥市中国林业科学研究院热带林业实验中心大青山林区，大青山属十万大山西端余脉(106°43′E，22°06′N)，海拔 150 ～ 1200m，以低山地形为主，年均气温 21.7℃，降水量 1856mm，属南亚热带季风气候区，土壤主要为花岗岩发育成的红壤，间有部分石灰岩土、酸性紫色土和冲积土，土层厚 100cm，马尾松主要分布在海拔 300 ～ 800m 地段，立地指数 16 ～ 22 为主。

3.3.1.2　试验材料与试验设计

(1)13 年生马尾松造林密度试验林。1989 年在广西凭祥市热带林业实验中心林区设置初植密度分别为：A 1667 株/hm²、B 3333 株/hm²、C 5000 株/hm²、D 6667 株/hm² 4 种处理，4 次重复，共 16 个试验小区，每小区面积为 600m²，共 11 年观测资料。

(2)20 年生间伐试验林。设置于广西凭祥市热带林业实验中心林区，该林区 1983 年春造林，初植密度为 4500 株/hm²。1991 年春(8 年生)设置不同间伐强度的试验，分强度、中度、弱度、对照 4 种间伐处理，保存密度分别为：A_1 1200/hm²、B_1 2000 株/hm²、C_1 2800 株/hm²、D_1 3500 株/hm²，6 次重复，共 24 个试验小区，每小区面积为 600m²，共 12 年的观测资料。

（3）其他试验数据材料。马尾松人工林其他固定样地多年连续观测资料及专题成果的其他综合材料。

3.3.1.3　研究方法

（1）马尾松人工同龄纯林中林木个体生长分化的动态变化。对造林密度试验中效果表现较好的 B 处理（4～10 年生材料）与间伐试验中对照处理 D_1（11～17 年生材料）的林木个体的每木逐年调查材料进行统计分析，将林木个体按树高为第一聚类参考指标，胸径为第二聚类参考指标，用类间平方和爬山法进行逐步聚类，将林木个体分成劣等木、中等木、优势木 3 类，分别用数字 1、2、3 表示，按树高与胸径生长变化分别定期统计分析一次林木个体等级的动态变化状况，统计结果见表 3-12。

表 3-12　林木个体生长动态变化统计

项目	树龄/年	株数变化率/%						定期生长量/（胸径/cm，树高/m）		
	$(A_1 \sim A_2)$	N_{12}	N_{13}	N_{23}	N_{21}	N_{31}	N_{32}	X_1	X_2	X_3
树高	4～7	30.1	0.0	28.1	16.1	2.3	31.3	2.7	3.1	3.2
	7～10	29.2	0.0	17.2	12.3	0.0	32.1	2.1	2.8	3.0
	11～14	44.3	8.2	49.1	13.2	0.0	3.40	0.9	1.2	1.2
	15～17	29.1	3.2	15.3	20.5	0.0	20.3	0.6	0.9	1.4
胸径	4～7	20.1	1.5	16.1	10.1	1.5	26.3	3.2	5.3	6.8
	7～10	7.20	1.7	9.70	8.30	0.0	15.4	0.9	2.0	3.6
	11～14	4.10	0.0	4.50	6.20	0.0	10.7	0.8	1.4	2.2
	15～17	10.4	0.0	6.30	5.10	0.0	12.8	0.3	0.9	2.0

注：$A_1 \sim A_2$ 表示生长期，N_{12} 表示林分下层劣等木向中等木层移动的株数率，N_{13} 表示劣等木层向优势木层移动的株数率，N_{21} 表示中等木层向劣等木层移动的株数率，N_{23} 表示中等木层向优势木层移动的株数率，N_{31} 表示优势木层向劣等木层移动的株数率，N_{32} 表示优势木层向中等木层移动的株数率；X_1 表示劣等木定期生长量，X_2 表示中等木定期生长量，X_3 表示优势木定期生长量。

（2）自然稀疏规律及自然稀疏模型的研究。依据 13 年生造林密度试验林的观测材料、20 年生不同间伐保存密度试验林的观测材料及其他试验样地的多年观测材料，对不同初植密度的幼龄林及进入中龄期后不同间伐保存密度的林分自然稀疏规律进行研究，总结不同密度的人工林自然稀疏规律。选择林分现存密度、立地条件、林龄作为主要因子，借鉴 Clutter 等在研究林分株数随时间变化时采用的数学模型建立自然稀疏模型。

$$N_2 = \left[N_1^{-\gamma} - \alpha \cdot \gamma / (\beta + 1) \cdot (T_2^{\beta+1} - T_1^{\beta+1}) \right]^{(-1/\gamma)} \tag{3-5}$$

式中：N_2、N_1——林木株数；

　　　T_2、T_1——林龄；

　　　α、β、γ——参数。

3.3.2　结果与分析

3.3.2.1　自然稀疏过程中林木个体生长动态变化过程分析

林分密度调节的核心是自然稀疏，即不断减少林木株数，调节生长与繁殖。林分郁闭后由于个体间产生空间与资源的竞争，在生长发育过程中会产生林木个体分化，从而出现自然稀疏。

(1)林木个体生长过程中树高生长分化的动态变化。由表 3-12 资料分析可知:树高分化主要表现在幼林期的 4～7 年生阶段与中龄林期的 11～14 年生阶段。不同林龄阶段,林冠下层的劣等木有一定的比率进入中等木冠层,在 11～14 年生表现最大,达 44.3%,但进入上冠层成为优势木的概率较小,最高仅为 8.2%。随着时间的推移,中等木中有少部分下降为被压木,一部分上升为优势木,上升比率在 11～14 年生时最大,达 49.1%。说明马尾松人工林进入速生阶段的中龄期后,林分群体中、下冠层的林木个体为争夺生存资源,竞争十分激烈。优势木在生长过程中退化为被压木的概率几乎为 0,退居中层木的概率幼林期(4～7 年生、7～10 年生)为 30% 左右,进入中林期后的 11～14 年生较稳定,15～17 年生时只达 20.3%。

综合树高生长动态变化与定期生长量分析可知:树高生长竞争高峰第 1 次在幼林期的 4～7 年生,第 2 次在中龄林期 11～14 年生阶段。可见,在营林工作中,幼林期清理被压木是可行的,即可淘汰劣等基因,又节省生存空间资源;进入中龄林期后,第 1 次间伐强度不宜太大,以免损失一部分优良基因;进入近熟林期后,林木个体已充分分化,林分生长稳定,可按间伐强度采伐劣等木和一部分中等木。

(2)林木个体生长过程中胸径生长分化的动态变化。对表 3-12 中胸径生长变化概率分析可知:胸径分化后变动的概率非常小,比较稳定。除幼林期 4～7 年生变化稍大一点外,7 年生以后都比较稳定,林冠下层的劣等木进入中等木冠层的比率均小于 10.4%,因此在间伐时采伐小径级木是可行的。

3.3.2.2　林分密度对自然稀疏的影响

通过对不同密度试验林自然稀疏状况统计分析可知:不同密度级林分所表现出来的稀疏时间与强度有所不同,高密度的林分自然稀疏时间早,自然稀疏强度大。

由表 3-13 造林密度试验林自然稀疏材料可知:同一密度级的总自然稀疏强度随林龄增大而增大,林龄相同时,总自然稀疏强度随密度增大而增大;11 年生时,A、B、C、D 4 种造林密度处理总稀疏强度分别为 5.2%、13.2%、25.5%、26.1%,林分保存密度分别为 A 1580 株/hm²、B 2893 株/hm²、C 3725 株/hm²、D 4927 株/hm²。

表 3-13　不同造林密度对自然稀疏的影响

林龄/年	总稀疏强度/%				连年稀疏强度/%			
	A	B	C	D	A	B	C	D
6	0.0	1.0	2.2	3.2	0.0	1.2	2.2	3.2
7	0.0	3.3	5.3	6.1	0.0	2.3	3.1	3.3
8	0.0	6.2	12.4	12.3	0.0	3.2	7.2	7.5
9	2.1	7.10	17.1	18.4	2.2	2.1	6.0	7.3
10	4.3	11.0	21.2	23.2	2.3	4.0	5.3	6.2
11	5.2	13.2	25.5	26.1	1.5	3.2	4.2	3.1

对连年稀疏强度分析可知:林分郁闭后一定时期内连年稀疏强度呈上升趋势,达到一定峰值后开始下降,大规模稀疏阶段通常是自然稀疏刚刚开始的一段时间内,这一规律与其他学者的结论类似。低造林密度的 A、B 处理 11 年生时尚未出现明显的稀疏高峰,高造林密度的 C、D 处理稀疏高峰出现在 8 年生左右。这主要是由于此时马尾松个体正进入生

长速生时期，个体对营养空间的需要急剧增加，加之此时高密度处理的林分种群密度较大，因此，加剧了种群的自然稀疏，使高密度处理林分种群个体间的竞争在此时表现最强烈，而达到最大的淘汰率。此后，由于各处理的林木树冠长竞争减缓，趋于稳定，可基本充分利用营养空间，因此，以后的自然稀疏率降低。

对进入中龄林期不同间伐密度处理的自然稀疏情况统计分析（表3-14）可知：同一密度级随林龄增长，连年自然稀疏率逐步上升，出现一个峰值后开始下降，这一特点与造林密度试验幼林期表现相似。不同处理出现的稀疏时间有所不同，即随密度减小而推迟。B_1、C_1、D_1 3 种间伐保存密度的自然稀疏起始期分别出现在 13、12、12 年生，A_1 间伐保存密度 16 年生时才出现稀疏现象。除低间伐保存密度 A_1 外，B_1、C_1、D_1 3 种间伐保存密度出现稀疏峰值的时间基本接近，分别出现在 16、16、17 年生（18、19 年生没统计，可从 20 年生 3 年累计的定期稀疏强度得知），连年稀疏强度分别为 4.5%、6.4%、9.5%。因此，依据稀疏高峰期可确定间伐时间。

从总稀疏强度看出：总稀疏强度基本与密度呈正相关性，A_1、B_1、C_1、D_1 4 种间伐保存密度 20 年生时总稀疏强度分别为 7.1%、20.7%、32.5%、37.3%，保存密度分别为 A_1 1116 株/hm²、B_1 1586 株/hm²、C_1 1890 株/hm²、D_1 2194 株/hm²。

表 3-14 不同间伐保存密度对自然稀疏的影响

林龄/年	总稀疏强度/%				连年稀疏强度/%			
	A_1	B_1	C_1	D_1	A_1	B_1	C_1	D_1
12	0.0	0.0	0.6	1.5	0.0	0.0	0.6	1.5
13	0.0	0.8	3.6	4.8	0.0	0.8	1.8	3.0
14	0.0	7.4	7.7	7.2	0.0	2.5	1.8	2.5
15	0.0	9.9	10.1	11.0	0.0	2.6	2.5	4.1
16	1.5	14.1	16.0	17.2	1.5	4.5	6.4	7.1
17	1.5	15.7	20.1	24.9	0.0	1.9	4.8	9.5
20	7.1	20.7	32.5	37.3	5.9	10.4	18.0	17.2

注：20 年生连年稀疏强度为 18～20 年的 3 年累计值。

综合以上林木生长分化与自然稀疏规律可知：马尾松人工林的林木个体分化与自然稀疏高峰期主要出现在幼林郁闭后的一段时期内及进入中龄林速生期后的一段时期内，总稀疏强度与密度呈正相关。因此，在营林工作中，当幼林郁闭后及进入中林速生期后应及时进行抚育采伐，间伐小径级被压木及部分中等木。间伐原则以留优去劣为主，适当照顾均匀。

3.3.2.3 自然稀疏模型的研究

Clutter 等在研究林分株数随时间变化时采用的微分方程与其积分方程如下：

$$\frac{dN/dT}{N} = \alpha \cdot T\beta \cdot N\gamma \tag{3-6}$$

$$N_2 = \left[N_1^{-\gamma} - \alpha \cdot \gamma / (\beta + 1) \cdot (T_2^{\beta+1} - T_1^{\beta+1}) \right]^{(-1/\gamma)} \tag{3-7}$$

式（3-7）中：T_1、T_2 为林龄，N_1、N_2 分别为林龄 T_1、T_2 时每公顷的林木株数，α、β、γ 为参数。

国内学者引用后认为该数学模型拟合精度较高，且具有较好的生物学意义。因此，本书借鉴 Clutter 等对湿地松建立枯损函数的方法，并加以改善。研究表明：枯损不仅与现存株数(N)及林龄(A)有关，而且与立地条件也有关，因此应将立地因素引入微分方程。因为林分优势高(H_0)是立地指数(SI)、林龄(A)的函数，所以可通过引入变量 $T = A \cdot H_0^k$来替代原微分方程中的变量 T，得如下方程：

$$N_2 = \left[N_1^{C_0} + C_1 (A_1^{C_2} \cdot H_{01}^{C_3} - A_2^{C_2} \cdot H_{02}^{C_3}) \right]^{1/C_0} \tag{3-8}$$

式(3-8)中：H_{01}、H_{02}为林龄 A_1、A_2时的优势高

$$C_0 = -\gamma, C_1 = \alpha \cdot \gamma / (\beta + 1), C_2 = (\beta + 1), C_3 = k \cdot (\beta + 1)$$

用马尾松有关材料拟合方程后，求得如下参数：

$$C_0 = -0.8067, \ C_1 = -8.0565E - 07, \ C_2 = 1.5632, \ C_3 = 0.8588$$

其中：相关系数 $r = 0.9956$，样本数 $n = 319$ 自然稀疏模型经过 F 检验与适用性检验，均符合统计要求。

按建立的自然稀疏模型式(3-8)拟合出 20 指数级马尾松自然稀疏表(表 3-15)。

表 3-15　马尾松人工林自然稀疏表(20 指数级)

造林密度/ (株/hm²)	林龄/年												
	6	8	10	12	14	16	18	20	22	24	26	28	30
1500	1474	1433	1377	1310	1234	1154	1072	991	913	839	771	708	650
2000	1956	1888	1797	1689	1571	1448	1326	1209	1098	997	904	821	746
2500	2435	2334	2202	2048	1882	1714	1550	1396	1254	1126	1012	911	822
3000	2910	2771	2592	2387	2171	1955	1749	1559	1388	1236	1101	984	882
3500	3381	3200	2970	2710	2440	2176	1929	1704	1504	1329	1177	1045	932
4000	3849	3622	3336	3018	2693	2380	2091	1833	1606	1410	1242	1098	974
4500	4314	4036	3691	3312	2930	2568	2239	1949	1697	1482	1298	1143	1011
5000	4776	4443	4035	3593	3154	2743	2375	2054	1779	1545	1348	1182	1042
5500	5234	4844	4370	3863	3365	2906	2500	2150	1852	1602	1392	1217	1070
6000	5690	5238	4695	4121	3566	3059	2616	2237	1919	1653	1432	1248	1094

3.3.3　结　论

(1)通过对马尾松人工同龄纯林 4~17 年生的林木个体生长分化的动态变化研究可知：树高生长分化高峰期第 1 次在 4~7 年生，第 2 次在 11~14 年生，在幼林郁闭后径级结构比较稳定。中幼林期间抚育采伐时，选伐被压木与小径级木，进入近熟林期后可按间伐强度采伐劣等木和一部分中等木；间伐应以留优去劣为主，适当照顾均匀。

(2)经对 4~20 年生不同密度的马尾松试验林的自然稀疏观测分析表明：连年稀疏强度高峰期出现在林分郁闭后的一段时间内；总稀疏强度与密度呈正相关，出现稀疏的时间随密度增加而提前；根据总稀疏强度与稀疏时间同密度的关系可确定不同密度林分的间伐强度与间伐时间。

(3)借鉴 Clutter 等对湿地松建立枯损函数的方法，并加以改善，建立了自然稀疏数学模型

$$N_2 = \left[N_1^{C_0} + C1 (A_1^{C_2} \cdot H_{01}^{C_3} - A_2^{C_2} \cdot H_{02}^{C_3}) \right]^{1/C_0}$$

因枯损不仅与现存株数(N)及林龄(A)有关,而且与立地条件也有关,该模型将 3 种影响因子引入,能较好地模拟林分的自然稀疏过程,建模所需数据株数(N)、林龄(A)及优势高(H_0)均易从现实林分获得,便于实际运用预测林分生长趋势。国内学者引用后反映拟合精度较高,并且符合生物学规律。本书利用马尾松人工林统计资料拟合出与立地条件、现存株数密度、林龄三因子相关的自然稀疏模型,从而可推算出不同立地条件的自然稀疏表,为马尾松人工林密度调控提供科学依据。

3.4　马尾松间伐的密度效应

关于林分密度效应与控制问题,国外林业科技工作者进行了大量的研究工作:西德 H. Kramer 于 1930 ~ 1974 年对挪威云杉(*Picea abies*)的间伐试验结果分析指出,以采用强度下层抚育间伐法效果较好,其次是中度下层抚育间伐法和强度上层抚育间伐法,以弱度下层抚育间伐法最差,另外根据对比试验同时明确一个重要问题,即抚育间伐同样可以影响优势木的生长;英国 G. J. Hamilton 在 1967 ~ 1974 年对美国的西加云杉(*Picea sitchensis*)、欧洲赤松、南欧黑松(*Pinus nlgra* var. *maritima*)等进行了各种形式的行状抚育间伐试验,其目的是查明不同形式的行状抚育间伐对保留木生长的影响;日本川那、斋藤等对 10 年生柳杉(*Cryptomeria fortunei*)幼林采用下层抚育间伐的方法进行了不同间伐强度的试验,结果表明,间伐强度越大越能提高单株木的生长量,但有可能影响单位面积的出材量。国内许多学者也开展了这方面的研究,树种包括马尾松、杉木、桉树、樟子松等,并获得了可喜的成果。

马尾松是我国南方主要工业用材树种之一,广泛分布于 17 个省(自治区、直辖市)。造林密度和保留密度是否合理,直接关系到培育目标能否实现,影响经营者的经济效益。为了探明南亚热带栽培区科学的马尾松密度调控技术,1991 年在中国林业科学研究院热带林业实验中心伏波实验场设置了间伐试验,根据 20 年生林分 10 年(次)的观测材料对不同间伐保存密度的林分生长、材种出材量、经济效益做了定量分析,为生产部门根据培育目标选择相应的造林密度和不同时期的保留密度提供科学依据。

3.4.1　材料与方法

3.4.1.1　试验地概况

试验地设在广西凭祥市中国林业科学研究院热带林业实验中心大青山林区,大青山属十万大山西端余脉,106°43′E,22°06′N,海拔 150 ~ 1200m,以低山地形为主,年均温 21.7℃,降水量 1856mm,属南亚热带季风气候区,土壤主要为花岗岩发育成的红壤,间有部分石灰岩土、酸性紫色土和冲积土,土层厚 100cm,马尾松主要分布在海拔 300 ~ 800m 地段,立地指数 16 ~ 22 为主。

试验林于 1983 年春造,西南坡向,坡位中,海拔 600m 左右,花岗岩红壤,土层厚 100cm,初植密度 3600 株/hm²,5 年生时进行 1 次卫生清理抚育,1991 年春(8 年生)时因林分的自然稀疏,少量林木枯死,林分保存密度平均为 3400 株/hm²,平均树高为 8.11m,平均胸径为 9.7cm,平均蓄积为 115.12 m³/hm²。该年春设置不同间伐强度的对比试验,分强度、中度、弱度 3 种间伐强度与对照 4 种处理,保存密度分别为 A 1200 株/hm²、B 2000 株/hm²、C 2800 株/hm²、D 3400 株/hm²,重复 6 次,共 24 个试验小区,每小区面积为 600m²。为保证试验条件的一致性,同一重复的试验小区尽量保持在同一水平位置。一直连续观测到 20 年生,共 10 次观测资料。

3.4.1.2　主要研究方法

实行定时(每年年底)、定株、定位观测记录,测定内容包括胸径、树高、冠幅、枝下高、林木生长状况等。用断面积平均求林分平均胸径,采用 Richards 曲线拟合胸径与树高关系,然后用林分平均胸径求算林分平均高,其他测树指标均采用实测法计算平均值。按广西马尾松二元材积公式求算单株材积,乘上径阶株数得径阶材积,累计各径阶材积得蓄积量。利用削度方程和原木材积公式计算材种出材量。

3.4.2　结果与分析

各试验处理、各年的逐年观测资料见表 3-16。

3.4.2.1　不同间伐强度对马尾松生长效应的影响

密度是影响林分生产力的三大主要因子(良种、立地与密度)之一,也是最易为人工控制的因素。为了比较不同保存密度的生长差异情况,对试验林逐年调查资料进行了方差分析,见表 3-17。

(1)不同间伐强度对树高生长的影响。密度对林分平均高的影响比较复杂,结论也不一。有些研究表明密度对树高生长有影响,但影响较弱,在相当宽的一个中等密度范围内无显著影响。根据表 3-16 统计,同一密度处理的平均树高随林龄的增长而增长,不同密度处理的平均树高生长基本相近,20 年生时 A、B、C、D 各处理的平均高分别为 14.80m、14.26m、14.05m 和 14.07m,树高生长差别低于 5.3%。优势高的生长也表现出同样的规律,20 年生时 A、B、C、D 各处理的优势高分别为 16.84m、16.65m、16.71m 和 16.58m,树高生长差别低于 1.6%。从表 3-17 的方差分析可知,密度对马尾松的平均高与优势高生长均无显著影响。

(2)不同间伐强度对直径生长的影响。直径是密度对产量效应的基础,同时直径又是材种规格的重要指标,密度对直径的影响有显著的相关性,这一点林学界普遍认同。本试验研究表明,胸径生长量随密度增大而减小。由表 3-17 可知,不同间伐保存密度的胸径生长量除 C、D 处理间差异不显著外,A 与 B、C、D 及 B 与 C、D 间的差异均呈现出极显著性。20 年生时 A、B、C、D 各处理胸径值分别为 21.01cm、17.55cm、16.35cm 和 16.09cm,A、B 处理比 D 处理分别大 31.1%、9.4%(表 3-16)。

表 3-16　不同间伐保存密度林分生长过程

项目	处理	林龄/年									
		9	10	11	12	13	14	15	16	17	20
平均树高/m	A	9.12	9.65	10.31	10.62	11.39	11.91	12.29	12.55	13.10	14.80
	B	8.45	9.09	9.80	10.29	10.78	11.33	11.87	12.31	12.77	14.26
	C	8.37	8.87	9.68	10.16	10.71	11.37	11.74	12.06	12.57	14.05
	D	8.63	9.19	9.78	10.24	10.66	11.39	11.65	11.97	12.57	14.07

（续）

项目	处理	林龄/年									
		9	10	11	12	13	14	15	16	17	20
优势高/m	A	10.46	11.05	11.89	12.37	12.83	13.43	14.06	14.30	14.86	16.84
	B	10.23	10.98	11.71	12.38	12.67	13.16	13.84	14.05	14.79	16.65
	C	10.25	10.83	11.73	12.16	12.65	13.13	13.98	14.17	14.60	16.71
	D	10.51	11.08	11.73	12.27	12.63	13.15	13.88	14.06	14.64	16.58
平均胸径/cm	A	13.04	14.16	15.31	16.19	16.97	17.62	18.25	18.81	19.24	21.01
	B	11.27	12.06	12.90	13.44	13.94	14.51	15.04	15.59	16.05	17.55
	C	10.57	11.23	11.90	12.35	12.87	13.34	13.79	14.25	14.77	16.35
	D	10.17	10.75	11.34	11.84	12.34	12.87	13.26	13.78	14.36	16.09
胸径变动系数	A	0.16	0.16	0.17	0.17	0.18	0.19	0.20	0.20	0.20	0.23
	B	0.26	0.26	0.27	0.28	0.29	0.29	0.29	0.29	0.29	0.31
	C	0.30	0.30	0.31	0.32	0.32	0.32	0.33	0.32	0.31	0.32
	D	0.30	0.31	0.32	0.33	0.33	0.33	0.33	0.32	0.31	0.31
单株材积/m³	A	0.0634	0.0779	0.0956	0.1089	0.1268	0.1417	0.1550	0.1681	0.1819	0.2393
	B	0.0452	0.0548	0.0665	0.0750	0.0838	0.0943	0.1051	0.1162	0.1265	0.1655
	C	0.0397	0.0468	0.0563	0.0631	0.0716	0.0807	0.0883	0.0965	0.1072	0.1427
	D	0.0380	0.0445	0.0521	0.0588	0.0658	0.0756	0.0816	0.0895	0.1011	0.1386
蓄积/(m³/hm²)	A	72.960	89.900	110.29	125.62	145.87	163.69	177.69	189.36	202.52	264.83
	B	91.380	110.12	132.86	149.57	166.22	185.71	202.72	215.04	225.80	290.25
	C	111.95	131.72	157.32	175.35	196.76	217.56	236.14	251.32	260.83	330.93
	D	132.98	155.34	179.85	202.68	222.81	247.54	263.51	270.86	281.90	347.96
冠幅/m	A	3.20	3.58	3.35	3.24	3.36	3.20	3.29	3.47	3.56	3.20
	B	2.94	3.09	2.83	2.83	3.00	2.70	2.76	2.85	2.81	2.28
	C	2.82	2.83	2.79	2.64	2.82	2.35	2.52	2.51	2.37	2.14
	D	2.63	2.82	2.26	2.59	2.58	2.22	2.48	2.59	2.53	2.28
冠高比	A	0.65	0.64	0.64	0.61	0.59	0.54	0.50	0.51	0.47	0.44
	B	0.60	0.60	0.61	0.58	0.54	0.50	0.46	0.47	0.45	0.38
	C	0.59	0.58	0.58	0.57	0.53	0.48	0.43	0.47	0.43	0.39
	D	0.55	0.54	0.54	0.52	0.50	0.47	0.41	0.48	0.39	0.36
胸径比	A	70.0	68.2	67.3	65.6	67.2	67.6	67.5	65.4	66.7	70.5
	B	75.0	75.4	76.0	76.6	77.4	78.1	78.9	76.3	76.6	81.2
	C	79.2	78.9	81.3	82.2	83.3	85.2	85.1	81.5	81.8	86.0
	D	84.9	85.5	86.3	86.6	86.4	88.6	88.0	85.4	85.9	87.5

　　胸径变动系数是反映林分分化与离散程度的重要指标。本试验研究表明，同一密度处理的胸径变动系数随林龄的增大而减小，同一林龄的林分胸径变动系数随密度的增大而增大，然后趋于稳定。由表 3-17 对不同间伐保存密度的胸径变异系数分析可知，A 处理与 B、C、D 处理间差异显著，A、B 处理随林龄增大变异系数值有所增大，但各处理间有随林龄增大趋向一致的现象。20 年生时 A、B、C、D 各处理的胸径变异系数值分别为 0.23、0.31、0.32 和 0.31（表 3-16）。这是由于 A、B 处理密度较 C、D 小，竞争激烈程度比 C、

D 高密度处理来得迟一些，随着林木个体对生存空间竞争与利用的调和，胸径分布结构趋势于稳定，基本稳定在 0.3 左右。

表3-17　不同间伐保存密度试验方差分析结果

项目	方差分析	林龄/年									
		9	10	11	12	13	14	15	16	17	20
平均树高	F	3.05	2.71	2.06	0.97	2.54	1.93	1.69	4.45	1.29	1.76
	Q										
优势高	F	0.77	0.49	0.17	0.29	0.23	0.41	0.21	0.37	0.25	0.15
	Q										
平均胸径	F	53.76**	63.42**	85.07**	86.93**	85.15**	97.35**	92.89**	61.07**	56.51**	84.95**
	Q	ab ac ad bc bd	ab ac ad bc bd	ab ac ad bc bd	ab ac ad bc bd	ab ac ad bc bd	ab ac ad bc bd	ab ac ad bc bd	ab ac ad bc bd	ab ac ad bc bd	ab ac ad bc bd
胸径变动系数	F	16.29**	14.89**	16.82**	16.25**	16.66**	16.90**	16.91**	18.44**	15.97**	10.21**
	Q	ab ac ad	ab ac ad	ab ac ad	ab ac ad	ab ac ad	ab ac ad	ab ac ad	ab ac ad	ab ac ad	ab ac ad
单株材积	F	34.47**	38.56**	51.96**	52.83**	49.84**	56.26**	55.91**	37.37**	35.71**	42.40**
	Q	ab ac ad bd	bd	bd	bd	bd	bd	bd	bd	bd	bd
林分蓄积	F	25.86**	23.46**	25.15**	22.73**	19.08**	21.99**	15.53**	11.72**	10.94**	7.73**
	Q	ac ad bc bd cd	ac ad bd cd	ac ad bd bd	ac ad bd bd	ac ad bd	ac ad bc	ac ad bd	ac ad bd	ac ad bd	ac ad bd
冠幅	F	8.94**	18.40**	13.06**	12.99**	2.84	27.51**	2.43	2.75	2.57	11.31**
	Q	ac ad	ab ac ad	ab ac ad bd cd	ab ac ad bc bd		ab ac ad				
冠高比	F	14.81**	14.29**	12.44**	5.75**	3.31*	12.32**	4.09*	1.24	2.94	5.49**
	Q	ab ac ad bd	ac ad bd	ac ad bd	ad bd	ad	ab ac ad	ad	ab ad		
高径比	F	24.42**	33.77**	40.23**	48.89**	41.96**	68.43**	48.87**	68.94**	54.37**	52.08**
	Q	ac ad bd cd	ab ac ad bd cd	ab ac ad bc bd	ab ac ad bc bd	ab ac ad bc bd	ab ac ad bc bd	ab ac ad bc bd	ab ac ad bc bd	ab ac ad bc bd	ab ac ad bc bd

注：＊表示差异显著，＊＊表示差异极显著，ab、ac、ad、bc、bd、cd 表示两两间差异显著。

（3）不同间伐强度对材积生长的影响。立木的材积取决于胸径、树高、形数 3 个因子，密度对 3 因子均有一定的影响。通过方差分析（表3-17）可知，2 种试验林各密度处理的单株材积生长差异显著，蓄积有随林龄增长差异缩小的趋势。除 C、D 处理单株材积差异不显著外，A、B、C 间及 A、B、C 与 D 处理间均表现出差异显著性。对间伐试验林的蓄积生长分析可知，在间伐初期生长差异显著，10 年生时 D 处理比 A 处理蓄积大 61.8%；但在 20 年生时蓄积差异缩小，蓄积 D 处理比 A 处理仅大 31.2%（表3-16）。从方差分析的 F 值随林龄增长逐渐变小的趋势可知，各密度蓄积量随林龄增长差异呈缩小的趋势。

由于林分的蓄积取决于单株材积与株数密度，而这 2 因子互为消长，达到平衡时遵守产量恒定法则。综合试验林的观测结果，说明单位面积的林地生产力是有一定限度的，不同密度的林分蓄积随时间推移趋向一致，通过间伐提高林地最终生产力可能性很小，但能提高材种规格，在生产中应尽力在不减产的情况下提高木材质量，以获取最佳经济效益。

（4）不同间伐强度对树冠生长的影响。许多研究表明树冠的大小和密度是紧密相关的。

经方差分析(表3-17)表明,各处理间冠幅生长差异显著,主要表现在 A 与 B、C、D 及 B 与 C、D 之间。对试验材料的分析,发现在间伐调整初期,冠幅差异显著,冠幅生长有一定的波动性,随后出现较稳定的差异性。这种情况可能是由于调控初期个体生长空间大,林分尚未完全郁闭,个体生长有一定的差异性,但随时间推移,争夺营养空间逐渐激烈,出现波动,然后逐渐调和,出现一定的稳定性,充分利用营养空间。

对试验林的冠高比分析可知,同一密度级随时间推移,比值逐渐减小,不同密度处理间差异显著,密度越大比值越小,说明自然整枝强烈。

(5)林分密度对干形的影响。立木的高径比是林木的重要形质指标之一,与木材的质量与经济价值密切相关。营造用材林时选择的密度应有利于自然整枝、干形通直饱满和较大的高径比。对试验林的材料分析(表3-16)可知,林分郁闭后同一密度级的高径比随林龄增大而增大,林龄相同时,高径比随密度增大而增大。

对试验林材料分析可知,高径比在间伐后,除 A 处理外,B、C、D 处理的高径比随时间推移有所增大,但各处理间一直呈显著性差异(表3-17)。因此,对于工业用材林应适当密植,降低树干尖削度。

(6)不同保存密度对自然稀疏的影响。林分密度调节的核心是自然稀疏,即不断减少林木株数调节生长与繁殖。通过对不同密度级的自然稀疏状况统计分析可知,不同密度级所表现出来的稀疏时间与强度有所不同。对表3-18 不同间伐密度处理的自然稀疏情况统计分析可知,同一密度级随林龄增长,连年自然稀疏率逐步上升,出现一个峰值后开始下降,这种现象应该与间伐后林分恢复郁闭有关。这一特点与其他研究结果相似。不同处理出现的稀疏时间有所不同,出现的时间依密度减小而推迟,但出现稀疏峰值的时间基本接近。B、C、D 3 种处理的自然稀疏分别出现在 13、12、12 年生,A 处理16 年生才出现稀疏现象,B、C、D 3 种处理稀疏峰值时间分别出现在 16、16、17 年生,自然稀疏率分别为 4.50%、6.37%、9.47%(虽然 18,19 年没统计,可从 20 年生统计的定期稀疏强度可知)。从统计的总稀疏强度来看,总稀疏强度基本与密度正相关,A、B、C、D 4 种处理20 年生时总稀疏强度分别为 7.14%、20.70%、32.50%、37.30%,依据总稀疏强度可为确定间伐强度提供可靠依据,林分自然稀疏后保存密度分别为 1116 株/hm²、1600 株/hm²、1890 株/hm²、2194 株/hm²。

表3-18　不同间伐保存密度对自然稀疏的影响

林龄/年	总稀疏强度/%				连年稀疏强度/%			
	A	B	C	D	A	B	C	D
12	0	0	0.6	1.45	0	0	0.6	1.45
13	0	0.84	3.55	4.78	0	0.84	1.81	2.96
14	0	7.44	7.69	7.18	0	2.52	1.84	2.53
15	0	9.92	10.06	11.00	0	2.59	2.48	4.12
16	1.47	14.05	15.98	17.22	1.47	4.50	6.37	7.14
17	1.47	15.70	20.12	24.88	0.00	1.87	4.76	9.47
20	7.14	20.70	32.50	37.30	5.88	10.38	17.99	17.22

注:表中稀疏强度为株数百分率,20 年生连年稀疏强度为 18~20 年 3 年累计值。

综合试验林的自然稀疏情况分析可知，连年稀疏强度高峰期出现在林分郁闭后的一段时间内，总稀疏强度与密度呈正相关，在间伐施工中应选伐被压木及部分小径级中等木，间伐施工原则应以留优去劣为主，而适当照顾均匀。

3.4.2.2 林分密度对林分结构与材种出材量的影响

密度能影响林分不同时期的自我调控过程与林分生产力，对现实林分密度进行人工调控，使林分结构优化，是实现培育目标的关键技术。

（1）密度对径级株数分布的影响。因密度影响林分直径生长，自然会影响林分的直径结构规律，探讨密度对林分株数按直径分布的影响，对营林工作十分有益。各处理株数按径阶分布情况见表3-19。综合表3-19分析可知，同一密度级的株数最大分布率所处的径阶值随林龄增大而增大。间伐试验林14年生时A、B、C、D各处理所处的径阶值分别为16cm、14cm、12cm、12cm，20年生时所处的径阶值分别为18cm、16cm、14cm、14cm。

表3-19 不同间伐强度的径阶株数分布率

| 林龄/年 | 处理 | 径阶分布率/% | | | | | | | | | | | | | |
		4cm	6cm	8cm	10cm	12cm	14cm	16cm	18cm	20cm	22cm	24cm	26cm	28cm	30cm	32cm
11	A				5.3	16.1	26.6	27.6	16.8	6.0	1.7					
	B		3.8	10.4	20.8	21.0	20.9	12.3	7.1	2.5						
	C	2.4	9.2	14.4	19.8	21.4	16.9	9.4	5.3	1.5						
	D	3.9	11.6	15.3	20.9	21.2	14.9	8.0	2.7	1.2						
14	A				2.6	5.8	15.1	22.5	22.1	18.7	8.2	3.6	1.2			
	B		2.8	7.7	13.6	16.7	21.1	15.5	9.4	6.8	4.4	1.0				
	C	1.6	6.6	11.7	13.8	19.8	16.7	14.5	8.4	3.7	2.7					
	D	1.0	8.6	11.9	17.1	19.6	16.5	12.6	7.6	2.8	1.5					
17	A				2.0	4.2	10.9	14.4	23.1	14.4	16.4	7.4	4.0	2.0	1.0	
	B			5.6	10.2	16.0	14.9	18.2	13.2	7.0	7.8	4.2	1.0	1.0		
	C		4.7	7.8	11.8	18.7	16.6	13.8	11.5	6.5	4.4	2.3	1.1			
	D		3.3	7.4	16.1	19.4	16.9	14.5	10.1	6.8	2.7	1.0				
20	A				4.2	7.9	10.6	16.3	16.0	13.3	13.6	7.7	4.9	2.2	1.7	
	B			4.4	8.3	13.1	13.7	16.0	14.0	9.4	6.8	5.8	4.6	2.7		
	C		1.7	6.2	9.6	15.8	15.9	14.7	12.2	8.9	6.2	3.5	2.4	1.9		
	D		1.1	5.0	13.0	15.3	18.6	12.6	12.0	9.1	6.4	3.5	1.3	1.1		

不同密度级的株数最大分布率径阶值随密度增加而变小。由图3-3可知，观察间伐试验林A、B、C、D4种处理绘成的20年生株数分布率曲线图的规律，A、B、C、D各处理株数最大分布率所处的径阶值分别为18cm、16cm、14cm、14cm，C、D分布状态基本相似。A、B、C、D4种处理大于20cm径阶的株数率分别为43.4%、19.9%、14.8%、12.3%，14~20cm径阶株数分布率分别为50.8%、53.1%、51.7%、52.3%，小于14cm径阶分布率分别为4.2%、25.8%、33.5%、34.4%。可见不同密度对材种出材量影响很大，随着密度增加，小径阶材种出材量增加，大径阶材种出材量减小。在营林工作中应根据不同的培育目标选择相应的林分保存密度。

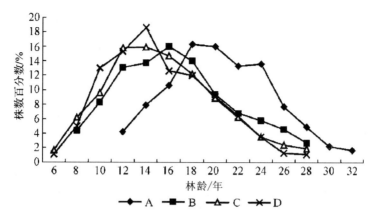

图3-3　不同间伐保存密度径阶株数率分布率曲线（20年生）

（2）林分密度对材种出材量的影响。综合间伐试验材料分析可知，随着林龄增长不同保存密度处理的出材量差异逐渐变小，但随着密度增大，大径级规格材出材量变小。

计算出材量时采取密切联系生产的方法，以南方普遍采用的2m原木检尺长为造材标准，利用马尾松削度方程，求出从地面开始每上升2m处的去皮直径，即为该2m段的小头检尺径，先分径阶求出林分各径级规格材种出材量，再把各径阶径级规格相同的材积相加，得林分各径级规格材的材积，再把所有材种材积相加，得林分总出材量（表3-20）。

表3-20　20年生不同间伐保存密度林分的材种出材量

处理	林分密度 /（株/hm²）	径阶出材量/（m³/hm²）				合计	出材率/%
		4～12	14～18	20～28	≥30		
A	1066	47.60	100.90	78.61	0.85	227.96	86.08
B	1583	85.51	98.45	56.78	0.84	241.58	83.23
C	1900	111.96	113.48	45.35	0.00	270.79	81.83
D	2083	133.24	107.37	42.66	0.00	283.27	81.41

由表3-20分析可知，总出材量随间伐保存密度增大而增大，但增幅较小，随密度加大出材率有所减小，尤其是大、中径级规格材出材量变小。A、B、C处理的总出材量分别为D处理的81.2%、85.5%、95.1%。20cm以上规格材公顷出材量A、B、C、D各处理分别为79.46m³、57.62m³、45.35m³和42.66m³。

由表3-17方差分析可看出，随时间推移，林分蓄积的F值均有变小的趋势，说明不同密度林分蓄积与出材量有趋于相近的趋势，所以想提高林分蓄积不能盲目加大密度。

3.4.2.3　不同间伐保存密度林分的经济评价

（1）生产成本与产值计算。根据广西具体生产实践进行成本核算（表3-21）。生产成本主要包括基本建设投资（苗木、林地清理、整地、栽植、林道、抚育费及10%的间接费用）、经营成本（管护、管理）、木材生产（采伐、运输、归堆等）3大类。产值计算以现行市场价格为准，将20年生不同密度不同规格材种乘以相应的价格即得出产值（材种规格计算至检尺径4cm，主要以经济用材进行效益核算）。

表 3-21　20 年生不同间伐保存密度林分生产成本与产值统计

处理	基本建设投资 /(元/hm²)	经营成本 /(元/hm²)	木材生产 /(元/hm²)	总计投资 /(元/hm²)	产值 /(元/hm²)	利润 /(元/hm²)
A	2158.87	1000.00	15637.05	18795.92	138493.80	119697.88
B	2158.87	1000.00	16745.95	19904.82	141528.40	121623.58
C	2158.87	1000.00	18014.10	21172.97	148703.40	127530.43
D	2158.87	1000.00	19091.15	22250.02	154534.80	132284.78

（2）不同间伐处理的经济评价。从经济学的角度评价效益必须采用动态分析的方法，才能确定方案的好坏。为了分析各处理间的经济效益差别，按折现率 10% 的标准，分析净现值（net present value，NPV）与内部收益率（internal rate of return，IRR）的动态变化规律（表 3-22、图 3-4）。

表 3-22　不同间伐保存密度林分的经济评价

项目	处理	林龄/年								
		10	11	12	13	14	15	16	17	20
净现值/ (元/hm²)	A	9654.15	11796.83	12774.46	14383.76	15162.02	15253.28	14943.43	14919.66	15873.59
	B	11626.16	13751.15	14539.87	15321.93	16042.10	16368.90	16160.04	15781.42	16159.83
	C	13893.24	15979.92	16920.61	17799.91	18437.83	18711.92	18361.99	17621.26	17037.84
	D	16681.64	18268.88	19571.70	20209.61	20956.69	20862.26	19559.62	18563.70	17744.55
内部收益率/%	A	22.0	20.2	18.5	17.1	15.9	14.8	13.9	13.1	11.3
	B	21.5	19.5	17.9	16.5	15.3	14.3	13.6	12.7	11.0
	C	21.2	19.2	17.6	16.2	15.0	14.0	13.3	12.4	10.9
	D	21.0	19.0	17.5	16.2	14.9	14.0	13.2	12.4	10.7

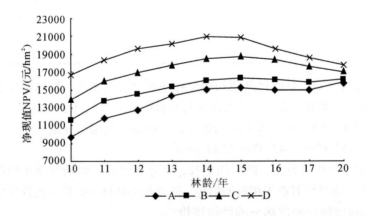

图 3-4　20 年生不同保存密度林分的净现值曲线

根据表 3-22 与图 3-4 净现值曲线变化图可看出，林龄相同时，净现值与密度呈正相关性。同密度级的林分随林龄增长，净现值上升至一定峰值后下降，上升与下降的速率与密度呈正相关，随着林龄的增长各处理间净现值的差异呈逐步减小的趋势。A、B、C 处理峰值出现在第 15 年，D 处理出现在 14 年。17 年生后低密度 A、B 处理略有上升的趋势。根据净现值曲线发展趋势，20 年后 A 处理会有大于 B、C、D 处理的趋势，进入成熟林后的变化有待进一步观测。根据 20 年生前不同密度的净现值比较，C、D 高密度处理比 A、B 低密度处理效益好。

再由内部收益率变化可知，不同密度处理的内部收益率相差不大，同一密度级内部收益率随林龄增长有下降的趋势。在 20 年生时，C、D 处理内部收益率已接近 10%。根据内部收益率变化规律说明林分采伐期愈提前愈能取得较好的经济效益，当然，还要兼顾工艺成熟。

根据净现值曲线变化规律及内部收益率变化特点，说明不同密度林分的利用时间点非常重要。在兼顾工艺成熟的前提下，培育纤维原料林 B、C、D 处理在 15～17 年生时采伐可取得较好的效益，A 处理还有待进一步观测。马尾松人工林进入中龄林期后培育纤维材与中小径材保存密度控制在 B～D（约 2000～3400 株/hm²）效益较好，培育大、中径材林分保存在 A～B（约 1200～2000 株/hm²）间的密度效益较好。

3.4.3　结论与讨论

经对马尾松 20 年生间伐林 10 年（次）的观测资料分析表明，不同保存密度的林分生长差异非常显著。随着密度增大，胸径、单株材积、冠幅生长量与冠高比减小，表现出与密度间的负相关；高径比与自然稀疏强度随密度增大而增大，但密度对树高生长无显著影响。

不同密度的林分蓄积量与出材量随林龄增长差异变小。不同保存密度对林分结构与材种规格有显著影响。随着密度增大，小径阶株数分布率、小径级材种出材量及所占比例增加，而大、中径级株数分布率与大、中径级材种出材量减少。因此，通过间伐提高林地最终生产力的可能性很小，但能提高材种规格，从而提高经济效益。

综合效益核算、材种出材量与马尾松人工林生长规律，进入中林期（10 年）后培育短周期工业用材林宜采用的保存密度为 2000～3400 株/hm²，培育大、中径材宜采用 1200～2000 株/hm² 间的保存密度。

为了获得较好的经济效益，人工林间伐的时间、强度与次数是主要决定因素。国外研究者为了减少间伐次数，降低成本，提高采伐量，同时有利于主伐木的生长，多向高强度、长间隔期的方向发展。本次马尾松人工林在 8 年生间伐后，各处理的净现值均呈上升趋势，高密度的 B、C、D 处理净现值的峰值出现在 15 年生左右，也是自然稀疏的高峰期，然后净现值下降，下降速率与密度呈正相关。因此，在净现值开始下降时对各处理再进行一次间伐，研究多次间伐对主伐目标树的径级规格与林分净现值动态变化的影响，有着十分重要的意义。在本次间伐试验中，不同密度处理的净现值与蓄积随时间推移有趋向相近的趋势，这说明保持高密度提高林地生产力与效益的可能性很小。因此，在营林工作中应根据培育目标确定相应的林分密度来提高商品林的经济效益。

总之，密度控制技术主要包括造林密度的确定、间伐的强度与次数、间伐间隔期与起止期的确定、疏伐前后林分结构与各测树因子的变化，间伐后的生长预测及间伐作业的效益评估、保留密度和主伐年龄的确定、林分生长预测与材种出材量统计等内容，求得它们的最优组合，实现营林工作的最佳经济效益。这些研究内容要求从不同林龄阶段，对不同现实密度的林分进行科学的密度调控设计并连续观测，总结出科学的人工林密度调控技术规程为营林工作服务。

3.5 林分密度对马尾松人工林林地土化性质的影响

马尾松是我国南方首选造林树种之一，具有广阔的栽培前景。目前，有关人工针叶纯林密度与林木生长及养分循环之间的相关性研究较多。一些学者认为，林分密度对植被的更新作用突出，间伐可增强人工针叶林与天然林之间的相似性，有利于人工林的恢复。但有关人工针叶林林分密度对林地土壤化学性质影响方面的研究较为缺乏。为此，笔者通过研究不同密度马尾松人工林林地土壤化学性质的变化，旨在揭示林分密度对土壤肥力的演化趋向，为马尾松人工林可持续经营提供参考。

3.5.1 材料与方法

3.5.1.1 试验林概况

试验林营造于 1998 年，位于广西国营派阳山林场公武分场派台，属北热带季风气候，光照充足，热量充沛，夏长冬短，干湿季节明显，年均气温 19.8℃，年均积温 7730℃，年降水量 1400mm，霜日 3 ~ 5d。海拔 525 ~ 570m，地貌为低山，母岩为长石石英砂岩，土壤为砖红壤性红壤，土层厚度大于 100cm，质地为壤土。坡向西坡，坡度 12°。试验林采用随机区组设计，设 4 个造林密度：A 2500 株/hm²、B 3333 株/hm²、C 4444 株/hm²、D 5988 株/hm²，每密度 4 次重复，共 16 个小区，小区面积 20m × 20m。

3.5.1.2 研究方法

（1）取样方法：在各样地内沿对角线选择具代表性地段挖 3 个土壤剖面，分 0 ~ 20cm、20 ~ 40cm 2 个土层取土样，将相同土层样品去除杂物后混合密封带回室内进行分析测定。

（2）样品测定：土壤 pH 值用 pH 计测量；有机质采用重铬酸钾氧化—外加热法；全 N 含量采用凯氏滴定法测定；速效 N 含量采用扩散法测定；P 含量采用钼锑抗比色法测定；全 K 和速效 K 含量采用火焰光度计法测定；盐基总量采用 EDTA 滴定法测定。

（3）数据处理：数据采用 SPSS 13.0 软件进行处理分析。

3.5.2 结果与分析

3.5.2.1 密度对土壤 pH 值的影响

土壤 pH 值是反映土壤缓冲化学改良能力的重要指标。由表 3-23 可以看出，除 A 密度外，土壤 pH 值随土层的加深而增大。其中，在 0 ~ 20cm 土层各密度马尾松人工林林地土壤 pH 值差异不明显，其平均值为 4.45，接近正常密度马尾松人工林林地土壤 pH 值。这说明，供试 4 个林分密度均未造成马尾松林地土壤的酸化。

3.5.2.2 密度对土壤有机质、N、P、K 和盐基总量的影响

表 3-23 表明，随着土层加深，除全 K 外，同密度马尾松人工林林地土壤养分含量呈明显的下降趋势，而全 K 变化趋势不明显，这可能与土壤强烈的淋溶作用有关。其中，在 0 ~ 20cm 土层，除 K 含量和盐基总量外，随着林分密度增加，各密度马尾松人工林林地土壤中的有机质、全 N、全 P、速效 N、速效 P 呈先上升后下降的趋势，且各指标峰值均出

现在 B 密度（3333 株/hm²）。总的来看，B 密度马尾松人工林林地土壤的养分含量较高，说明该密度利于林地土壤养分循环积累。

表 3-23　不同密度马尾松人工林林地土壤化学性质

林分密度	土层/cm	pH 值	有机质/(g/kg)	全 N/(g/kg)	全 P/(g/kg)	全 K/(g/kg)
A	0～20	4.46±0.12	26.24±1.03	0.85±0.16	0.54±0.12	9.69±1.39
	20～40	3.43±2.29	8.91±6.04	0.44±0.30	0.40±0.29	7.94±5.29
B	0～20	4.49±0.08	30.26±8.89	0.97±0.24	0.63±0.15	8.58±1.54
	20～40	4.50±0.08	16.35±6.08	0.55±0.16	0.58±0.17	10.00±1.78
C	0～20	4.41±0.17	29.86±9.49	0.95±0.19	0.61±0.20	9.89±2.09
	20～40	4.53±0.18	14.52±5.43	0.73±0.21	0.47±0.20	12.83±4.03
D	0～20	4.44±0.09	25.91±4.25	0.91±0.17	0.51±0.15	10.34±2.38
	20～40	4.58±0.15	11.90±2.49	0.62±0.07	0.50±0.20	9.42±5.07

林分密度	土层/cm	速效 N/(mg/kg)	速效 P/(mg/kg)	速效 K/(mg/kg)	盐基总量/(mg/kg)	
A	0～20	81.53±11.55	0.90±0.36	30.80±2.91	154.70±117.05	
	20～40	34.70±24.08b	0.48±0.32	21.73±14.71	146.87±110.65	
B	0～20	90.65±21.99	1.33±0.31	35.75±13.15	121.95±111.33	
	20～40	55.93±17.28ab	0.85±0.26	27.78±6.31	119.50±101.29	
C	0～20	79.10±27.93	0.95±0.37	34.10±3.70	177.28±95.41	
	20～40	75.68±26.53a	0.65±0.17	29.98±6.80	121.80±113.28	
D	0～20	78.13±10.61	1.13±0.24	43.73±6.50	126.30±95.68	
	20～40	45.83±5.71ab	1.58±1.56	40.70±15.89	162.10±106.85	

3.5.3　结论与讨论

研究表明，随土层加深，除 pH 值和全 K 变化趋势不明显外，各密度马尾松人工林林地土壤养分含量呈明显下降趋势。其中，土壤表层（0～20cm）中的有机质、全 N、全 P、速效 N、速效 P 随林分密度增加呈先上升后下降的趋势。整体上，以 3333 株/hm² 密度林地土壤中的养分含量较高。这说明，林分密度与林地养分循环、累积有密切的相关关系。赵广亮等研究认为，油松人工林密度 1500 株/hm² 的养分利用率最大，小于 1500 株/hm² 时，林分养分的积累量随密度的增大而增加；超过 1500 株/hm²，林分养分积累量反而随密度增大而减小。说明过大或过小的林分密度都不利于人工林群落养分的循环，这与笔者的研究结论一致。松针叶存留时间长，以凋落物等形式归还给土壤的养分却不多，不利于养分再循环，枯落物分解速率的高低在一定程度上制约着林分养分循环的速率，凋落物中各种营养元素的含量对土壤肥力具有重要作用。因此，今后在进行马尾松人工林的可持续经营时，除要控制好林分密度外，还要考虑通过林下常绿阔叶树种更新来改善凋落物的组分和分解速率，从而实现对马尾松人工纯林群落自养机制的优化及地力维护。

3.6　林分密度及施肥对马尾松林产脂量的影响

马尾松是我国松树中分布面积最广和采割脂的主要树种之一。广泛分布于秦岭，淮河以南，云贵高原以东的 17 个省（自治区、直辖市），面积居全国针叶林首位。松香是我国林化产品中的主要出口产品，产量和出口量均居世界首位。我国虽然有 20 多种松树可以采割松脂，但目前松脂主要采自马尾松。由于天然马尾松林面积逐年下降，可采脂树迅速减少，已不能适应林产化工业的需要，因此，营建人工高产脂原料林是发展的必然趋势。以往对马尾松栽培技术、采伐年龄、地理种源的遗传变异、染色体分析、合理采伐年龄、人工林的营养循环及其遗传改良等方面的研究报道较多，但对马尾松采脂林林分保留密度及施肥对马尾松脂量影响的系统研究报道很少。因此，开展此项研究可为制定马尾松高产脂林的定向培育管理技术体系提供理论依据和技术支撑。

3.6.1　研究方法

3.6.1.1　试验地概况

同 3.1.1 节。

3.6.1.2　试验材料及设计

试验林分来源于伏波实验林场 8 号和 9 号林班，分别为 1989 年和 1991 年人工营造的马尾松纯林，前茬均为杉木，主伐后明火炼山。

密度试验在 1991 年人工营造的马尾松林分内进行，开展不同保留密度试验。试验采用随即区组试验设计，试验设 5 个密度：即 A 450 株/hm²，B 600 株/hm²，C 750 株/hm²，D 900 株/hm²，E 1050 株/hm²。重复 3 次，共 15 个小区，每个小区面积 600m²，收脂时以小区为单位称重并记录。

施肥试验在 1989 年所造的马尾松人工林林分内进行。施肥试验采用 $L_{16}(4^5)$ 正交表设计安排正交试验，N，46% 的尿素，分别为 N_1（0g/株）、N_2（250g/株）、N_3（500g/株）、N_4（750g/株）；P，18% 的钙镁磷肥，分别为 P_1（0g/株）、P_2（500g/株）、P_3（1000g/株）、P_4（1500g/株）；K，60% 的氯化钾，分别为 K_1（0g/株）、K_2（150g/株）、K_3（300g/株）、K_4（450g/株）。试验设 16 个施肥组合，重复 2 次，共 32 个小区，每个小区面积为 400m²，收脂时以小区为单位称重并记录。

3.6.1.3　采脂方法

采脂均采用"下降式"采脂法，在树木的向阳面、节疤少的地方选定剖面；先刮去粗皮，刮至无裂隙、淡红色较致密的树皮层出现为止，然后割中沟及侧沟，割面离地面高 2.2m，两侧沟夹角为 60°~70°，割面负荷率为 50%~60%；每天加割一次新的侧沟，每对侧沟均应与第一对侧沟等长、等深、平行。以上数据都取平均数进行分析，方差分析及多重比较运用 SPSS 软件。气象资料来自凭祥市气象局。上述试验均于 2008 年 11 月开始布置，2009 年 5 月中旬开始调查松脂产量，每隔 15d 收获 1 次，试验结束于 2009 年 10 月下旬。收脂时按试验要求称重并记录。

3.6.2 结果与分析

3.6.2.1 不同密度马尾松林松脂产量年变化

以日期为横坐标,以公顷产量为纵坐标(把每次松脂收集量换算成公顷产量),绘制不同密度松脂产量年变化曲线,如图 3-5 所示。可以看出,每个时间点上都是随着密度的增大,松脂产量也随之增加。

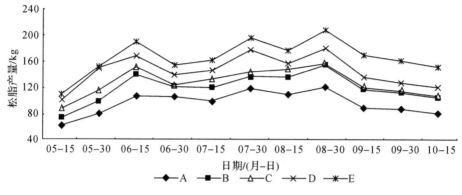

图 3-5 不同密度马尾松林松脂产量年变化曲线

不同密度马尾松松脂产量的年度变化规律为:一年中松脂产量呈抛物线形状,在个别点上略有波动。5 种密度的松脂产量年变化曲线走势基本一致。5 月份产量较低,随着时间的推移产量逐步增加,在 8 月份产量达到最高,之后又逐渐下降,直到 10 月底基本停止。形成这样规律是与马尾松自身生长特性以及气象因子影响有关。当昼夜平均温度在 7~10℃以上时马尾松树液开始流动,可以开始采割松脂。但此时温度较低,马尾松生命活动较弱,松脂产量不高。随着温度的升高,马尾松生命活动逐渐加强,新陈代谢变得旺盛,松脂产量也随之增加。

不同密度松脂产量的年度变化曲线在 6 月 30 日、7 月 15 日和 8 月 15 日这 3 个点松脂产量略有波动。这是因为除了与自身生长特性相关以外,马尾松产脂量更受气象因子综合作用影响。即使达到适宜温度,但是松脂产量同时也受其他气象因子影响,如日照时数长短、降水量大小、相对湿度大小等。

从表 3-24 分析得出,在 6 月 16 日至 6 月 30 日期间,平均气温相对较高,为 28.2℃,降水量也较充沛,为 91mm,但是降水分布不均匀,多是集中在 6 月 18 号和 6 月 23 号,而其他时间降水很少。水分吸收较少,松节油挥发,导致松脂干固,堵塞树脂道口,松脂便停止流出即造成松脂产量下降,同时水分吸收少又造成马尾松光合作用的强度的下降,同时气温较高,又会造成水分代谢的减弱,导致新陈代谢强度下降,最终松脂产量下降;在 7 月 1 日至 7 月 15 日期间,降水较少,只有 45mm,水分代谢减弱本身就可以造成松脂产量下降,马尾松体内光合作用的酶活性减弱,新陈代谢强度下降,松脂产量也随之下降;在 8 月 1 日至 8 月 15 日期间,降水量为 68mm,但是分布不均匀,造成了松脂产量的下降,进而影响了不同密度松脂产量年变化曲线。最适宜于提高马尾松的松脂产量的气象条件是气温适宜、降雨充沛且均匀、空气湿度较大。

表 3-24　主要气象因子数据

日期/ （月－日）	指标			
	气温/℃	降水量/mm	日照时数/h	相对湿度/%
05－15	25.2	49	54.4	75
05－31	25.9	87	71.5	75
06－15	27.9	194	101.6	72
06－30	28.2	91	84.9	77
07－15	27.9	45	85.7	76
07－30	28.1	76	90.0	77
08－15	28.6	68	83.1	77
08－31	28.6	44	140.0	72
09－15	28.4	19	118.5	72
09－30	26.6	58	77.3	74
10－15	24.4	29	73.2	72

3.6.2.2　密度对马尾松林松脂产量的影响

图 3-6 可以清晰看出随着密度的增大，单位面积的松脂产量增加。密度 B、C、D、E 松脂的产量分别比密度 A 提高了 24.52%、32.40%、54.33%、74.34%。平均单株松脂年产量随密度增大而下降。因为密度对马尾松林分平均胸径有极显著影响，随密度的增大，林分平均胸径减小，同时大径木比例减小，而小径木比例增大。林分密度从 A 到 E，林分平均胸径由 24cm 下降到 20cm。

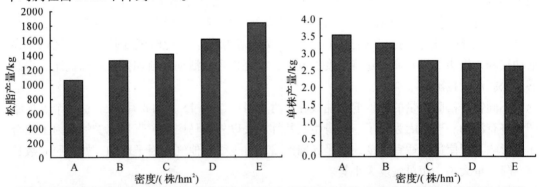

图 3-6　不同密度马尾松林单位面积松脂年产量　　图 3-7　不同密度马尾松林单株松脂年产量

马尾松采脂量与采脂树木的胸径呈一元线性回归关系，径级越大，松脂产量越高。因为在同样的采脂负荷率下，径级大的割沟长度明显比径级小的割沟长度要长，割破的树脂道的个数要多，产脂量自然就增加。高密度林分单位面积年产量虽然高于低密度的年产量，但是在单株年产量上却是高密度要低于低密度，如图 3-7。

表 3-25 中，$Sig = 0.000 < 0.05$，表明 5 种密度的松脂年产量具有显著差异，而且达到极显著水平。多重比较检验结果表明：在 5 种密度之间只有密度 B 和密度 C 之间差异不显著，其他密度之间松脂年产量均存在显著差异，如表 3-26 所示。

表 3-25　不同密度的方差分析

差异源	ss	D_f	MS	F	Sig
处理间	1098870	4	274717.523	42.773	0.000
处理内	64226	10	6422.648		
总计	1163096	14			

表 3-26　不同密度的多重比较检验

密度	MD	Sig	密度	MD	Sig
A－B	280.28*	0.002	B－D	313.12*	0.001
A－C	282.95*	0.002	B－E	496.21*	0.000
A－D	593.40*	0.000	C－D	310.45*	0.001
A－E	776.49*	0.000	C－E	493.54*	0.000
B－C	2.67*	0.968	D－E	183.08*	0.019

注：＊表示差异显著。

在实际生产中，马尾松培育目标有的是以木材为主，松脂为辅；有的是脂材兼用。密度对马尾松林分平均胸径、单株材积有极显著影响，随密度的减小，林分平均胸径与单株材积增大，同时大径木比例加大，而小径木比例减少，枝下高降低而单位蓄积减小。在获得较大松脂产量同时，也要考虑出材量、生产成本。根据以上分析，初步认定培育马尾松高产脂林林分保留密度控制在 750～900 株/hm² 较适合。

3.6.2.3　施肥对松脂产量的影响

从图 3-8 可知，施肥对马尾松松脂产量有一定影响。其中 1 号施肥组合为空白对照，在 16 个组合中有 2 号、3 号、5 号、6 号、7 号、9 号、10 号、12 号、15 号、16 号施肥组合的松脂产量均高于 1 号对照，分别比对照提高 5.44%、16.77%、13.23%、22.57%、8.07%、8.33%、4.14%、5.65%、8.6%、2.31%。而其他施肥组合则出现负效应，松脂产量低于空白对照。在中等立地条件下施肥具有明显增效，本试验样地土壤较肥沃，造成少量施肥组合出现微弱负效应。

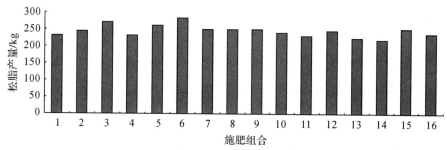

图 3-8　施肥组合单位面积松脂产量

施肥组合 1～16 分别为 $N_1P_1K_1$、$N_1P_2K_2$、$N_1P_3K_{13}$、$N_1P_4K_4$、$N_2P_1K_2$、$N_2P_2K_1$、$N_2P_3K_4$、$N_2P_4K_3$、$N_3P_2K_4$、$N_3P_3K_1$、$N_3P_4K_2$、$N_4P_1K_4$、$N_4P_2K_3$、$N_4P_3K_2$、$N_4P_4K_1$

由表 3-27 $Sig = 0.038 < 0.05$，表明各组施肥组合的松脂产量差异显著；最好的 3 个

组合为 6 号（N：250g/株，P：500g/株）、3 号（P：1000g/株，K：300g/株）和 5 号（N：250g/株，K：150g/株）。分别比对照产量提高了 22.57%、16.77%、13.23%。在 0.05 水平，6 号与 1 号、4 号、8 号、11 号、13 号、14 号和 16 号存在显著差异；3 号与 4 号、8 号、13 号和 14 号存在显著差异；5 号与 4 号、8 号和 14 号存在显著差异；其他施肥组合之间差异不显著（表 3-28）。南方土壤普遍缺 P，少 K，N 中等。其中尤其以 P 的作用最为明显。

表 3-27　施肥组合的方差分析

差异源	ss	D_f	MS	F	Sig
处理间	11159	15	743.963	1.238	0.038
处理内	9616	16	601.010		
总计	20775	31			

表 3-28　施肥组合的多重比较检

施肥组合	MD	Sig	施肥组合	MD	Sig
1 − 6	− 52.29 *	0.049	6 − 11	52.59 *	0.048
3 − 8	54.07 *	0.042	6 − 13	60.91 *	0.024
4 − 6	− 65.42 *	0.017	6 − 14	65.03 *	0.017
6 − 8	67.53 *	0.014			

注：表中仅列出差异显著的施肥组合。* 表示差异显著。

3.6.3　结　论

（1）不同密度间的松脂年产量存在显著差异。密度 1050 株/hm² 的单位面积产量比密度 450 株/hm² 的提高了 70.14%，但平均单株年产量却下降了 25.29%。高密度虽然松脂产量高，但是树木个体生长指标相对低密度要差，在考虑松脂产量增加的同时也需考虑最后的出材量，马尾松采脂林的保留密度应控制在 750 ~ 900 株/hm² 之间为宜。在本试验所设 5 个密度，并未出现单位面积松脂产量随密度增大而下降的趋势，所以有必要增加高密度试验做进一步研究。

（2）各施肥组合之间松脂年产量差异显著。有 10 个施肥组合的单位面积松脂年产量高出空白对照。最好的 3 个施肥组合为 6 号（N：250g/株，P：500g/株）、3 号（P：1000g/株，K：300g/株）和 5 号（N：250g/株，K：150g/株）。分别比对照产量提高了 22.57%、16.77%、13.23%。本试验仅为 1 年试验数据，可以确定施用复合肥比单一肥种效果要好，具体哪种施肥组合效果最为明显，还需进一步试验确定。

3.7　连栽马尾松人工林土壤肥力比较研究

随着世界范围内人工林面积的不断扩大，以及人类不合理的经营，致使世界范围内人工林地力衰退现象十分严重。我国主要造林树种杉木、落叶松、桉树等产生了较明显的地力衰退。马尾松是我国松属树种中分布最广的乡土工业用材树种（21°41′ ~ 33°56′N，102°

$10' \sim 123°14'E$），广泛分布于全国 17 个省（自治区、直辖市），它具有适生能力强、速生、丰产、用途广泛等优点，是南方最主要用材树种之一。因此，一些学者对其栽培技术、合理采伐年龄、优化模式等做了较深入系统的研究；但马尾松能否连栽？以及连栽后林地土壤理化性质是否恶化、生产力是否下降等相对研究较少，且研究多集中在连栽对生长、对土壤特性影响方面，而从生态系统的角度，较系统的研究不同连栽代数及不同林龄林地土壤肥力变化特点的研究相对较少。因此，本研究以不同栽植代数（1、2 代）、不同发育阶段（8、15、18、20 年）的马尾松人工林为对象，开展不同栽植代数林地土壤肥力的比较研究，以揭示不同栽植代数土壤肥力的变化规律，进而探讨马尾松连栽是否引起林地土壤肥力发生衰退？这对于今后马尾松人工林的经营、林地养分管理等均具有重要指导意义。

3.7.1　试验样地概况

研究样地位于广西凭祥市热带林业实验中心伏波实验场、广西壮族自治区忻城县欧洞林场以及贵州龙里林场。伏波调查样地位于 $106°43'E$，$22°06'N$，属南亚热带季风气候区，年平均气温 19.9℃，年降水量 1400mm；海拔 $500 \sim 600m$，低山地貌，土壤为花岗岩发育形成的红壤，土层厚在 1m 以上，林下植被主要有五节芒、鸭脚木、东方乌毛蕨、白茅等，林下植被盖度大。

欧洞林场位于广西忻城县北端，地处 $108°42' \sim 108°49'E$，$24°14' \sim 24°19'N$，属南亚热带气候区，年平均气温 19.3℃，年均降水量 1445.2mm；整个场区多属低山丘陵地貌，样地所在处海拔 $310 \sim 500m$；土壤主要是石英砂岩发育形成的红壤，土层较薄，林下植被主要有东方乌毛蕨、五节芒、小叶海金沙、南方荚蒾等，林下植被盖度较低。

贵州龙里林场地处 $106°53'E$，$26°28'N$，气候为中亚热带温和湿润类型，年平均气温 14.8℃，年降水量 1089.3mm，年均相对湿度 79%；试验地海拔高度在 $1213 \sim 1330m$，地貌为低山，土壤是石英砂岩发育形成的黄壤，林下植被主要有茅栗、小果南烛、铁芒箕、白栎等，林下植被盖度低。

3.7.2　试验方法

3.7.2.1　标准地的选设

试验采用配对样地法（严格要求所配样地的立地类型相同、立地质量相近），选择不同栽植代数（1、2 代）、不同发育阶段（8、9、15、18、20 年）的马尾松人工林为研究对象，共选取 7 组配对样地，分别用 A_1、A_2、C_1、C_2…、I_1、I_2 表示，其中，8、9 年生林分属幼龄林，15、18、19、20 年生 5 组样地属中龄林（表 3-29）。

表 3-29　试验林地概况

样地号	代数	地点	母岩	海拔/m	林龄/年	坡向	坡位	土壤密度/(g/cm³)	腐殖质厚度/cm	平均胸径/cm	平均树高/m	现存密度/(株/hm²)
A_1	1 代	伏波站	花岗岩	591	8	南坡	上坡	1.28	12.0	13.3	8.4	1683
A_2	2 代	锡土矿	花岗岩	519	8	南坡	上坡	1.24	16.0	14.7	9.4	1433
C_1	1 代	更达	砂岩	460	9	西北坡	下坡	1.41	9.0	7.8	7.2	2100
C_2	2 代	坳水塘	砂岩	375	9	西北坡	下坡	1.30	12.0	11.3	7.9	1850

（续）

样地号	代数	地点	母岩	海拔/m	林龄/年	坡向	坡位	土壤密度/（g/cm³）	腐殖质厚度/cm	平均胸径/cm	平均树高/m	现存密度/（株/hm²）
D_1	1代	八亩地	砂岩	339	15	全坡向	无	1.42	2.0	17.6	16.2	933
D_2	2代	干水库	砂岩	358	15	全坡向	无	1.36	5.0	18.4	14.2	833
E_1	1代	西南桦	花岗岩	557	15	东北坡	下坡	1.40	16.0	19.4	13.0	1083
E_2	2代	新路下	花岗岩	546	15	东北坡	下坡	1.27	17.0	20.3	12.3	900
F_1	1代	双电杆	砂岩	1250	18	东南坡	下坡	1.28	6.0	12.0	13.2	1933
F_2	2代	子妹坡	砂岩	1330	18	东南坡	下坡	1.19	9.0	15.9	16.3	1550
G_1	1代	春光	砂岩	1213	19	西北坡	下坡	1.31	3.0	18.4	14.4	1116
G_2	2代	沙坝	砂岩	1280	19	西北坡	下坡	1.22	5.0	15.6	15.1	1233
I_1	1代	岔路口	花岗岩	580	20	北坡	下坡	1.27	13.0	22.8	16.0	850
I_2	2代	水厂	花岗岩	541	20	北坡	下坡	1.20	20.0	18.4	18.1	1233

注：A_1、A_2、C_1、C_2…I_1、I_2分别代表不同林龄的1、2代配对样地。土壤密度为0～20cm 和20～40cm 两层的平均值。

3.7.2.2　样地调查及样品采集

在林相基本一致的林分内，选择代表性强的地段设置标准地，共设标准样地7 组。标准样地面积为600m²。在标准地内按正规调查方法，进行每木检尺和按径阶测树高，然后计算各林分测树因子。按 S 形多点混合采样法，分别在0～20cm、20～40cm 土层采样，进行土壤化学性质及土壤微量元素分析；另用环刀取原状土测定土壤密度、孔隙度等主要土壤物理性质。

3.7.2.3　土壤肥力指标测定方法

土壤密度测定：环刀法；土壤有机质：重铬酸钾氧化—外加热法；全 N：凯氏法；水解 N：碱解—扩散法；全 P：氢氧化钠碱熔—钼锑抗比色法；有效 P：0.05mol/L HCL 0.025mol/L 1/2 H_2SO_4 浸提法；全 K：氢氧化钠碱熔—火焰光度计法；有效 K：乙酸浸提—火焰光度计法；土壤 pH 值：水浸—酸度计测定；土壤全 Ca、Mg 测定：Na_2CO_3 熔融—原子吸收分光光度法；土壤全 Fe 测定：Na_2CO_3 熔融—邻啡啰啉比色法；土壤全 Cu、Zn、Mn 测定：原子吸收分光光度法；土壤全 Al 测定：Na_2CO_3 熔融—氟化钾取代 ETDA 滴定法。

3.7.2.4　数据统计分析

采用 EXCEL 和 SPSS13.0 进行数据统计和 onewayANOVA 分析。

3.7.3　结果与分析

3.7.3.1　不同龄林、不同代数土壤主要物理性质比较

土壤密度说明土壤的松紧程度及孔隙状况，反映土壤的透水性、通气性和根系生长的阻力状况，是土壤物理性质的一个重要指标。连栽对不同龄林、不同代数马尾松林土壤密度均产生一定影响，从表3-30 可看出：对幼龄林和中龄林，1 代与2 代相比，相同层次林地土壤密度均表现出下降趋势，其中幼龄林0～20cm、20～40cm 层土壤密度2 代较1 代分别下降4.65%和6.43%；中龄林0～20cm、20～40cm 层土壤密度2 代较1 代分别下降

10.40% 和 12.68%，且中龄林 20～40cm 层土壤密度在 1、2 代间的差异达显著水平，这是由于连栽，在土壤中存留了较多根系，加之根系的长期穿插作用。从不同土层看，无论是幼龄林，还是中龄林，土壤密度均表现出 0～20cm 层＜20～40cm 层，导致这种现象的出现，主要是因为上层含有大量有机质及植物根系，所以土壤密度较小，随着下层土壤有机质含量的减少，矿质比例增加，密度也有所增大。

土壤孔隙的大小、数量及分布是土壤物理性质的基础，也是评价土壤结构特征的重要指标，它的组成直接影响土壤的通气、透水性和根系穿插的难易程度，并且对土壤中水、肥、气、热和微生物活性等发挥着不同的调节功能。由表 3-30 可知：对幼龄林和中龄林，随栽植代数增加，土壤总孔隙度均呈上升趋势，其中幼龄林 0～20cm、20～40cm 层土壤总孔隙度 2 代较 1 代分别上升 4.46% 和 7.15%；而中龄林 0～20cm、20～40cm 层土壤总孔隙度 2 代较 1 代分别上升 9.68% 和 14.30%，且中龄林 20～40cm 层土壤总孔隙度在 1、2代间的差异达显著水平。土壤总孔隙度在不同龄林均随土层深度的增加而减小。

表 3-30 连载马尾松林地土壤主要物理性质的比较

林龄	土层/cm	项目	一代	二代	F 值
幼龄林	0～20	土壤密度/（g/cm³）	1.29 ± 0.06	1.23 ± 0.02	0.809
		总孔隙率/%	51.57 ± 2.36	53.87 ± 0.56	0.895
		自然含水率/%	19.56 ± 1.74	20.85 ± 3.57	0.105
	20～40	土壤密度/（g/cm³）	1.40 ± 0.06	1.31 ± 0.04	1.296
		总孔隙率/%	47.44 ± 2.42	50.83 ± 1.63	1.350
		自然含水率/%	20.37 ± 3.61	20.75 ± 5.09	0.004
中龄林	0～20	土壤密度/（g/cm³）	1.25 ± 0.02	1.12 ± 0.08	2.312
		总孔隙率/%	52.71 ± 1.05	57.81 ± 3.16	2.335
		自然含水率/%	21.30 ± 2.43	26.33 ± 1.92	2.629
	20～40	土壤密度/（g/cm³）	1.42 ± 0.04	1.24 ± 0.08	3.506*
		总孔隙率/%	46.57 ± 1.38	53.23 ± 3.26	3.536*
		自然含水率/%	24.42 ± 1.96	27.10 ± 1.95	0.941

注："*"表示 5% 水平差异显著。

土壤含水量能较好地反映土壤水分和林内湿润状况，是土壤孔隙状况与持水能力的综合体现。连栽使林地土壤保水持水性得到提高（表 3-30）。总体看，无论是幼龄林还是中龄林，2 代林地土壤含水量均高于 1 代，其中幼龄林 0～20cm、20～40cm 层土壤含水率 2 代较 1 代分别上升 6.60% 和 1.87%；而中龄林 0～20cm、20～40cm 层土壤含水率 2 代较 1 代分别上升 23.62% 和 10.97%，但差异均不显著。

上述结果表明：通过连栽可较好地改变林地土壤的物理性质，特别是 0～20cm 层土壤。由于马尾松根系的分布，特别是侧根的分布主要在 0～20cm，对该层土壤的物理性质起到了较好的改良作用。因此，土壤密度有了较明显下降，在密度降低的同时，土壤的通气、透水性能也相应得到改善，这些变化对 2 代马尾松的生长非常有利，杨承栋等在做这方面研究时，也曾得出类似结论。

3.7.3.2 不同龄林、不同代数土壤化学性质比较

一般而言，土壤养分供应容量和强度与植物生长速度相关性较大，特别是对主要依靠土壤自然肥力的林木生长尤为明显。从表3-31可看出：连栽后，马尾松幼龄林和中龄林土壤除全K、全Mg的2代低于1代外，其余土壤全量养分及速效养分均呈上升趋势，其中，幼龄林0～20cm、20～40cm层土壤有机质、全N、全P和全Ca的2代较1代分别上升36.72%、39.73%、9.43%、13.45%、27.68%、33.33%、15.56%、29.79%；0～20cm、20～40cm层土壤水解N、有效P和速效K的2代较1代分别上升45.75%、8.70%、29.68%和14.79%、5.91%、23.67%，而0～20cm、20～40cm层土壤全K和全Mg的2代较1代分别下降13.41%、36.59%和6.54%、20.86%，且0～20cm层土壤有效P在1、2代间的差异达显著水平。

中龄林0～20cm、20～40cm层土壤有机质、全N、全P和全Ca的2代较1代分别上升34.60%、43.84%、30.23%、34.39%和28.57%、37.50%、28.57%、39.52%；0～20cm、20～40cm层土壤水解N、有效P和速效K的2代较1代分别上升41.75%、7.72%、33.91%和22.61%、8.22%、27.52%；而0～20cm、20～40cm层土壤全K和全Mg的2代较1代分别下降19.37%、37.96%和19.25%、31.89%。1、2代中龄林0～20cm与20～40cm的全N、有效P、速效K和全K的含量的差异均达显著水平，0～20cm的土壤水解N在1、2代间的差异也达显著水平。2代土壤中，有机质与其他养分增加较快的原因与1代林腐殖质层薄、有机质含量低有关（表3-29），而先锋树种马尾松在瘠薄土壤上有提高土壤有机质、增加土壤肥力的作用。

从表3-31还可看出：连栽后，幼龄林和中龄林的土壤pH值均趋于下降，其中，幼龄林0～20cm、20～40cm层土壤pH值2代较1代分别下降4.93%和6.31%，中龄林0～20cm、20～40cm层土壤pH值2代较1代分别下降3.74%和4.46%，且幼龄林土壤pH值在1、2代间的差异达显著水平。

马尾松连栽能有效提高土壤有机质含量和养分供给能力，土壤肥力有一定改善和提高，未出现土壤肥力明显下降现象；但连栽后林地土壤pH值略有下降，这可能会加剧南方山地土壤的酸化。2代林分土壤全K和全Mg含量比1代有所下降，这可能与1、2代林下植被种类、凋落物的数量及化学组成以及土壤风化速度等因素有关，而这些因素又直接影响土壤养分的贮量及有效性等。

表3-31 连载马尾松林地土壤化学性质的比较

林龄	土层/cm	项目	1代	2代	F值
幼龄林	0～20	有机质/（g/kg）	14.35±5.80	19.62±0.30	0.822
		水解N/（mg/kg）	64.70±20.14	94.30±19.80	1.132
		全N/（g/kg）	0.73±0.03	1.02±0.19	2.370
		有效P/（mg/kg）	2.30±0.09	2.50±0.05	3.774*
		全P/（g/kg）	0.53±0.01	0.58±0.01	2.200
		速效K/（mg/kg）	123.37±37.03	159.99±61.63	0.259
		全K/（g/kg）	1.79±0.18	1.55±0.05	1.744
		全Ca/（g/kg）	2.75±1.52	3.12±1.69	0.026
		全Mg/（g/kg）	1.64±0.47	1.04±0.24	1.260
		pH值	5.68±0.04	5.40±0.04	4.500*

（续）

林龄	土层/cm	项目	1代	2代	F 值
幼龄林	20~40	有机质/(g/kg)	11.09±3.83	14.16±6.55	0.164
		水解 N/(mg/kg)	55.59±18.68	63.81±7.51	0.167
		全 N/(g/kg)	0.48±0.11	0.64±0.03	2.283
		有效 P/(mg/kg)	2.20±0.02	2.33±0.12	1.246
		全 P/(g/kg)	0.45±0.03	0.52±0.03	1.722
		速效 K/(mg/kg)	90.95±4.85	112.48±24.83	0.723
		全 K/(g/kg)	1.53±0.01	1.43±0.09	1.220
		全 Ca/(g/kg)	2.35±1.42	3.05±2.03	0.080
		全 Mg/(g/kg)	1.39±0.09	1.10±0.28	0.974
		pH 值	5.86±0.01	5.49±0.03	9.520*
中龄林	0~20	有机质/(g/kg)	13.67±2.20	18.40±1.95	2.577
		水解 N/(mg/kg)	60.89±7.21	86.31±2.42	11.151**
		全 N/(g/kg)	0.73±0.19	1.05±0.06	4.897*
		有效 P/(mg/kg)	2.46±0.07	2.65±0.10	4.287*
		全 P/(g/kg)	0.43±0.06	0.56±0.08	1.603
		速效 K/(mg/kg)	107.96±12.15	144.57±14.61	3.708*
		全 K/(g/kg)	1.91±0.21	1.54±0.09	3.579*
		全 Ca/(g/kg)	1.57±0.06	2.11±0.03	0.659
		全 Mg/(g/kg)	2.45±0.66	1.52±0.34	1.529
		pH 值	5.35±0.10	5.15±0.11	1.767
	20~40	有机质/(g/kg)	10.36±2.13	13.32±1.12	1.513
		水解 N/(mg/kg)	49.04±10.36	60.13±4.76	0.947
		全 N/(g/kg)	0.40±0.04	0.55±0.05	3.575*
		有效 P/(mg/kg)	2.19±0.04	2.37±0.05	6.583*
		全 P/(g/kg)	0.35±0.05	0.45±0.07	1.203
		速效 K/(mg/kg)	96.15±9.64	122.61±10.27	3.523*
		全 K/(g/kg)	1.61±0.11	1.30±0.06	6.091*
		全 Ca/(g/kg)	1.24±0.53	1.73±0.19	0.759
		全 Mg/(g/kg)	2.54±0.67	1.73±0.38	1.092
		pH 值	5.60±0.11	5.35±0.06	3.455

注:"*"表示5%水平差异显著,"**"表示1%水平差异显著,下同。

3.7.3.3 不同龄林、不同代数土壤微量元素比较

土壤是森林生态系统中相对稳定的组成要素,是微量元素的重要来源,也是微量元素迁移、转化和积累的重要场所。土壤中微量元素的含量,既与母岩和成土母质有密切的关系,又受到局部地形和生物地球化学循环的深刻影响。马尾松生长发育所需的微量元素主要来自土壤,故土壤中微量元素的含量对马尾松生长有重要影响。土壤中微量元素全量,主要与成土母质有关,同时受成土过程的淋洗、风化及植物吸收富集、归还等因素影响。

从表3-32可看出:连栽后,幼龄林和中龄林土壤微量元素含量均呈下降趋势,尤为全Zn、Mn表现最为明显,其中,幼龄林0~20cm、20~40cm层土壤的全Fe、Al、Cu、

Zn 和 Mn 含量 2 代较 1 代分别下降 35.76%、25.95%、17.39%、17.86%、41.95% 和 36.78%、30.59%、9.55%、21.44%、48.11%，且 Mn 含量在 1、2 代间的差异达显著水平。

中龄林 0~20cm、20~40cm 层土壤的全 Fe、Al、Cu、Zn 和 Mn 含量 2 代较 1 代分别下降 31.80%、30.18%、29.69%、40.06%、37.09% 和 29.83%、32.54%、35.90%、39.46%、39.00%，且 Zn、Mn 含量在 1、2 代间的差异达显著水平。

上述分析表明：在马尾松的生长过程中，对土壤中微量元素的要求是比较高的。

表 3-32　连载马尾松林地土壤微量元素的比较

林龄	土层/cm	微量元素	1 代	2 代	F 值
幼龄林	0~20	全 Fe/(g/kg)	51.45±16.37	33.05±20.21	0.501
		全 Al/(g/kg)	127.21±67.08	94.20±60.35	0.134
		全 Cu/(mg/kg)	22.72±2.05	18.77±4.79	0.575
		全 Zn/(mg/kg)	67.04±0.82	55.07±8.23	2.093
		全 Mn/(mg/kg)	83.07±12.52	48.22±9.48	4.928*
	20~40	全 Fe/(g/kg)	57.40±20.18	36.29±18.51	0.594
		全 Al/(g/kg)	146.63±77.57	101.78±56.75	0.218
		全 Cu/(mg/kg)	24.60±3.67	22.25±4.14	0.181
		全 Zn/(mg/kg)	82.19±1.68	64.57±12.27	2.024
		全 Mn/(mg/kg)	113.31±16.45	58.80±16.16	5.585*
中龄林	0~20	全 Fe/(g/kg)	64.60±14.03	44.06±10.54	1.370
		全 Al/(g/kg)	139.76±34.29	97.58±31.51	0.820
		全 Cu/(mg/kg)	23.07±4.20	16.22±2.81	1.838
		全 Zn/(mg/kg)	71.40±9.70	42.80±12.81	3.167*
		全 Mn/(mg/kg)	90.51±12.59	56.94±12.74	3.508*
	20~40	全 Fe/(g/kg)	71.90±13.79	50.45±11.95	1.382
		全 Al/(g/kg)	165.72±33.81	111.80±37.18	1.151
		全 Cu/(mg/kg)	26.77±4.85	17.16±3.27	2.697
		全 Zn/(mg/kg)	86.88±11.18	52.60±10.68	4.912*
		全 Mn/(mg/kg)	128.78±19.11	78.55±22.42	3.906*

3.7.4　小结与讨论

（1）马尾松连栽可以较好地改变林地土壤的物理性质，连栽后，无论是幼龄林还是中龄林，林地土壤密度均表现出下降趋势，而土壤总孔隙度、含水率则呈上升趋势，且中龄林 20~40cm 层土壤密度和总孔隙度在 1、2 代间的差异达显著水平。

（2）连栽后，无论是幼龄林还是中龄林，林地土壤全 K、全 Mg 及 pH 值均趋于下降，而有机质、全 N、全 P、全 Ca 及速效 N、P、K 均呈上升趋势，且幼龄林 0~20cm 层土壤有效 P 含量以及 0~20cm 和 20~40cm 土壤 pH 值、中龄林 0~20cm 层土壤水解 N 含量以及 0~20cm 和 20~40cm 土壤全 N、有效 P、速效 K、全 K 含量在 1、2 代间的差异达显著或极显著水平。

（3）连栽后，幼龄林和中龄林土壤微量元素含量均呈下降趋势，尤其全 Zn、Mn 表现最明显，且幼龄林 Mn 含量以及中龄林 Zn、Mn 含量在 1、2 代间的差异达显著水平。

关于连栽后林地土壤微量元素含量 2 代明显比 1 代低，尤其是 Mn 含量，中、幼龄林，随栽植代数的增加和林分的长时间生长，更趋于缺乏的现象，可能与连栽后 1、2 代林下的植被类型不同、营养元素归还速度不同及林木的选择吸收等因素有关。通过对 1、2 代幼、中龄林树高生长的分析比较，2 代幼、中龄林平均树高生长较 1 代分别提高 10.81% 和 4.75%，树高生长 2 代总体比 1 代高，表明 2 代林分生长较快，加快了从土壤中吸收各种营养元素，而马尾松在连栽时，尽管有大量的枯落物归还，但枯落物中养分元素循环速率较慢，而马尾松在生长过程中，对微量元素要求较高，因此，微量元素的消耗呈不断累积性增加，故连栽后微量元素出现下降现象。本课题组的另一项研究表明：马尾松针叶凋落前后各养分转移率不同，5 种大量元素 N、P、K、Ca、Mg 的平均转移率分别为：54.56%、64.60%、80.22%、−66.32%、19.46%；4 种微量元素 Fe、Mn、Zn、Cu 的平均转移率分别为：−90.31%、−51.80%、−10.50%、−20.60%。除 Ca 外，4 种大量元素均表现为正值，它们发生了转移，而 Ca 和 4 种微量元素则表现为负值，它们未发生转移或发生负转移，这一点也可能是引起马尾松连栽后大量元素未发生衰退而微量元素出现下降现象的主要原因。因此，对连栽马尾松林增施各种微量元素对于提高林木生长、防治地力衰退是很有必要的。

3.8　马尾松中幼龄林不同施肥处理经济收益分析

在特定立地条件下，根据林木生长的养分需求及林地养分供给的实际水平施肥，能取得较好的增产效果。中国南方马尾松林区土壤大都缺 P 少 K，中国林业科学研究院热带林业实验中心（以下简称热林中心）的马尾松林区土壤亦如此，为实现马尾松林分经营的木材增产、经济增收，自 20 世纪 80 年代"七五"时期开始，热林中心进行了马尾松中、幼龄林不同施肥措施的课题研究。基于此，采用项目投资的财务效益评估手段，对热林中心马尾松林分不同施肥配比（不同施肥时间）处理的经济收益进行了分析，旨在为中国热带、亚热带马尾松人工林经营的投资决策提供参考。

3.8.1　材料与方法

3.8.1.1　试验林概况

试验地位于广西凭祥市热林中心伏波实验场金生站（22°02′N，106°41′E），属北热带季风气候区，年均温 19.5℃，年降水量 1400mm，相对湿度 83%，立地指数 18。试验林造林技术相似，造林密度为 3600 株/hm²，中、幼龄林的造林时间分别为 1983 和 1991 年春，间伐时间分别为 1996 年和 2001 年年底；试验布设时间均为 1991 年，在布设试验时，将中龄林被压木、双权木等砍除 400 株/hm²（蓄积 5.22m³/hm²）；中龄林于 1991 年 9 年生时经修枝及卫生伐。

3.8.1.2　试验设计与方法

试验均采用随机区组设计，13 个处理（幼林不同配比施肥、不同时间施肥试验分别为

11、10 个处理），4 次重复，各处理水平施肥量见表 3-33。重复内处理在同一坡面沿等高线排列，且重复内各小区立地（林相）、密度基本一致。试验肥料均为尿素（含 N 46%）、钙镁磷肥（含 P_2O_5 18%）、氯化钾（含 K_2O 60%），追肥时间为年初 3~4 月份。幼龄林，①不同配比施肥试验，各处理施肥量均分 2 次施用，其中 N、K1、K2 处理于造林后第 2、3 年各施肥 1 次，其余处理均为第 1、3 年均分施肥（且第 1 次做基肥）；②不同时间施肥试验，CK 处理不施肥，N_a 处理第 2 年 1 次施肥，N_b 处理第 3 年 1 次施肥，P_a 处理作基肥施肥，P_b 处理第 2 年 1 次施肥，P_c 处理第 3 年 1 次施肥，P_d 处理 1/2 作基肥（另 1/2 第 3 年施肥），P_e 处理于第 2、3 年均分 2 次施肥，K_a 处理第 2 年 1 次施肥，K_b 处理第 3 年 1 次施肥。中龄林，1992 年将肥料 1 次施入。

表 3-33　马尾松中、幼龄林施肥试验各处理的施肥量

编号	处理	尿素 /(kg/hm²)	钙镁磷 /(kg/hm²)	氯化钾 /(kg/hm²)	编号	处理	尿素 /(kg/hm²)	钙镁磷 /(kg/hm²)	氯化钾 /(kg/hm²)
	中龄林施肥实验各处理的施肥量					幼龄林不同配比、不同时间施肥试验各处理的施肥量			
1	N_1	225	0	0	1	N(N_a、N_b)	217.4	0	0
2	N_2	450	0	0	2	P_1	0	277.8	0
3	P_1	0	720	0	3	P_2(P_a、P_b、P_c、P_d、P_e)	0	555.5	0
4	P_2	0	1440	0	4	P_3	0	1111.1	0
5	P_3	0	2880	0	5	K_1(K_a、K_b)	0	0	166.7
6	P_4	0	5760	0	6	K_2	0	0	333.4
7	K	0	0	360	7	NP_1	217.4	277.8	0
8	N_1P_1	225	720	0	8	P_1K_1	0	277.8	166.7
9	N_1K	225	0	360	9	P_2K_2	0	555.5	333.4
10	P_1K	0	720	30	10	NP_2K_1	217.4	555.5	166.7
11	N_1P_3K	225	2880	360	11	CK	0	0	0
12	N_2P_2K	450	1440	360			—	—	—
13	CK	0	0	0			—	—	—

3.8.1.3　不同施肥配比处理的马尾松林生长情况

马尾松中龄林不同施肥配比处理的平均胸径、平均树高生长情况见表 3-34，马尾松幼龄林不同配比施肥处理的生长情况见表 3-35。

表 3-34　马尾松中龄林不同施肥配比处理的平均胸径、平均树高生长情况

处理	9~17 年生时的平均胸径/cm								9~17 年生时的平均树高/m							
	9	10	11	12	13	14	15	17	9	10	11	12	13	14	15	17
N_1	10.52	11.50	12.32	13.09	13.68	14.22	16.70	18.31	7.57	8.21	8.93	9.39	9.85	10.42	11.10	12.02
N_2	10.45	11.48	12.37	13.16	13.83	14.31	17.37	18.95	7.66	8.33	9.03	9.61	10.13	10.73	11.68	12.32
P_1	10.71	11.64	12.54	13.30	13.89	14.43	16.96	18.50	7.53	8.17	9.13	9.64	10.20	10.93	11.58	12.54
P_2	10.24	11.16	12.00	12.71	13.39	13.94	17.08	18.76	7.35	7.98	8.78	9.38	9.91	10.60	11.47	12.42
P_3	10.31	11.24	12.13	12.81	13.49	14.03	16.79	18.29	7.68	8.28	9.19	9.74	10.28	10.86	11.73	12.49
P_4	10.34	11.25	12.06	12.87	13.54	14.08	17.17	18.76	7.53	8.20	8.88	9.51	10.11	10.75	11.74	12.57
K	9.93	10.78	11.74	12.44	13.07	13.58	16.55	18.17	7.38	8.03	8.76	9.21	9.81	10.42	11.21	12.08

（续）

处理	9～17年生时的平均胸径/cm								9～17年生时的平均树高/m							
	9	10	11	12	13	14	15	17	9	10	11	12	13	14	15	17
N_1K	10.66	11.57	12.36	13.07	13.74	14.23	17.56	19.18	7.78	8.37	9.25	9.80	10.36	11.06	11.82	12.43
N_1P_1	10.36	11.37	12.25	13.01	13.75	14.33	17.39	19.08	7.87	8.61	9.47	10.04	10.52	11.20	12.06	12.59
P_1K	10.14	11.10	12.14	12.87	13.53	14.11	16.88	18.54	7.45	8.11	9.04	9.62	10.15	10.70	11.55	12.49
N_1P_3K	9.75	10.78	11.77	12.55	13.28	13.90	17.33	19.08	7.29	7.93	8.75	9.36	9.98	10.60	11.58	12.28
N_2P_2K	10.47	11.47	12.37	13.14	13.91	14.45	17.46	19.15	7.77	8.42	9.34	10.06	10.58	11.36	12.13	12.95
CK	10.34	11.19	11.98	12.73	13.29	13.70	16.45	17.83	7.99	8.65	9.43	9.94	10.50	11.10	11.81	12.57

表3-35　不同配比施肥处理马尾松幼龄林11和12年生时的生长情况

处理	平均胸径/cm		平均树高/m		处理	平均胸径/cm		平均树高/m	
	11	12	11	12		11	12	11	12
N	11.36	13.28	7.98	8.47	N_a	11.24	12.81	7.33	7.57
P_1	12.13	14.07	7.78	8.06	N_b	11.37	12.39	7.43	7.63
P_2	13.62	14.98	8.30	8.79	P_a	12.42	13.42	7.52	7.76
P_3	12.45	13.59	8.08	8.30	P_b	12.40	13.10	7.79	8.10
K_1	12.27	14.68	7.93	8.36	K_b	11.13	12.14	7.69	7.95
K_2	11.07	11.82	7.73	7.99	P_c	11.40	12.98	7.25	7.64
NP_1	12.52	14.66	8.18	8.44	P_d	12.60	13.89	8.14	8.59
P_1K_1	12.31	13.30	7.90	8.33	P_e	13.38	13.97	7.84	8.25
P_2K_2	11.68	14.30	7.94	8.72	K_a	11.55	12.64	7.56	8.00
NP_2K_1	12.13	14.05	7.86	8.61	CK	10.88	11.13	7.54	7.69
CK	11.93	13.36	8.00	8.50	—	—	—	—	—

3.8.2　评价指标的确定及投资成本的构成

3.8.2.1　评价指标的确定

对马尾松人工林施肥效益的评价，选用产量（出材量）、产值、成本、税费及财务经济评价指标（内部收益率、净现值、动态投资回收期）为评价指标。马尾松各材种产量是用马尾松削度方程和国家原木材积公式进行计算；产值为马尾松各材种售价与出材量乘积的累计值；热林中心马尾松各材种4cm、6cm、8～12cm、14～18cm、20～30cm径阶（长2m）2009年的均价分别为330元/m³、390元/m³、520元/m³、620元/m³、720元/m³；税费"两金一费"按马尾松木材售价的10%计，装车费、检疫费均为价外费用。

3.8.2.2　材种出材量的计算

根据试验固定样地每木检尺所得各径阶平均胸径、平均树高及径阶株数，按长度2m、尾径大于4cm进行造材（长度不足2m的作为废材），利用马尾松削度方程及国家原木材积公式计算，可得马尾松试验林各处理材种的理论出材量（表3-36、表3-37），而考虑到林木材质缺陷（如弯曲、折断、节子、扭曲、分杈、心腐、劈裂等）对造材存在影响，及实际造材中存在木材损失，在各处理经济收益的分析时，按各处理理论出材量的85%进行分析。

表 3-36　不同施肥配比处理马尾松各材种的理论出材量(m³/hm²)

17 年生中龄林各径级(cm)的出材量						12 年生幼龄林各径级(cm)的出材量					
处理	4	6	8 ~ 12	14 ~ 18	20 ~ 30	合计	处理	4	6	8 ~ 12	14 ~ 18	20 ~ 30	合计
N_1	1.8	4.1	48.0	72.6	19.4	145.9	N	18.3	21.0	54.8	23.0	1.2	118.3
N_2	1.2	4.7	51.8	80.3	18.3	156.3	P_1	13.9	23.7	59.4	26.3	4.8	128.1
P_1	2.1	4.0	49.8	65.4	25.9	147.1	P_2	17.4	27.3	68.2	35.4	1.3	149.6
P_2	1.7	4.1	48.4	69.2	20.2	143.7	P_3	18.1	20.7	54.1	22.7	1.2	116.8
P_3	1.5	5.4	48.6	63.0	18.6	137.1	K_1	15.9	24.8	62.0	32.2	1.2	136.1
P_4	2.0	3.8	49.2	68.2	30.4	153.6	K_2	14.1	21.9	39.6	10.7	0.0	86.3
K	1.6	4.6	45.6	64.4	14.1	130.3	NP_1	16.0	25.1	62.7	32.6	1.2	137.6
N_1P_1	1.6	4.0	42.6	63.7	25.4	137.3	P_1K_1	17.5	20.1	52.4	22.0	1.2	113.2
N_1K	1.8	3.0	44.2	55.6	32.9	137.6	P_2K_2	15.8	24.7	61.6	32.0	1.2	135.4
P_1K	1.6	4.9	49.0	71.0	22.4	149.0	NP_2K_1	14.0	23.9	59.9	26.6	4.9	129.3
N_1P_3K	1.2	4.0	39.7	62.5	25.3	132.8	CK	18.1	20.7	54.1	22.7	1.2	116.8
N_2P_2K	2.0	3.5	47.6	74.5	29.0	156.7							
CK	1.8	5.8	51.2	65.8	13.6	138.2							

表 3-37　不同时间施肥处理马尾松幼林的理论出材量(m³/hm²)

处理	4cm	6cm	8 ~ 12cm	14 ~ 18cm	20 ~ 30cm	合计
N_a	17.9	19.7	47.5	10.0	1.9	97.0
N_b	16.1	19.4	42.7	9.0	0.0	87.2
P_a	11.9	19.6	44.3	15.4	5.8	97.0
P_b	14.2	18.2	47.1	19.7	3.1	102.3
P_c	13.3	21.0	44.7	15.0	1.5	95.5
P_d	11.2	20.4	55.4	23.6	9.6	120.2
P_e	10.5	14.4	56.3	24.6	11.0	116.8
K_a	13.2	20.9	44.6	16.6	0.0	95.3
K_b	16.2	21.6	41.5	9.2	0.0	88.5
CK	15.2	19.7	37.7	4.5	0.0	76.6

3.8.2.3　投资成本的构成

　　因马尾松施肥试验投入成本均发生在 20 世纪 80 ~ 90 年代,相对现时用工、物价成本变化巨大,本着更为真实、可靠、可比的会计原则,消除物价变动、通胀因素的影响,进而客观地实际反映马尾松施肥营林的投资收益,采用更新重置成本法计算投资成本,投资成本按热林中心及其周边地区近年经营的平均成本计。2009 年尿素、钙镁磷肥、氯化钾的均价分别为 1900 元/t、650 元/t、2200 元/t;施肥工资由施肥量确定(施肥量 < 0.5t/hm²、0.5 ~ 1.0t/hm²、1.0 ~ 1.5t/hm²、1.5 ~ 2.0t/hm²、2.0 ~ 3.0t/hm²、> 3.0t/hm² 的施肥工资分别为 0 元/hm²、600 元/hm²、800 元/hm²、1000 元/hm²、1200 元/hm²、1400、1600 元/hm²;基肥施肥工资为 0 元。

　　12 年生马尾松幼龄林不同配比施肥 CK 处理的总投资成本为 2.9788 万元/hm²。其中 ①营林投资成本 1.7535 万元/hm²,其详细构成如表 3-38 所示;②林道成本(包括道路修建与维护)525 元/hm²，投入在第 12 年；③采运成本(包括伐区设计、采伐、造材、剥皮、运输、木材检尺、采伐和运输的证件办理、储木场木材销售及管理等费用，按照 100 元/m³计算)1.1428 万元/hm²，第 11 和 12 年分别投入 1500 元/hm²和 9928 元/hm²；④其他成本 525 元/hm²，也是第 12 年投入。因试验林营林技术相似，仅有肥料、追肥用工、追肥时间不同，其他地租、采运成本等计算标准均一致，所以其他不同配比施肥处理的仅列出相应的结果，马尾松各施肥处理的投资成本见表 3-39，马尾松不同时间施肥处理投资成本构成见表 3-40。

表 3-38　12 年生马尾松幼龄林不同配比施肥对照处理的营林投资成本构成(元/hm²)

项目	第 1 年	第 2 年	第 3 年	第 4 年	第 5 年	第 6 年	第 7 年	第 8 年	第 9 年	第 10 年	第 11 年	第 12 年	总计
炼山、清山	600	—	—	—	—	—	—	—	—	—	—	—	600
挖坑、整地	2880	—	—	—	—	—	—	—	—	—	—	—	2880
定植及补植	540	—	—	—	—	—	—	—	—	—	—	—	540
基肥	—	—	—	—	—	—	—	—	—	—	—	—	0
苗木	900	—	—	—	—	—	—	—	—	—	—	—	900
抚育除草	750	750	—	—	—	—	—	—	225	—	—	—	1725
施肥肥料	—	—	—	—	—	—	—	—	—	—	—	—	0
追肥用工	—	—	—	—	—	—	—	—	—	—	—	—	0
病虫害防治	30	30	30	—	—	—	—	—	—	—	—	—	90
护林防火	150	150	150	150	150	150	150	150	150	150	150	150	1800
地租	750	750	750	750	750	750	750	750	750	750	750	750	9000
小计	6600	1680	930	900	900	900	900	900	1125	900	900	900	17535

表 3-39　马尾松不同配比施肥处理的投资成本构成(元/hm²)

17 年生马尾松中龄林的投资成本构成					12 年生幼龄林的生产投资成本构成					
处理	营林	林道	其他	采运	合计	处理	营林	林道	其他	采运	合计
N_1	23062.5	525.0	300.0	17139.2	41026.7	N	19148.2	525.0	300.0	11555.5	31528.7
N_2	23490.0	525.0	300.0	17605.0	41920.0	P_1	18315.6	525.0	300.0	12388.5	31529.1
P_1	23303.0	525.0	300.0	18097.7	42225.7	P_2	18496.2	525.0	300.0	14216.0	33537.2
P_2	23971.0	525.0	300.0	16868.2	41664.2	P_3	18857.2	525.0	300.0	11428.0	31110.2
P_3	25307.0	525.0	300.0	16620.8	42752.8	K_1	19101.8	525.0	300.0	13068.5	32995.3
P_4	27379.0	525.0	300.0	17643.0	45847.0	K_2	19468.6	525.0	300.0	8835.5	29129.1
K	23427.0	525.0	300.0	15471.0	39723.0	NP_1	18728.8	525.0	300.0	13196.0	32749.8
N_1P_1	23730.5	525.0	300.0	17358.8	41914.3	P_1K_1	18682.4	525.0	300.0	11122.0	30629.4
N_1K	24054.5	525.0	300.0	17059.1	41938.6	P_2K_2	19229.6	525.0	300.0	13009.0	33063.6
P_1K	24295.0	525.0	300.0	17728.7	42848.7	NP_2K_1	19276.2	525.0	300.0	12490.5	32591.7
N_1P_3K	25976.0	525.0	300.0	16231.6	43032.6	CK	17535.0	525.0	300.0	11428.0	29788.0
N_2P_2K	26018.0	525.0	300.0	18737.1	45580.1						
CK	22035.0	525.0	300.0	16688.7	39548.7						

表 3-40　不同时间施肥处理马尾松幼林的投资成本构成（元/hm²）

处理	营林	林道	其他	采运	合计
N_a	18548.0	525.0	300.0	9745.0	29118.0
N_b	18548.0	525.0	300.0	8912.0	28285.0
P_a	17896.2	525.0	300.0	9745.0	28466.2
P_b	18496.2	525.0	300.0	10195.5	29516.7
P_c	18496.2	525.0	300.0	9617.5	28938.7
P_d	19096.2	525.0	300.0	11717.0	31038.2
P_e	18496.2	525.0	300.0	11428.0	31349.2
K_a	18501.8	525.0	300.0	9600.5	28927.3
K_b	18501.8	525.0	300.0	9022.5	28349.3
CK	17535.0	525.0	300.0	8011.0	26371.0

3.8.3　结果与分析

在特定立地条件下，根据林地养分的供给实际水平，对林木施肥能取得较好的增产效果。然而，在诸多施肥处理中，何种配比施肥经济收益最佳？何时施肥投资回报最大？同一施肥措施何时收获盈利最强、风险最低、回收最快？这些都是林业经营、投资者最为关注的问题之一。因此，下面以马尾松营林近年的历史投入成本为基础，从项目投资财务效益评估的角度，对马尾松中、幼龄林各施肥措施的经济效益进行对比分析。

3.8.3.1　马尾松幼林施肥效益分析

根据马尾松幼龄林配比施肥 CK 处理投资成本、出材量、各材种均价、税费，以及各年的现金收支情况，可计算出 12 年生马尾松幼林不施肥 CK 处理全部投资（贴现率取 8%）的现金流量（表 3-41）。由此可见，12 年生马尾松幼龄林不施肥 CK 处理的净收益（各年净现金之和）、年均净收益、净现值、年均净现值分别为 18495.7 元/hm²、1541.3 元/hm²、1664.4 元/hm²、138.7 元/hm²，内部收益率为 9.46%，动态回收期为 11.9 年，各指标均表明不施肥的投资处理，不仅能及时回收资本，而且具有一定的获利能力。

根据马尾松各施肥处理对应年度投资资金的收支情况，用全部投资的现金流量分析法，可计算、整理出幼龄林、中龄林各施肥处理对应的全部投资经济收益（表 3-42、表 3-43）。不同配比施肥处理经济分析结果（表 3-42）表明：在幼林不同配比施肥处理中，与 CK 相比，经济收益高于 CK 的处理有 P_1、P_2、K_1、NP_1、P_2K_2、NP_2K_1。不同配比施肥处理之间的经济收益差异较大，以 P_2 处理的最优，NP_1 处理的次之，K_2 处理的最差。P_2 处理的净收益、年均净收益、年均净现值、内部收益率分别比 CK 的提高了 6820.9 元/hm²、568.4 元/hm²、199.0 元/hm² 和 1.62%；净收益、年均净收益、净现值、年均净现值、内部收益率，收益最好的 P_2 处理分别比收益最差的 K_2 处理增加 1.8934 万元/hm²、0.1578 万元/hm²、0.8478 万元/hm²、706.5 元/hm² 和 7.37%。因此，从资本投资的时间价值考虑时，所有施肥处理（除 K_2 投资亏本）均实现了盈利。

不同施肥时间处理经济分析结果（表 3-43）表明：在 12 年生马尾松幼林不同时间施肥

处理中，与 CK 处理相比，各处理均实现了显著的增产、增收（内部收益率至少提高1.13%），并以 P 肥 1、3 年均分施肥的 P_d 处理经济最优，但考虑资金投资的时间价值时，仅有 P_d、P_e 施肥处理实现开始投资获利。

表 3-41　12 年生马尾松幼林不同配比施肥对照处理的投资现金流量（元/hm²）

时间	资金流入 木材收入	资金流出					净现金流量	净现值流量
		营林成本	林道成本	其他成本	采运成本	税费		
第 1 年	—	6600.0	—	—	—	—	−6600.0	−6600.0
第 2 年	—	1680.0	—	—	—	—	−1680.0	−1555.6
第 3 年	—	930.0	—	—	—	—	−930.0	−797.3
第 4 年	—	900.0	—	—	—	—	−900.0	−714.4
第 5 年	—	900.0	—	—	—	—	−900.0	−661.5
第 6 年	—	900.0	—	—	—	—	−900.0	−612.5
第 7 年	—	900.0	—	—	—	—	−900.0	−567.2
第 8 年	—	900.0	—	—	—	—	−900.0	−525.1
第 9 年	—	1125.0	—	—	—	—	−1125.0	−607.8
第 10 年	—	900.0	—	—	—	—	−900.0	−450.2
第 11 年	5100.0	900.0	—	—	1500.0	510.0	2190.0	1014.4
第 12 年	48548.6	900.0	525.0	300.0	9928.0	4854.9	32040.7	13741.7

表 3-42　12 年生马尾松幼林不同施肥处理投资收益情况

不同配比施肥的投资收益						不同时间施肥的投资收益					
处理	净收益/（元/hm²）	年均净收益/（元/hm²）	净现值/（元/hm²）	年均净现值/（元/hm²）	内部收益率/%	动态回收期/年	处理	净收益/（元/hm²）	年均净收益/（元/hm²）	净现值/（元/hm²）	年均净现值/（元/hm²）	内部收益率/%	动态回收期/年
N	17315.8	1443.0	411.8	34.3	8.3	11.0	N_a	10553.4	879.4	−2245.4	−187.1	5.89	+∞
P_1	22388.1	1865.7	2986.4	248.9	10.4	11.0	N_b	7412.2	617.7	−3523.2	−293.6	4.46	+∞
P_2	25316.6	2109.7	4052.3	337.7	11.1	11.8	P_a	13097.0	1091.4	−857.3	−71.4	7.20	+∞
P_3	17173.5	1431.1	479.3	39.9	8.4	12.0	P_b	13875.6	1156.3	−794.8	−66.2	7.29	+∞
K_1	23604.8	1967.1	3130.5	260.9	10.4	11.8	P_c	10996.6	916.4	−1963.7	−163.6	6.15	+∞
K_2	6382.2	531.9	−4425.6	−368.8	3.7	+∞	P_d	20984.9	1748.7	2294.4	191.2	9.85	11.9
NP_1	24433.2	2036.1	3657.0	304.8	10.8	11.8	P_e	20310.5	1692.5	1720.3	143.4	9.36	11.9
P_1K_1	16315.5	1359.6	198.0	16.6	8.2	12.0	K_a	10845.8	903.8	−2097.0	−174.8	6.04	+∞
P_2K_2	23267.2	1938.9	2906.7	242.2	10.2	11.8	K_b	7647.0	637.3	−3402.6	−283.6	4.59	+∞
NP_2K_1	21806.7	1817.2	2257.0	188.1	9.7	11.9	CK	4916.0	409.7	−4159.7	−346.6	3.33	+∞
CK	18495.7	1541.3	1664.4	138.7	9.5	11.9							

表 3-43 17 年生马尾松中龄林不同配比施肥处理投资收益情况

表 3-43 17 年生马尾松中龄林不同配比施肥处理投资收益情况

处理	净收益 /(万元/hm²)	年均净收益 /(元/hm²)	净现值 /(元/hm²)	年均净现值 /(元/hm²)	内部收益率 /%	动态回收期 /年
N_1	4.66536	2744.3	5776.8	339.8	10.95	16.6
N_2	4.83744	2845.6	6073.1	357.2	11.04	16.6
P_1	5.03652	2962.7	7049.2	414.7	11.51	16.5
P_2	4.46124	2624.3	4969.2	292.3	10.56	16.6
P_3	4.15521	2444.2	3885.3	228.5	10.04	16.7
P_4	4.55325	2678.4	4508.6	265.2	10.23	16.7
K	3.86848	2275.6	3279.6	192.0	9.79	16.7
N_1P_1	4.70609	2768.3	6021.4	354.2	11.07	16.6
N_1K	4.62371	2719.8	5624.0	330.8	10.87	16.6
P_1K	4.78743	2816.1	5968.9	351.1	10.99	16.6
N_1P_3K	4.06270	2389.8	3843.8	226.1	10.09	16.7
N_2P_2K	5.12273	3013.4	6687.3	393.4	11.23	16.6
CK	4.44420	2614.2	5403.7	317.9	10.85	16.6

3.8.3.2 马尾松中龄林施肥效益分析

（1）各施肥各处理经济分析。据 17 年生马尾松中龄林不同配比施肥处理全部投资收益情况（表 3-43），从静态的经济分析角度来看，各处理经济净收益由高到低的排序为 N_2P_2 K、P_1、N_2、P_1K、N_1P_1、N_1、N_1K、P_4、P_2、CK、P_3、N_1P_3K、K；不同施肥处理均有净收益，且最低年均净收益为 2275.6 元/hm²；各施肥处理与 CK 相比，经济收益差异明显，如最优处理 N_2P_2K、最差处理 K 的净收益与对照处理 CK 的差值分别为 0.67853 和 - 0.57572 万元/hm²。从资金时间价值的动态投资角度（净现值）分析，各施肥处理都实现了盈利，其经济净收益高于 CK 由高至低的排序依次为 P_1、N_2P_2K、N_2、N_1P_1、P_1K、N_1、N_1K，其中 P_1 处理较 CK 处理净现值、内部收益率分别增加 1645.5 元/hm² 和 0.66%。由动、静态的经济收益对比分析可知，P_4、P_2 处理的静态经济收益高于 CK 处理，但考虑资金的时间使用效益，CK 处理的投资净现值高于 P_4、P_2 处理，营林投资实践中应选择后者，即不施肥。

（2）各施肥处理内时间序列分析。各种施肥处理在不同年度收获的经济效益如何？施肥处理的木材增益与其经济收益的关系如何？这些都是经营、投资者最关注的问题之一。为探索研究这些问题，基于马尾松各施肥处理的蓄积量及各材种出材量的变化，选用净现值、年均净现值、内部收益率等财务指标，对马尾松不同施肥处理的时间序列收益、蓄积增产与经济增值进行了分析，结果见表 3-44、表 3-45（蓄积量是根据各处理对应年份各径阶平均胸径、平均树高及径阶株数，采用广西马尾松二元材积计算公式计算后再累加的）。

从 17 年生马尾松中龄林各施肥处理的资金时间价值的动态角度分析可知，到 11 年生时马尾松各施肥处理的净现值均小于 0。施肥 3 年内各处理的净现值仍低于对照（CK），各处理因肥效所导致的蓄积增产并未能由此带来经济收益的增加；施肥 4 年后，N_1P_1 处理经济收益开始明显高于对照；施肥 5 年时，仅有 N_1P_3K 处理净现值小于 0，其余各处理则均能实现大于基准收益率 8% 的盈余；到 17 年生各施肥处理（除 N_1 外）的年均净现值、内部收益均随林龄增加而增加，表明到 17 年生各处理仍未达经济成熟。从林龄 9~17 年生期间蓄积、净现值增量分析表明，各施肥处理的蓄积增量均大于对照的，但就净现值增值而言，大于对照的有 N_1、N_2、P_1、P_2、N_1P_1、P_1K、N_2P_2K、N_1P_3K 处理（即实现了蓄积增产、效益增收），且 P_1K 处理的净现值增量比对照的多增加 1885.8 元/hm^2，其余处理则表现增产歉收；施肥的木材增产效益仍未超过营林投入增量资本的时间价值。数据综合分析结果表明，若以培育中、小径材用途为目的的马尾松工业用材林，选择合适的肥种、肥量进行施肥，能较快的实现盈利及较好的投资收益；在各施肥处理中以 P_1 处理经济效益最佳。

表 3-44　各施肥处理净现值时间序列分析

处理	9~17 年生的增值量		9~17 年生的净现值/(元/hm^2)							
	蓄积量/(m^3/hm^2)	净现值/(元/hm^2)	9 年生	10 年生	11 年生	12 年生	13 年生	14 年生	15 年生	17 年生
N_1	157.6	9317.7	−3541.0	−2730.4	−3042.4	−316.6	−81.5	1370.5	2541.6	5776.8
N_2	165.2	9966.1	−3893.0	−2804.0	−1206.1	24.4	681.1	2532.9	4370.9	6073.1
P_1	166.4	10203.2	−3154.0	−2604.6	−384.3	490.5	1054.3	3437.2	4808.1	7049.2
P_2	164.0	9444.6	−4475.4	−3957.6	−2122.4	−1181.6	−251.3	1465.4	2954.2	4969.2
P_3	162.8	7918.9	−4033.6	−4335.2	−2387.5	−1264.5	−511.2	318.0	2622.5	3885.3
P_4	167.1	8139.3	−3630.8	−4569.6	−3717.6	−2191.5	−858.3	732.3	2523.5	4508.6
K	152.7	8040.1	−4760.5	−4625.0	−3753.3	−2003.9	−1009.7	22.2	1607.2	3279.6
N_1P_1	168.4	9584.9	−3563.5	−2615.6	−537.7	433.6	1752.2	4094.0	4503.6	6021.4
N_1K	154.5	8601.7	−2977.8	−2909.5	−1053.9	622.1	1669.2	2384.5	4442.1	5624.0
P_1K	173.2	10558.4	−4589.5	−4312.9	−1905.9	−1053.3	997.7	1268.7	3870.2	5968.9
N_1P_3K	161.3	9204.4	−5360.6	−6230.0	−4570.5	−2975.5	−2055.9	−1138.4	1017.1	3843.8
N_2P_2K	166.6	9889.0	−3201.7	−3547.5	−1931.7	−562.5	524.0	2673.8	3676.8	6687.3
CK	146.8	8672.6	−3268.9	−2236.7	−158.3	798.5	1199.1	3061.5	3095.0	5403.7

表 3-45　各施肥处理年均净现值、内部收益率时间序列分析

处理	年均净现/(元/hm^2)			内部收益率/%		
	14 年	15 年	17 年	14 年	15 年	17 年
N_1	97.9	169.4	339.8	8.97	9.62	10.95
N_2	180.9	291.4	357.2	9.71	10.61	11.04
P_1	245.5	320.5	414.7	10.26	10.87	11.51
P_2	104.7	196.9	292.3	9.02	9.83	10.56
P_3	22.7	174.8	228.5	8.23	9.62	10.04
P_4	52.3	168.2	265.2	8.50	9.52	10.23
K	1.6	107.1	192.9	8.02	9.05	9.79
N_1P_1	292.4	300.2	354.2	10.63	10.70	11.07
N_1K	170.3	296.1	330.8	9.61	10.65	10.87
P_1K	90.6	258.0	351.1	8.88	10.33	10.99
N_1P_3K	−81.3	67.8	226.1	7.17	8.65	10.09
N_2P_2K	191.0	245.1	393.4	9.75	10.19	11.23
CK	218.7	206.3	317.9	10.07	9.97	10.85

3.8.4　结论与讨论

马尾松中、幼林不同配比（不同时间）施肥处理的经济分析结果均表明：不同的施肥处理方式，经济收益差异较大；就单肥种而言，以施 P 肥的经济收益最优；混合肥种以 N、P 肥混合效益最佳。幼林 P 肥以均分成 2 次施用最佳。马尾松人工林前 17 年生（施肥 8 年后）各处理的投资年均净现值、内部收益率均大致随林龄的增加而增加，各处理林分的经济成熟林龄应该在 17 年之后。在营林施肥投资中增产歉收较为常见，故选择合适的肥种、肥量、施肥时间，才能获得较高的经济收益。

与不施肥对比，马尾松中（幼）龄林部分施肥处理的经济收益在施肥 8 年（12 年）后较大，若以培育中、小径级马尾松工业用材为经营目的，与不施肥的相比，这些施肥处理的经济收益是显著的，但施肥肥效产生的经济效益在后续的年份是否还在延续，这还有待下一步的深入研究。

3.9　马尾松人工中龄林平衡施肥研究

我国南方某些地区因人们对森林的不合理经营，人工林地力衰退已成为普遍现象，为了探明马尾松人工中龄林需肥规律，改善人工林立地条件，提高林地生产力，我们在总结"八五"期间马尾松人工林施肥试验基础上，1991 年又进行了马尾松人工林平衡施肥试验，现将 8 年的观测材料总结如下。

3.9.1　试验地概况

试验林位于广西凭祥伏波实验场金生站 18 林班，106°41′E，22°02′N，海拔 460m，低山，南亚热带季风气候，年平均温度 19.5℃，年降水量 1400mm。花岗岩红壤，土层厚 1m 以上，pH 为 4.5。坡向南坡为主，坡度 20~25°，坡位中下位，各小区保持密度一致，即 2250 株/hm^2。

试验地前茬为杉木林，1983 年更新造林，1991 年春在布设试验地时，为保持各小区密度一致，砍除多余马尾松，平均砍除 400 株/hm^2，蓄积 5.22m^3/hm^2。1992 年 4 月（9 年）测定，保留马尾松 2250 株/hm^2，蓄积 80.7m^3/hm^2，平均树高 7.6m，最高 8.38m，最低 6.53m；平均胸径 10.3cm，最大 11.53cm，最小 8.62cm。

3.9.2　试验设计与施工

试验采用随机区组设计，13 个处理，4 次重复，各处理水平施肥量见表 3-46。每处理小区试验面积 20m×20m，重复内的处理沿等高线排在同一坡形的坡面上，同一重复内的各小区立地条件、林相、密度保持基本一致。肥料于 1992 年 4 月上旬一次性施入。施肥方法为开沟（深 5~10cm，宽 30~40cm）施，施后覆土。定出小区边界，测定小区内全部林木。然后将被压木、双叉木等伐除，每年年终对试验林进行观测记录。

表 3-46　马尾松中龄林施肥试验各处理施肥量（kg/hm²）

编号	处理	尿素	钙磷镁	氯化钾
1	N_1	225	0	0
2	N_2	450	0	0
3	P_1	0	720	0
4	P_2	0	1440	0
5	P_3	0	2880	0
6	P_4	0	5760	0
7	K	0	0	360
8	$N_1 P_1$	225	720	0
9	$N_1 K$	225	0	360
10	$P_1 K$	0	720	360
11	$N_1 P_3 K$	225	2880	360
12	$N_2 P_2 K$	450	1440	360
13	CK	0	0	0

3.9.3　结果分析

3.9.3.1　肥效变化与增益持续性分析

通过不同施肥处理定期生长量比较，进行肥效变化与增益持续性分析。

（1）不同施肥处理定期生长量比较。树高是反映立地质量的最佳参考指标，以树高为主要参考指标进行比较分析。从表 3-47 中可以看出，好的处理有 10、11、12，差的处理有 1、7、13（对照）处理，进行多重比较可知 1、7 处理与 12 处理间差异显著，其中最佳处理 12（$N_2 P_2 K$）1996（施肥 8 年后）树高、胸径、蓄积定期生产量为 5.12m、8.59cm、166.75m³/hm²，比照（13）分别增加 11.5%、15.6%、13.0%。这表明平衡施肥对促进马尾松中龄林生长有利，施单一肥料效果不理想。

（2）不同施肥处理的效应值及其增益持续性分析。为了消除初始胸径与树高值对试验结果的影响，将初始胸径 D_0 与初始树高 H_0 也列为试验因子进行统计分析，以定期生长量为试验结果，采用一元线性的一般理论进行统计分析。以参数 C 表示试验的基础值，效应值为试验因子各水平结果对照基础值时的增大值。设 α 为施肥处理产生的效应值，β_1、β_2 为初始胸径与初始树高 D_0、H_0 产生的效应值，Z 为定期生长量，可得知如下生长量预测模型：

$$Z = C + \alpha + D_0 \times \beta_1 + H_0 \times \beta_2 \tag{3-1}$$

一元线性模型效应值结果表明：①施肥对胸径生长产生正效应，以 12 处理为最好，1、5、7 处理较差，表明平衡施肥对促进胸径生长有利；②施肥对树高生长因肥种而异，单施氮、钾对树高生长不利，效应值多为负，而磷肥及配方施肥对树高生长产生正效应，以 10、11、12 处理为好，1、2、7、9 处理较差；③施肥对蓄积影响均产生正效应，表明施肥有利于提高林地生产力，以 10、11 处理为好，1、7、9 处理较差；④考察胸径、树高初始值 D_0、H_0 对试验结果的影响可知，除 D_0 对胸径的影响为负效应外，D_0 对树高、蓄积以及 H_0 对胸径、树高、蓄积生长均产生正效应，表明施肥能促进林木生长，尤其促进小径级林木生长（$Z_D = D_0 \times \beta$，β 为单位效应值，$\beta < 0$ 时，D_0 小者效应值 Z_D 大）。

一元线性模型效应值结果还表明单种肥料处理对树高、胸径、蓄积的生长效应值，施磷肥比施氮、钾肥效果好，尤以 P_4 水平为佳，说明南方红壤地区主要缺磷。

表 3-47　不同施肥处理的定期生长量

指标	处理	年度/（林龄）						
		1992（10）	1993（11）	1994（12）	1995（13）	1996（14）	1997（15）	1999（17）
胸径 /cm	$1-N_1$	0.98	1.80	2.57	3.16	3.69	6.11	7.72
	$2-N_2$	1.03	1.92	2.71	3.38	3.87	6.84	8.43
	$3-P_1$	0.93	1.83	2.59	3.18	3.72	6.20	7.73
	$4-P_2$	0.92	1.77	2.48	3.16	3.70	6.76	8.45
	$5-P_3$	0.93	1.82	2.50	3.18	3.72	6.42	7.92
	$6-P_4$	0.91	1.72	2.53	3.20	3.75	6.78	8.37
	$7-K$	0.85	1.80	2.51	3.14	3.65	6.57	8.19
	$8-N_1P_1$	1.01	1.89	2.65	3.39	3.97	6.97	8.66
	$9-N_1K$	0.91	1.70	2.42	3.09	3.57	6.86	8.48
	$10-P_1K$	0.95	1.99	2.72	3.38	3.96	6.70	8.36
	$11-N_1P_3K$	1.03	2.02	2.80	3.53	4.15	7.52	9.27
	$12-N_2P_2K$	1.00	1.89	2.67	3.44	3.98	6.91	8.59
	$13-CK$	0.84	1.64	2.38	2.95	3.36	6.05	7.43
树高 /m	$1-N_1$	0.64	1.36	1.82	2.29	2.85	3.57	4.49
	$2-N_2$	0.67	1.37	1.95	2.47	3.07	4.02	4.65
	$3-P_1$	0.64	1.60	2.11	2.67	3.40	4.00	4.97
	$4-P_2$	0.64	1.43	2.04	2.56	3.25	4.06	5.01
	$5-P_3$	0.60	1.52	2.06	2.60	3.18	4.06	4.82
	$6-P_4$	0.67	1.35	1.97	2.58	3.22	4.19	5.03
	$7-K$	0.65	1.39	1.83	2.43	3.04	3.81	4.67
	$8-N_1P_1$	0.74	1.60	2.17	2.65	3.33	4.17	4.70
	$9-N_1K$	0.59	1.47	2.02	2.58	3.28	4.00	4.60
	$10-P_1K$	0.66	1.59	2.17	2.70	3.25	4.11	5.05
	$11-N_1P_3K$	0.64	1.46	2.07	2.69	3.30	4.33	5.03
	$12-N_2P_2K$	0.65	1.56	2.29	2.81	3.59	4.30	5.12
	$13-CK$	0.67	1.45	1.96	2.52	3.12	3.83	4.59
蓄积 /（m^3 /hm^2）	$1-N_1$	22.35	46.04	68.24	87.37	106.22	124.17	157.97
	$2-N_2$	24.59	49.30	71.88	94.27	115.29	134.28	164.80
	$3-P_1$	20.89	50.95	71.97	94.64	117.75	134.38	166.38
	$4-P_2$	20.10	44.53	66.40	87.78	110.49	127.79	163.43
	$5-P_3$	20.54	47.28	68.15	87.27	110.65	127.68	162.62
	$6-P_4$	19.66	44.05	66.82	89.90	109.90	129.68	167.44
	$7-K$	18.84	43.49	62.07	82.20	103.11	120.09	153.16
	$8-N_1P_1$	24.41	51.91	75.47	97.50	121.39	134.97	168.05
	$9-N_1K$	20.22	48.31	67.11	89.28	109.97	126.74	155.19
	$10-P_1K$	21.47	50.80	73.54	94.84	118.70	137.24	173.65
	$11-N_1P_3K$	20.83	46.51	67.27	89.39	110.35	128.87	161.48
	$12-N_2P_2K$	23.29	50.80	74.32	98.38	120.71	136.54	166.75
	$13-CK$	19.68	44.59	64.81	85.07	102.37	119.71	147.62

表 3-48 为各年度不同施肥处理方差分析结果，结果表明施肥肥效有一定时效性。施肥对树高、蓄积生长影响，从 1994 年开始（施肥 3 年）至 1996 年达到 F 值为 0.05 水平的

差异，1999 年仍保持 F 值为 0.10 水平的差异，表明施肥能明显改善立地条件，促进树高、蓄积生长，但对胸径生长仅在 1996 年(施肥 5 年)表现出 F 值为 0.10 水平差异，其他年度均无显著影响。初始值 D_0 对胸径生长有显著影响，表明施肥能明显促进小径级林木生长。初始值 H_0 对蓄积生长产生显著影响，表明施肥后立地条件好的林分增产效果会更加显著方差分析结果还可看出施肥对胸径、树高影响在 1997 年已开始减弱(F 值逐渐变小)，后期情况有待进一步观测。

表 3-48　各试验因素效应值的方差分析(F 值)

项目	因素	年度/(林龄)						
		1992(10)	1993(11)	1994(12)	1995(13)	1996(14)	1997(15)	1999(17)
胸径	处理	1.000	1.699	0.888	1.313	1.787	0.554	1.110
	D_0	0.882	6.560	4.167	4.054	3.176	3.560	5.913
	H_0	0.000	1.734	0.615	0.561	0.306	1.208	1.546
树高	处理	0.348	1.556	2.241	2.470	2.244	1.343	1.843
	D_0	0.003	0.000	0.574	2.199	2.372	0.131	0.584
	H_0	0.003	1.657	0.760	0.133	0.001	0.098	0.005
蓄积	处理	1.614	1.725	1.522	2.059	2.464	1.533	1.379
	D_0	0.158	0.030	0.540	0.581	2.117	1.115	0.240
	H_0	2.899	9.580	5.059	7.434	3.731	3.452	3.598

$F_{0.05}(12, 37) = 2.02$　$F_{0.10}(12, 37) = 1.70$；对 D_0 与 H_0 分析 $F_{0.05}(1, 37) = 4.11$　$F_{0.10}(1, 37) = 2.86$

3.9.3.2　试验因素对生长影响的偏相关分析

为探明不同试验因素对生长影响的密切程度，须进行偏相关分析。从表 3-49 可看出，施肥对树高、胸径、蓄积影响一直表现出明显的相关性，表明施肥对促进马尾松中林生长影响是显著的。初始值 D_0 对胸径生长的影响呈现出显著的负相关性，表明施肥对促进小径级林木生长影响明显。H_0 对树高生长影响仅在 1993 年(施肥 2 年)表现出 0.10 水平相关性，其余年度 H_0 对树高生长无显著相关性，表明肥效能掩盖林地本身对树高生长影响。综上可知，施肥对促进马尾松中林生长有显著相关性，在肥效期内林木生长取决于施肥因素，而与立地质量本身无显著相关性。

表 3-49　各因素对生长影响的偏相关分析(偏相关系数)

指标	因素	年度/(林龄)						
		1992(10)	1993(11)	1994(12)	1995(13)	1996(14)	1997(15)	1999(17)
胸径	施肥处理	0.495 *	0.596 *	0.473 *	0.546 *	0.606 *	0.515 *	0.514 *
	D_0	−0.190	−0.464 *	−0.383 *	−0.384 *	−0.346 *	−0.479 *	−0.445 *
	H_0	−0.004	0.261	0.160	0.155	0.115	0.308 *	0.250
	R^2	0.538	0.681	0.585	0.637	0.676	0.636	0.630
树高	施肥处理	0.318 *	0.579 *	0.648 *	0.667 *	0.649 *	0.551 *	0.612 *
	D_0	0.014	0.001	0.156	0.292 *	0.304 *	0.065	0.155
	H_0	0.011	0.264	0.182	0.077	0.005	0.066	0.015
	R^2	0.330	0.644	0.708	0.721	0.704	0.561	0.624

（续）

指标	因素	年度/（林龄）						
		1992（10）	1993（11）	1994（12）	1995（13）	1996（14）	1997（15）	1999（17）
蓄积	施肥处理	0.586*	0.599*	0.574*	0.633*	0.667*	0.576*	0.556*
	D_0	0.082	0.035	0.150	0.154	0.289	0.210	0.098
	H_0	0.340*	0.535*	0.424*	0.491*	0.376*	0.355*	0.352*
	R^2	0.714	0.793	0.763	0.809	0.808	0.747	0.684

$r_{0.05} = 0.273$ 　 $r_{0.10} = 0.231$

3.9.3.3　不同施肥处理与林下硬皮豆马勃菌生长

马尾松短根常与土壤中的某些真菌共生，形成菌根（外生菌根）。菌根真菌从松树根中吸取养料，与此同时，菌根合成各种酶和生长激素，促进马尾松根系生长。覆盖在短根外面的菌丝还能代替根毛，行使吸收水分和无机盐作用，从而扩大了根的吸收面积，提高树体抗旱能力，加速树体生长。因此改善菌根生长条件，或在播种育苗或造林时进行菌根接种，都有益于马尾松生长。本试验过程中发现，施肥3个月后，不同处理林下硬皮豆马勃（$Scleroderma$ spp.）子实体个数差异极显著，且第二年仍发现有这种规律。表3-50为施肥3个月后，不同处理林下硬皮豆马勃子实体个数，结果表明磷肥处理硬皮豆马勃子实体个数最多，且有随施肥量增加，子实体个数增加规律。硬皮豆马勃是马尾松最常见菌根菌之一，是否可以断定，施磷肥能促进硬皮豆马勃生长进而促进马尾松的生长，尚待进一步研究。

表3-50　不同施肥处理林下硬皮豆马勃菌个数（个/m²）

处理	样方					合计	平均
	1	2	3	4	5		
CK	0	0	0	0	0	0	0.00
K	0	0	0	0	0	0	0.00
N_1	0	1	0	0	3	4	0.09
N_1K	0	0	0	2	2	4	0.09
N_2	0	0	5	0	0	5	0.11
N_2P_2K	6	0	0	0	2	8	0.18
N_1P_1	7	0	7	0	0	14	0.31
P_1	0	0	8	11	5	24	0.53
P_1K	11	0	0	16	4	31	0.69
P_2	5	17	3	7	7	39	0.73
P_3	9	7	7	16	0	39	0.73
P_4	5	10	7	10	15	47	1.04
N_1P_3K	11	8	22	21	10	72	1.60

3.9.4　结　论

（1）通过8年的马尾松中林施肥试验表明，平衡施肥对促进马尾松中林生长有利，单施某一肥料效果不理想，单施氮、钾肥甚至产生负效应，施肥8年后最佳处理12（N_2P_2K）

树高、胸径、蓄积比对照分别高 11.5%、15.6%、13.0%。

（2）施肥肥效有一定时效性。在肥效期内施肥处理是林木生长密切相关因子之一，甚至可以掩盖林地质量对林木生长影响。施肥后期肥效减弱时立地条件仍是林木生长密切相关因子。

（3）本试验中发现施肥 3 个月后，不同处理林下硬皮豆马勃菌子实体个数差异显著，磷肥处理林下子实体个数最多，且有随施用量增加子实体个数增加趋势。

3.10　马尾松脂材两用人工林经济效益分析与评价——以广西国有派阳山林场为例

马尾松是中国南方主要的乡土树种和最重要的造林树种之一，分布广泛，生长迅速，适应性强，其木材纤维含量高、纤维形态好，是优质的制浆造纸原料，同时马尾松还是优良的产脂树种，以马尾松松脂为原料生产的松香在国际松香市场享有很高的声誉，被广泛应用于油墨、涂料、造纸及胶粘剂等行业。以前，马尾松人工林培育主要以用材为主，国内学者对其经济效益开展了大量研究。随着中国经济的快速增长，劳动力成本不断增加，改变传统经营模式，提高马尾松人工林的经济效益成为一个亟待解决的问题。因此，针对马尾松脂材两用人工林进行经济效益分析与评价，对林业生产和经营具有重要的指导意义。

3.10.1　试验林概况

试验林位于派阳山林场岑勒分场 1 林班，低山地貌，腐殖质厚 2cm，土层厚度 85～150cm，石粒含量约 10%～15%，成土母岩为砂岩，土壤为赤红壤，海拔 360～500m，病虫害少。试验林面积 25.2hm²，于 1995 年造林，初植密度 2505 株/hm²，采用桐棉种源马尾松苗木造林，造林时每坎施放 500g 过磷酸钙作为基肥。造林后 4 年进行打枝和卫生伐，8 年时采取"砍小留大、砍弯留直、砍劣留优"的原则进行间伐，对试验林密度进行了调整，最终保留密度为 900 株/hm²。间伐后 3 年（即 11 年时）按采脂规程采割松脂，连续采割 5.5 年后（即 16 年）进行主伐。伐前林分郁闭度为 0.7，平均胸径 19.5cm，平均树高 12.2m。

3.10.2　计算方法及依据

3.10.2.1　投资成本构成及计算

投资成本由营林投资成本、采运成本（按 100 元/m³ 计）、林道成本（按 500 元/hm² 计）、松脂成本（包括购置工具、工资、包装运输等，按松脂产值 40% 计）、税费"两金一费"（按木材产值 10% 计）、其他成本（按 500 元/hm² 计）等 6 个部分组成。在同一林区内将实际价格用于造林项目经济分析，有利于消除物价变动和通货膨胀对经济评价的影响，对林业生产更具有现实指导意义。因此本书营林投资成本均为营林过程中记录下的原始成本，主要包括清理造林地、整地、定植、补植、抚育直至主伐的一切营林活动所发生的费用和苗木、肥料等材料费用及管护等费用（表 3-51）。

表 3-51　营林投资成本构成(元/hm²)

时间	清山炼山	挖坎整地定植	补植	肥料及工资	苗木	抚育	病虫害防治	护林防火	打枝	卫生伐	小计
1 年	190	189		198	250.5	33.36	38	38			936.86
2 年			252			33.36	38	38			361.36
3 年						33.36	38	38			109.36
4 年							38	38	164.45	142.9	383.35
5 年							38	38			76
6 年							38	38			76
7 年							38	38			76
8 年							225	300			525
9 年							225	300			525
10 年							225	300			525
11 年							225	300			525
12 年							225	300			525
13 年							225	300			525
14 年							225	300			525
15 年							225	300			525
16 年							225	300			525
总计	190	189	252	298	250.5	100.08	2291	2966	164.45	142.9	6743.93

3.10.2.2　经济评价指标的确定

本书经济效益主要以产值、净收益、净现值(NPV)、内部收益率(IRR)、动态投资回收期为评价指标,折现率取 12%,IRR 计算使用 Office 2007 自带财务公式完成。

(1)净现值(NPV):净现值是指逐年收益值的总和减去逐年开支现值的总和。净现值特别适用于生产周期长的造林投资项目。在方案选优中,净现值强调在一定时期内项目全部投资的总效益。净现值如为正值,是指除去开支后的利润;如为负值,投资所得收益将不够偿还成本。

(2)内部收益率(IRR):内部收益率是指净现值等于零时的折现率,它求出的是项目实际达到的投资效率。在一般情况下,IRR 和 NPV 对项目的接受判断是一致的,但在方案选优中,IRR 强调的是在最短时间内收回资金。

(3)动态投资回收期:动态投资回收期是指在考虑资金时间价值的条件下,项目从投资开始起,到累计折现现金流量等于零时所需的时间。动态投资回收期能在一定程度上反映项目投资的资金回收速度,可为生产者降低投资风险提供参考。

3.10.2.3　原木材积

原木材积计算公式:

$$V_1 = 0.7854L \times (D + 0.45L + 0.2)^2 / 10000$$

$$4\text{cm} \leqslant D \leqslant 12\text{cm}$$

(3-9)

$$V_2 = 0.7854L \times [D + 0.5L + 0.005L^2 + 0.000125L(14 - L)^2(D - 10)]^2/10000$$

$$D \geqslant 14\text{cm} \tag{3-10}$$

式中：V——材积；

　　　D——检尺径；

　　　L——检尺长。

3.10.2.4　松脂产值

松脂产值为松脂产量与单价的乘积。以标准地调查数据单株平均值[3kg/（株·年）]乘以单位面积林木株数推算林分产量，松脂单价分别采用广西历年市场价格平均值：2005～2007 年 5 元/kg；2008 年 6 元/kg；2009 年 7 元/kg；2010 年 16 元/kg。

3.10.3　结果与分析

过去生产者经营马尾松人工林大多以用材为主，近几年由于松脂价格不断攀升，采脂已成为经营马尾松人工林的主要经济收入来源之一。采用何种模式经营马尾松人工林能获得更高的经济收益和提高资金的投资回报率，如何缩短投资期限较早获利、降低投资风险提高资金利用效率等问题一直是林业生产者最为关心的问题。本书根据马尾松人工林经营过程中实际的收支情况，用现金流量分析方法计算整理采脂、未采脂林分投资经济效益。

3.10.3.1　未采脂林分经济效益分析

林分于 8rh 时进行间伐，平均生产薪柴 22.5m³/hm²，价格为 200 元/m³，间伐材产值为 4500 元/hm²。全林主伐后以南方普遍采用的 2m 原木检尺长为标准进行制材、检尺，按径阶统计数量并计算出材量，木材产值为马尾松各材种单价与出材量乘积的累计值（表 3-52）。木材单价按派阳山林场 2010 年松纸材价格计算：6 径阶 540 元/m³；8～12 径阶 570 元/m³；14～18 径阶 600 元/m³；20 径阶以上 690 元/m³。

表 3-52　未采脂林分出材量及产值

	径阶/cm				合计
	6	8～12	14～18	≥20	
材积/（m³/hm²）	0.5053	38.6487	36.1537	2.1424	77.45
产值/（元/hm²）	272.86	22029.76	21692.22	1478.26	45473.1

从表 3-52 可看出，试验林出材以 18 径阶以下的小径材为主，其中 8～12 径阶数量最多，20 径阶以上的中大径材数量稀少；木材产值主要集中于 8～12 径阶。林分木材总产值（间伐材与主伐材产值之和）为 49973.1 元/hm²，林分单位面积年均木材产值 3123.3 元/hm²。

表 3-53 反映了林分投资净现金流量变化过程及林分经济效益状况。从表中可以看出，林分净收益、年均净收益、净现值（NPV）、年均净现值分别为 27236.9 元/hm²、1702.3 元/hm²、3526.9 元/hm²、220.4 元/hm²；动态投资回收期为 15.4 年；内部收益率为 21%，而南带马尾松 14～19 年采伐的内部收益率在 12.46%～20.34% 之间（折现率为 10%），说明运用此种经营模式经营马尾松人工林能获得较高的经济收益。

表 3-53　未采脂林分投资净现金流量及 NPV、IRR（元/hm²）

时间	资金流入	资金流出					净现金流量	净现值流量
		营林	林道	采运	税费	其他		
1 年		936.86					-936.86	-936.9
2 年		361.36					-361.36	-322.6
3 年		109.36					-109.36	-87.2
4 年		383.35					-383.35	-272.9
5 年		76					-76	-48.3
6 年		76					-76	-43.1
7 年		76					-76	-38.5
8 年	4500	525		2250	450		1275	576.7
9 年		525					-525	-212.0
10 年		525					-525	-189.3
11 年		525					-525	-169.0
12 年		525					-525	-150.9
13 年		525					-525	-134.8
14 年		525					-525	-120.3
15 年		525					-525	-107.4
16 年	45473.1	525	500	7745	4547.3	500	31655.8	5783.4

3.10.3.2　采脂林分综合经济效益分析

于造林后 11 年时开始采脂，连续采割 5.5 年（林分于 16 年下半年主伐，当年仅采脂 0.5 年）。从表 3-54 可看出，松脂总产值（历年产值之和）为 97200 元/hm²，年均产值 16200 元/hm²，分别是木材总产值（49973.1 元/hm²）和年均产值（3123.3 元/hm²）的 194.5% 和 518.7%。连续采脂 3 年创造的产值可达到木材总产值的 97.3%，采脂后林分总产值达 147173.1 元/hm²。采脂林分净收益、年均净收益、净现值（NPV）、年均净现值分别为 85556.9 元/hm²、5347.3 元/hm²、15587.7 元/hm²、974.2 元/hm²，净收益和净现值比未采脂林分分别增加了 214.1%、342%；采脂林分内部收益率为 37%，比未采脂林分提升了 16 个百分点；采脂林分动态投资回收期为 10.6 年，比未采脂林分缩短了 4.8 年，降低了资金投资风险，更有利于投资成本的快速回收。

3.10.4　结　论

首先，综合 16 年生马尾松采脂林分经济效益评价，按 12% 折现率分析后表明：采脂林分总产值、净收益、净现值（NPV）、内部收益率（IRR）等经济指标分别为 147173.1 元/hm²、85556.9 元/hm²、15587.7 元/hm²、37%，净收益和净现值（NPV）比未采脂林分分别增加了 214.1%、342%，经济效益提升明显，采脂极大地提高了马尾松人工林的经济效益；采脂林分动态投资回收期降至 10.6 年，比未采脂林分缩短时间 4.8 年，加速了投资成本的回收速度，提高了生产者的资金利用效率。

其次，本经营模式技术组合是：选用优良种源良种造林，适当密植，4 年时进行打枝及卫生伐，8 年时适时间伐，最终保留密度为 900 株/hm²，间伐后 3 年采脂，16 年主伐。

运用本模式经营马尾松人工林，能在满足培育目标的前提下，有利于投资者获得最大的经济效益和降低投资风险，适宜于经营短周期纸浆材、小径材和纤维材等工业原料林，是林业生产单位和资金紧张期望快速回收投资成本的投资者优先考虑的经营模式之一。

表 3-54 采脂林分投资净现金流量及 NPV、IRR（元/hm^2）

时间	资金流入		资金流出						净现金流量	净现值流量
	木材	松脂	营林	林道	采运	税费	采脂	其他		
1 年			936.86						−936.86	−936.9
2 年			361.36						−361.36	−322.6
3 年			109.36						−109.36	−87.2
4 年			383.35						−383.35	−272.9
5 年			76						−76	−48.3
6 年			76						−76	−43.1
7 年			76						−76	−38.5
8 年	4500		525		2250	450			1275	576.7
9 年			525						−525	−212.0
10 年			525						−525	−189.3
11 年		13500	525				5400		7575	2438.947
12 年		13500	525				5400		7575	2177.631
13 年		13500	525				5400		7575	1944.314
14 年		16200	525				6480		9195	2107.257
15 年		18900	525				7560		10815	2212.963
16 年	45473.1	21600	525	500	7745	4547.3	8640	500	44615.8	8151.14

3.11 不同年龄马尾松人工林水源涵养能力比较研究

水源涵养功能是森林生态系统的重要功能之一。森林生态系统通过乔木层、灌草层、凋落物层和土壤层来阻滞降水、涵蓄水源，从而起到调节地表径流、保持水土的作用。不同森林生态系统由于其物种生物学特性、垂直结构、凋落物及土壤理化性质的不同，其水源涵养功能也存在相当大的差异。不同年龄森林生态系统的凋落物层和土壤层具有不同的理化性质，因而具有不同的水源涵养力。有关马尾松林的水源涵养能力，很多学者对马尾松天然林、马尾松针阔混交林及马尾松人工纯林做了大量的比较研究，但以马尾松人工纯林为研究对象，同时空比较不同年龄马尾松人工纯林的水源涵养力，相关的研究还不多，结论也有待于进一步验证。

笔者以广西横县镇龙林场为研究地点，比较分析不同年龄马尾松人工林凋落物层及土壤层的水源涵养能力，探讨马尾松人工林水文动态变化规律，对提高人工林生态服务功能，促进林业经济的可持续发展，具有重要的理论意义和实践意义。

3.11.1　试验地概况与试验方法

3.11.1.1　试验地概况

试验地选在镇龙林场，位于广西横县北部，$109°08' \sim 109°19'E$，$23°02' \sim 23°08'N$，地形多为海拔 $400 \sim 700m$ 低山丘陵。该区属南亚热带季风气候，年平均气温 $21.5℃$，极端最低温 $-1℃$，极端最高温 $39.2℃$；年平均降水量 $1477.8mm$；年平均日照时数 $1758.9h$，常年日照充足，热量充沛；林地土壤多为赤红壤，呈酸性或微酸性。林场经营总面积 $6069.9hm^2$，森林覆盖率达 90%，主要是马尾松等树种。

3.11.1.2　试验方法

（1）样地设置。在国营横县镇龙林场选取 2、3、13、16、24 和 50 年生 6 个年龄的马尾松人工纯林，在立地条件相似、土层深厚、土壤质地典型及林木长势旺盛的地段，建立 $20m \times 20m$ 标准地，各标准地按对角线布设 3 个 $1m \times 1m$ 的小区，共计 18 个小区。不同年龄马尾松人工林特征见表 3-55。

表 3-55　不同年龄马尾松人工林特征

林龄/年	海拔/m	坡位	坡向	密度/（株/hm²）	平均胸径/cm	平均树高/m	郁闭度	经营措施
2	288	中坡	西南	2000	3.5(0.13)	1.5(0.12)	未郁闭	连续抚育 2 年
3	287	中坡	东	2220	4.2(0.43)	3.1(0.18)	未郁闭	未抚育 1 年
13	453	中坡	东	2500	13.3(0.74)	13.2(0.29)	0.8	未抚育
16	450	中坡	北	2400	18.4(0.92)	18.5(0.37)	0.7	未抚育
24	271	上坡	北	600	25.5(2.50)	22.0(0.41)	0.8	未抚育
50	260	中坡	东南	200	35.5(2.25)	24.0(1.77)	0.8	未抚育

注：括号内数值为标准误，$n = 10$。

（2）凋落物量及最大持水量的测定。地表凋落物分别于 2010 年 5 月和 11 月各取样 1 次，每次布设 18 个 $1m \times 1m$ 样方，收集地表全部凋落物，测定其最大持水量。将收集的凋落物置于烘箱中在 $80℃$ 下烘至恒重后称重（w_1），再将烘干后的凋落物装入纱布袋中置于水中浸泡 $24h$，取出静置，待无水滴滴下时称重（w_2），凋落物的最大持水量（$W_{最大持水量}$，g）和最大持水率（$W_{最大持水量}$，%）分别为

$$W_{最大持水量} = w_2 - w_1, \quad W_{最大持水率} = (w_2 - w_1) \times 100/w_1 \tag{3-11}$$

（3）土壤物理性质及最大持水量的测定。土壤最大持水量的测定采用剖面法，于 2010 年 5 月和 11 月各取样 1 次。在各小区中心设置土壤剖面，用环刀分别在 $0 \sim 20cm$、$20 \sim 40cm$ 和 $40 \sim 60cm$ 土层取自然状态土样，带回室内用于土壤物理性质分析。用"浸水法"测定其土壤毛管孔隙度、非毛管孔隙度和总孔隙度。

$$土壤最大持水量 \ V = 10000PD \tag{3-12}$$

式中：P——非毛管孔隙度（%）；

$\qquad$ D——土层深度（m）。

3.11.2 结果与分析

3.11.2.1 不同年龄马尾松人工林凋落物层最大持水量

凋落物层在森林系统水源涵养功能中具有极其重要的作用，既能截持降水，又能阻滞径流和地表冲刷。同时，凋落物分解易形成土壤腐殖质，能改善土壤结构，提高土壤渗透性。不同林分由于其群落结构和性质不同，年凋落物量及其分解难易程度不同，导致凋落物量及水源涵养能力存在差异。从图 3-9 可以看出，在 2 年生马尾松人工林分中，由于连续抚育 2 年（包括除去灌草和人工施肥等措施），地表干扰大，没有凋落物；3 年生马尾松林已停止抚育 1 年，地表凋落物略有增加，约为 0.30t/hm²；此后，随着林龄增大，凋落物量逐渐增加，到 16 年生林分达到最高，为 4.41t/hm²，表明此年龄的马尾松林生长旺盛，更新速度较快；而后，地表凋落物量逐渐减少，24 年生和 50 年生林分分别为 3.90t/hm² 和 3.41t/hm²。成熟林分地表凋落物降低，可能与成熟林生态系统物质循环的加快有关。就凋落物层最大持水量而言，由于凋落物最大持水量与凋落物量呈极显著正相关（$P < 0.001$）（图 3-10），单位面积凋落物层的最大持水量在 16 年生林分中最高，达 9.47t/hm²，24 年生和 50 年生林分分别为 8.77t/hm² 和 6.51t/hm²。从凋落物层的最大持水量变化趋势看，该结果高于蔡跃台的研究结论（25 年生，2.66t/hm²），但低于丁访军等的试验结果（36 年生，14.04t/hm²），这可能与马尾松人工林在地区间的差异有关。

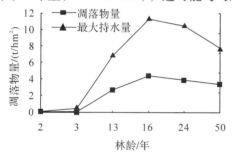

图 3-9 不同年龄马尾松人工林凋落物量
与最大持水量

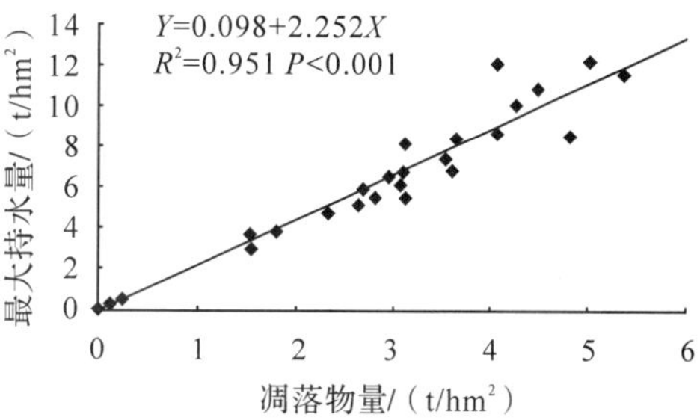

图 3-10 不同年龄马尾松人工林凋落物量
与最大持水量的关系

3.11.2.2 不同年龄马尾松人工林土壤层水源涵养力

森林土壤是水分贮蓄的主要场所，土壤水分贮蓄量和贮蓄方式受其物理性质影响很大。土壤总贮水量是毛管孔隙和非毛管孔隙水分贮蓄量之和，反映了土壤贮蓄和调节水分的潜在能力。土壤是森林水源涵养的主体，不同林型由于土壤物理性质差异明显，其土壤的持水性能和贮水量亦明显不同。土壤容重主要取决于土壤结构和垒结状况，反映出土壤透水性和透气性状况。从表 3-56 可以看出，在 6 个林分中，从表层土（0～20cm）到深层土（40～60cm），土壤容重逐渐增大。一般认为，幼龄马尾松人工林地表土壤容重最大，随林龄增大土壤容重逐渐减少。但在试验中（表 3-56），2 年生到 24 年生林分地表土壤容重没有明显规律，这可能是由于镇龙林场的 6 个试验林地相隔较远，空间变异较大的缘故。从表 3-56 可以看出，50 年生林分表层土容重最低，表明此年龄的马尾松人工林表土透水性最高，质地最好。土壤孔隙是土壤水分、养分、空气和微生物等迁移的通道、贮存的库和活动的场所，直接影响土壤透水性和持水力。就土壤层总孔隙度而言，随着马尾松林龄增大，20～40cm 和 40～60cm 的土壤总孔隙度没有明显规律，但从幼龄林到成熟林，表层土壤总孔隙度呈逐渐增大的趋势（图3-11）。从表3-56 还可以看出，随着马尾松人工林林龄增大，非毛管孔隙度和非毛管孔隙度/毛管孔隙度呈增加趋势，尤其在成熟林中增加幅度较大，这与游秀花的研究结果一致。说明了成熟马尾松林群落在植被状况、群落结构、系统复杂性等方面均有所增加，使土壤具有更好的通气性、渗透性和保水性。

表3-56　不同年龄马尾松人工林土壤水分物理性质

林龄/年	0～20cm				
	容重/(g/cm³)	毛管孔隙度/%	非毛管孔隙度/%	总孔隙度/%	非毛管/毛管孔隙度
2	1.06(0.16)	40.87(1.46)	10.20(0.20)	51.07	0.25
3	1.18(0.02)	42.80(1.65)	8.20(0.71)	51.00	0.19
13	1.06(0.08)	40.23(1.61)	11.07(0.49)	51.30	0.28
16	1.25(0.06)	44.23(1.32)	8.17(0.52)	52.40	0.18
24	1.15(0.07)	40.10(1.87)	12.23(0.46)	52.33	0.30
50	0.88(0.01)	35.60(1.62)	19.10(1.01)	54.70	0.54

林龄/年	20～40cm				
	容重/(g/cm³)	毛管孔隙度/%	非毛管孔隙度/%	总孔隙度/%	非毛管/毛管孔隙度
2	1.22(0.03)	39.77(0.82)	0.76(0.60)	47.40	0.19
3	1.42(0.02)	40.93(0.72)	5.50(0.44)	46.43	0.13
13	1.07(0.07)	35.40(0.67)	11.97(1.32)	47.37	0.34
16	1.50(0.02)	43.17(0.77)	2.37(0.33)	45.43	0.05
24	1.36(0.05)	40.17(1.73)	7.47(1.06)	47.63	0.19
50	1.24(0.09)	36.90(1.87)	10.93(0.62)	47.83	0.30

林龄/年	40～60cm				
	容重/(g/cm³)	毛管孔隙度/%	非毛管孔隙度/%	总孔隙度/%	非毛管/毛管孔隙度
2	1.34(0.07)	37.90(1.01)	7.50(0.34)	45.40	0.20
3	1.44(0.03)	41.17(1.17)	6.07(0.50)	47.23	0.15
13	1.07(0.02)	35.47(0.80)	10.60(1.02)	46.07	0.30
16	1.53(0.03)	42.77(0.70)	2.33(0.08)	45.1	0.05
24	1.47(0.04)	39.57(1.43)	4.50(0.35)	44.07	0.11
50	1.28(0.11)	39.93(2.01)	6.70(0.90)	46.63	0.17

注：括号内数值为标准误，$n=6$。

3.11.2.3　不同年龄马尾松人工林综合水源涵养力

一般认为，在森林水源涵养层中，林冠层的水源涵养力仅占森林系统水源涵养力的15%以下，凋落物层和土壤层是水源涵养功能的主体。在试验中，由于各年龄马尾松人工林下灌草层很少，且空间变异较大，因而没有考虑林下灌草层的水源涵养能力，这是本研究的不足之处。从各林分综合水源涵养能力（凋落物最大蓄水量＋土壤最大持水量）来看（图3-12），随着马尾松人工林从幼龄林向成熟林演化，马尾松人工林生态系统的综合水源涵养能力呈逐步提高的趋势，其水文生态服务功能逐渐增强。2、3、13、16、24 和 50 年生林分的综合水源涵养力分别达到 143.87t/hm²、144.66t/hm²、148.94t/hm²、152.50t/hm²、152.80t/hm² 和 155.67t/hm²。

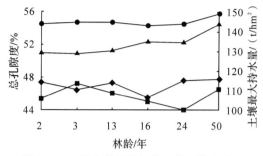

图 3-11　不同年龄马尾松人工林土壤孔隙度
和最大持水量

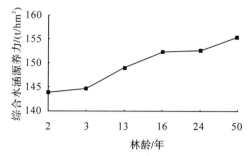

图 3-12　不同年龄马尾松人工林综合
水源涵养力

3.11.3　结　论

不同年龄马尾松人工林凋落物层和土壤层水源涵养能力比较研究结果表明，随着马尾松幼龄林向成熟林演化，地表凋落物总量逐渐增大，到 16 年生林分达到最高，此后，凋落物总量逐渐降低，并趋于稳定。凋落物层最大持水量与凋落物量呈极显著正相关($P <$ 0.001)。表层土壤非毛管孔隙度和非毛管孔隙度/毛管孔隙度随林龄增大也逐渐增大，0 ~ 60cm 土壤总持水量也呈增加趋势。随着林龄增大，马尾松人工林凋落物层和土壤层综合水源涵养力逐渐增强。

3.12　广西华山 5 种幼龄林水源涵养功能研究

森林生态系统具有生产有机物、调节气候、涵养水源、防风固沙、保护环境、维护生物多样性和保持生态平衡等服务功能，其中，水源涵养功能是其重要功能之一。森林通过乔木层、灌草层、凋落物层和土壤层来阻滞降水、涵蓄水源，从而起到调节地表径流，保持水土的作用。大气降水落到森林表面，受林冠层截留，引起降水第一次分配。随着降水量的增加，林冠在充分湿润后，水分才透过林冠到达地面。凋落物层能覆盖地表，增大了地表粗糙度，增加了径流入渗时间和入渗量，起到阻缓径流的作用；同时抑制土壤水分的蒸发，起到蓄水保水的作用。降落到林地地表的雨水，大部分通过土壤孔隙渗入到土壤中，由于森林土壤强大的持水性能，水分不能激速流出，而是缓慢渗出，从而缓解地表洪水的爆发。不同森林系统由于其在物种生物学特性、垂直结构、凋落物及土壤理化性质的不同，其水源涵养功能也存在相当大的差异。一般认为，在森林水源涵养层中，凋落物层和土壤层是水源涵养功能的主体，林冠层的水源涵养力仅占森林系统水源涵养力的 15% 以下。

本研究以广西华山林场为研究地点，比较分析马尾松、湿地松、尾叶桉 *Eucalyptus urophylla*、枫香 *Liquidambar formosana* 和荷木 *Schima superb* 等 5 种人工林林冠层、凋落物层及土壤层水源涵养功能差异，探索不同人工林水文动态规律，为提高人工林生态服务功能，促进林业经济的可持续发展，具有重要的理论和实践意义。

3.12.1 试验地概况与试验方法

3.12.1.1 试验地概况

试验在华山林场进行。林场位于广西环江毛南族自治县中部，180°15′E，25°6′N，地形多为海拔 300~600m 低山丘陵。属中亚热带气温气候，年平均气温为 19.8℃，最高气温 38.9℃，最低气温 5.1℃；年均降水量为 1400mm；常年日照充足，热量充沛，干湿季节明显；林地土壤多为红、黄土壤。林场经营总面积有 1.4 万 hm²，森林覆盖率达 80%，其中，生态公益林面积 0.85 万 hm²，商品林 0.40 万 hm²。天然林比重较大，人工林多为松、杉、桉等树种。

3.12.1.2 试验方法

(1)试验设计：在马尾松林、湿地松林、尾叶桉林、枫香林和荷木林 5 种人工林地，选取立地条件相似、土层深厚、土壤质地类似及林木长势旺盛的典型地段，随机建立 3 个 1m×1m 的小区，共计 15 个小区(5 个林型×3 个重复)。5 种人工林本底值见表 3-57。

表 3-57　5 种林型本底特征

林型	主要树种	起源	林龄/年	密度/(株/hm²)	平均胸径/cm	平均树高/m	郁闭度	经营措施
马尾松林	*P. massoniana*	人工	5	2500	9.6(0.99)	8.5(0.02)	0.65	近 2 年未抚育
湿地松林	*P. elliottii*	人工	5	2500	8.9(0.74)	7.5(0.02)	0.70	近 2 年未抚育
尾叶桉林	*E. urophylla*	人工	5	1666	13.8(1.19)	17.0(0.03)	0.60	近 2 年未抚育
枫香林	*L. formosana*	人工	5	2500	6.8(0.24)	6.0(0.02)	0.80	近 2 年未抚育
荷木林	*S. superba*	人工	5	2500	6.0(0.38)	5.5(0.02)	0.85	近 2 年未抚育

注：括号内数值为平均误，$n=3$。

(2)林冠层截留率的测定：在 5 个林型中，随机设置 20m 样线，均匀布设 10 个雨量筒(内径 20cm，高 30cm)。每次降雨后，测定透过林冠降水量。把对照雨量筒测得的大气降水与透过降水量比较，计算人工林对降水的截留量(F_i)和截留率(F_{ir})。

$$F_i = F_p - F_t \tag{3-13}$$

$$F_{ir} = F_i/F_p \times 100\% \tag{3-14}$$

式中：F_i——林冠截留量(mm)；

　　　F_p——林外降水量(mm)；

　　　F_t——林内降水量，包括穿透水和滴水量(mm)；

　　　F_{ir}——林冠截留率(%)。

(3)凋落物最大持水量的测定：在 15 个小区内，收集地表全部凋落物，测定其最大持水量。将收集的凋落物置于烘箱中在 80℃下烘至恒质量后称质量(w_1)，再将烘干后的凋落物装入纱布袋中置于水中浸泡 24h，取出将其空干(以无水滴滴下为标准)后称质量(w_2)，则凋落物的最大持水量($W_{最大持水量}$，g)和最大持水率($W_{最大持水率}$，%)分别为：

$$W_{最大持水量} = w_2 - w_1 \tag{3-15}$$

$$W_{最大持水率} = (w_2 - w_1) \times 100/w_1 \tag{3-16}$$

(4)土壤最大持水力的测定：土壤最大持水力的测定采用剖面法，在各小区设置土壤剖面，用环刀分别在 0～20cm、20～40cm 和 40～60cm 土层取自然状态土样，带回室内用于土壤物理性质分析。用"浸水法"测定其土壤毛管孔隙度、、非毛管孔隙度和总孔隙度。

（5）土壤渗透率的测定：在各小区内，挖取土壤剖面，用环刀（内径 10cm，高 20cm）取土样，带回室内浸泡 36h 后，用"单环有压入渗法"测定土壤渗透性。测定时将装有原状土柱的环刀下端套上有网孔且垫有滤纸的底盖，上端放置一个大小与环刀一致、高 5cm 的环。将上下接口密封，严防漏水。将结合好的环刀放在漏斗上方，架上漏斗架，漏斗下面承接盛水容器。从上方向环内加水，保持水与环的上沿持平，即保持 5cm 的水头。试验过程中每隔 1min 称量并记录 1 次通过土柱渗透出的水量，直到单位时间内渗出的水量相等为止。

3.12.2　结果与分析

3.12.2.1　5 种林型林冠层截留能力

森林水源涵养功能首先体现在林冠层对降雨的截留。林冠的这种作用，不仅减少了林下径流量，而且推迟了产流时间。林冠层降水截留作用的大小是由树种类型、林冠结构、叶面积指数和叶持水率所决定的。本研究经过 3～8 月的连续观测，取不同降雨条件下林冠层截留率平均值，结果表明，5 种林型林冠层年截留率分别为：马尾松林 18%，湿地松 21.6%，尾叶桉林 13.9%，枫香林 13.8%，荷木林 37.5%。其中，荷木林冠层截留率最高，枫香林冠层截留率最低。

3.12.2.2　5 种林型凋落物层水源涵养力

凋落物层在森林系统水源涵养功能中具有极其重要的作用，它既能截持降水，又能阻滞径流和地表冲刷。同时，凋落物分解易形成土壤腐殖质，能改善土壤结构，提高土壤渗透性。不同林型由于其树种不同，年凋落物量及其分解难易程度不同，导致不同林型凋落物蓄积量及水源涵养能力存在差异。从表 3-58 可以看出，就凋落物层蓄积量而言，尾叶桉林最高，达 4.83t/hm²；马尾松林、枫香林和荷木林居中，分别为 3.26t/hm²、3.16t/hm² 和 3.00t/hm²；湿地松林较低，为 2.59t/hm²。在 5 种林型中，尾叶桉林单位面积凋落物层的持水性能最好，最大持水系数为 170.15%，最大持水量为 8.22t/hm²；枫香林尽管凋落物层最大持水系数很高，达 181.77%，但由于其凋落物层蓄积量较低，因而最大持水量仅为 5.74t/hm²；马尾松林和荷木林凋落物层最大持水量在 5 种林分中处于中等水平，分别为 5.15t/hm² 和 4.67t/hm²；湿地松林凋落物层蓄积量较低，其最大持水系数亦较低，最大持水量为 3.39t/hm²。

表 3-58　5 种林型凋落物层的蓄积量及最大持水量

林型	凋落物层蓄积量/(t/hm²)	最大持水系数/%	最大持水量/(t/hm²)
马尾松林	3.26(0.45)	158.11(5.25)	5.15(0.81)
湿地松林	2.59(0.02)	130.95(0.40)	3.39(0.01)
尾叶桉林	4.83(0.26)	170.15(9.40)	8.22(0.02)
枫香林	3.16(0.34)	181.77(11.46)	5.74(0.26)
荷木林	3.00(0.61)	155.83(2.17)	4.67(0.58)

注：括号内数值为平均误，$n=3$。

3.12.2.3　5 种林型土壤层水源涵养力

表 3-59 表明，5 种人工林土壤层自上而下，土壤容重、毛管孔隙度、非毛管孔隙度和

总孔隙度具有一定变化趋势，即：土壤容重逐渐增大，而土壤孔隙度则逐渐降低。土壤容重、毛管孔隙度、非毛管孔隙度和总孔隙度分别在 $1.17 \sim 1.62\mathrm{g/cm^3}$、$3.60\% \sim 10.45\%$、$34.75\% \sim 45.75\%$ 和 $35.25\% \sim 53.90\%$ 之间变动。

土壤水源涵养力是毛管孔隙和非毛管孔隙涵养力之和，反映了土壤贮蓄和调节水分的潜在能力。结果表明，5 种人工林中，3 层土壤密度平均值大小顺序为枫香林（$1.45\mathrm{g/cm^3}$）>尾叶桉林（$1.44\mathrm{g/cm^3}$）>荷木林（$1.42\mathrm{g/cm^3}$）>湿地松（$1.40\mathrm{g/cm^3}$）>马尾松林（$1.34\mathrm{g/cm^3}$）；但就表层土壤而言，结果发现，尾叶桉的地表土壤密度最高，达 $1.34\mathrm{g/cm^3}$。5 种人工林中，马尾松林土壤总孔隙度最高，3 层土壤平均值达 49.05%，土壤持水力最强；而湿地松林、尾叶桉林、枫香林和荷木林总孔隙度分别为 43.85%、45.32%、40.97% 和 46.77%，其中，枫香林总孔隙度最低。

表 3-59　5 种林型土壤水分物理性质

林型	0 ~ 20cm			
	土壤密度/（g/cm³）	毛管孔隙度/%	非毛管孔度/%	总孔隙度/%
马尾松林	1.17(0.16)	10.45(1.35)	43.45(2.55)	53.90(1.80)
湿地松林	1.19(0.17)	9.85(0.75)	35.5(2.00)	45.35(1.75)
尾叶桉林	1.34(0.01)	7.95(0.35)	35.55(0.25)	43.50(0.60)
枫香林	1.17(0.03)	10.00(1.20)	34.75(0.05)	44.75(2.15)
荷木林	1.21(0.00)	7.20(1.1)	45.75(0.05)	52.95(1.05)
林型	20 ~ 40cm			
	土壤密度/（g/cm³）	毛管孔隙度/%	非毛管孔度/%	总孔隙度/%
马尾松林	1.38(0.01)	6.35(1.35)	40.3(1.50)	46.65(0.15)
湿地松林	1.50(0.05)	6.10(0.30)	37.8(0.70)	43.9(0.40)
尾叶桉林	1.49(0.04)	7.30(1.00)	38.9(1.30)	46.2(2.30)
枫香林	1.56(0.09)	3.90(0.60)	35.25(0.65)	39.15(0.05)
荷木林	1.49(0.10)	3.45(0.25)	40.25(1.15)	43.7(1.40)
林型	40 ~ 60cm			
	土壤密度/（g/cm³）	毛管孔隙度/%	非毛管孔度/%	总孔隙度/%
马尾松林	1.47(0.01)	6.30(0.6)	40.30(0.9)	46.60(1.50)
湿地松林	1.51(0.00)	6.15(0.85)	36.15(0.15)	42.30(1.00)
尾叶桉林	1.49(0.02)	8.20(1.10)	38.05(0.05)	46.25(1.15)
枫香林	1.62(0.01)	3.60(0.80)	35.45(0.45)	39.00(0.35)
荷木林	1.56(0.03)	3.15(0.55)	40.50(1.30)	43.65(0.75)

注：括号内数值为平均误，$n = 3$。

3.12.2.4　5 种林型土壤渗透性

土壤的渗透性是土壤的重要物理性质之一，也是森林水源涵养功能的重要指标，它与土壤质地、结构、孔隙度、有机质、土壤湿度和温度有关。渗透性良好的土壤，水分可以迅速地进入土壤贮存起来或转变为地下径流，不易形成地表径流，从而减缓水土流失。研究结果表明，不同林型土壤的渗透性存在明显差异（表3-60）。随着土壤深度增加，土壤的渗透率逐渐变小。与相同的立地条件下，马尾松林的土壤渗透性最好，3 层土壤初渗速率平均值为6.18mm/min，稳渗速率平均值为1.88mm/min。5种人工林3层土壤初渗速率排序为马尾松林(6.18mm/min)>枫香林(5.92mm/min)>尾叶桉林(5.57mm/min)>湿地松(5.63mm/min)>荷木林(5.41mm/min)；稳渗速率排序为马尾松林(1.88mm/min)>枫香林(1.20mm/min)>湿地松(0.99mm/min)>尾叶桉林(0.68mm/min)>荷木林(0.73mm/min)。

表3-60　5种林型土壤渗透性能

林型	初渗速率/(mm/min)			稳渗速率/(mm/min)		
	0~20cm	20~40cm	40~60cm	0~20cm	20~40cm	40~60cm
马尾松林	7.21(0.42)	5.76(0.24)	5.58(0.01)	3.55(0.24)	1.21(0.03)	0.88(0.01)
湿地松林	6.12(0.44)	5.43(0.01)	5.35(0.01)	1.57(0.06)	0.70(0.00)	0.69(0.02)
尾叶桉林	5.69(0.12)	5.57(0.03)	5.44(0.03)	0.80(0.02)	0.69(0.01)	0.56(0.01)
枫香林	6.92(0.83)	5.43(0.03)	5.41(0.01)	2.29(0.01)	0.69(0.10)	0.64(0.01)
荷木林	5.43(0.03)	5.42(0.01)	5.39(0.02)	0.83(0.04)	0.74(0.02)	0.63(0.01)

注：括号内数值为平均误，$n=3$。

3.12.2.5　5种林型水源涵养功能分析

森林系统的水源涵养功能是一个极其复杂的动态过程，既决定于森林系统的差异，也决定于各种环境因子的变化以及这些因子与森林系统间的相互作用。研究表明，5种人工林在水源涵养功能上各有差别。综合上述各项指标，5种林型水源涵养能力顺序为：马尾松林>荷木林>尾叶桉林>枫香林>湿地松林。马尾松林下凋落物蓄积量较少，持水力较差，但地表土壤孔隙度较高，且土壤渗透率较大，导致其水源涵养功能最高；荷木林土壤层和凋落物层持水力都不高，但荷木为常绿树种，林冠截留率最高，因而其水源涵养能力也较好；尾叶桉是典型的速生树种，地表凋落物层蓄积量最大，持水量最高，但由于桉林地表土壤易板结，土壤孔隙度和渗透率都较低，限制其土壤水源涵养能力；枫香林尽管其凋落物持水系数很高，但由于是落叶树种，林冠年截留率较低，导致其水源涵养能力也较低；在本研究中，湿地松林冠层、凋落物层和土壤层水源涵养功能都较低，这与马尾松差距较大，其水源涵养力还需要进一步研究证实。

3.12.3　结　论

5种林型水源涵养能力顺序为马尾松林>荷木林>尾叶桉林>枫香林>湿地松林。马尾松林的综合水源涵养功能最高，在林业实践中需进一步的推广应用；尾叶桉林尽管经济效益较高，但其水源涵养功能较低，易造成地表土壤板结，需有限制地推广栽培。

3.13　马尾松人工林演替进程中生物多样性变化研究

生物多样性是人工林生态系统稳定性的基础，是人工林经营管理的重要目标。有关马尾松林演替进程生物多样性的变化，国内外已有较多的研究。一般认为，马尾松人工林演替到顶级群落时将有最大的物种多样性；群落的演替是向着最高的物种多样性和更稳定的方向发展；但也有很多研究表明，马尾松人工林的生物多样性在演替后期呈下降趋势。然而，在所有的研究中，以马尾松人工纯林为研究对象，采用空间代替时间的方法来研究马尾松人工纯林在演替中的生物多样性变化，相关的研究还不多，结论也需要进一步验证。

本项研究以广西横县国有镇龙林场马尾松人工纯林为研究对象，以不同年龄的马尾松人工林替代其演替进程，探讨马尾松人工林在演替进程中生物多样性的变化规律及演替趋势，对揭示人工林演替规律，提高人工林生态服务功能，促进林业经济的可持续发展，具有重要的理论意义和实践意义。

3.13.1　试验地自然概况

同 3.11.1.1 小节。

3.13.2　试验方法

3.13.2.1　样地设置

采用样方调查法，在国有镇龙林场选取 2 年生、11 年生、13 年生、16 年生、24 年生和 50 年生 6 个年龄的马尾松人工林，研究马尾松人工林演替进程中生物多样性变化。在各林地选取林木长势旺盛、地势平缓、土层深厚和土壤质地典型的地段，建立一个 30m × 30m 永久固定样地，进行样方调查。不同年龄的马尾松人工林本底调查结果见表 3-61。

表 3-61　不同年龄马尾松人工林本底调查结果

林龄/年	海拔/m	坡位	坡向	密度/(株/hm²)	平均胸径/cm	平均树高/m	郁闭度	经营措施
2	288	中坡	SW	2000	3.5(0.13)(地径)	1.5(0.12)	未郁闭	连续抚育 2 年
11	285	下坡	E	3300	12.4(0.58)	12.1(0.62)	0.7	未抚育
13	453	中坡	E	2500	13.3(0.74)	13.2(0.29)	0.8	未抚育
16	450	中坡	N	2400	18.4(0.92)	18.5(0.37)	0.7	未抚育
24	271	上坡	N	600	25.5(2.50)	22.0(0.41)	0.8	未抚育
50	260	中坡	SE	200	35.5(2.25)	24.0(1.77)	0.8	未抚育

注：6 个不同年龄的马尾松林，起源均为人工林；括号内数值为标准误，$n = 10$。

3.13.2.2　调查内容及方法

本项研究分别在 2009 年 6 月和 2010 年 7 月进行，对固定样地内的所有植物按高度划分为乔木层($h > 5m$)、灌木层($5m \geqslant h \geqslant 0.5m$)和草本层($h < 1m$)。乔木层按 30m × 30m 样方调查，对样方内的所有乔木进行每木登记，记录其种名、株数、胸径、树高、冠幅和生长状态等指标；灌木层则是在 30m × 30m 样方内根据对角线方法选取 5m × 5m 的小样方 5 个，记录其种名、株数、平均高、最高、盖度及生长状况；草本层也按照对角线方法随机选取 5 个 1m × 1m 的样方，记录其种名、平均高、最高值、盖度等指标。

3.13.2.3　数据处理与分析

物种多样性测定指标为重要值、Shannon-Wiener 指数、Simpson 优势度指数和 Pielou 均匀度指数。

(1)重要值

$$IV = (相对多度 + 相对显著度 + 相对频度)/3 \qquad (3-17)$$

式中：相对多度(%) = 100 × 某个种的个体数/同类物种总数量；相对显著度(%) = 100 × 某个种的胸径断面积/所有种的胸径断面积之和；相对频度(%) = 100 × 某个种出现

的频度/同类物种出现的总频度。

（2）Shannon-Wiener 多样性指数

$$H = -\sum_{i=1}^{s} P_i \ln P_i \qquad (3\text{-}18)$$

式中：P_i——种 i 的相对重要值，即，$P_i = IV_i/IV$，IV_i 为第 i 个物种的重要值，IV 为所有种的重要值之和。

（3）Simpson 优势度指数

$$D = \sum_{i=1}^{s} P_i^2 \qquad (3\text{-}19)$$

式中：P_i——种 i 的相对重要值。

（4）Pielou 均匀度指数

$$E = H/\ln S \qquad (3\text{-}20)$$

式中：S——样方中物种数。

3.13.3　结果与分析

3.13.3.1　马尾松人工林演替进程中物种数量的变化

从表3-62可以看出，在马尾松人工林演替进程中，自2年生林分到50年生林分，植物的种类和数量都发生了明显变化，具有明显的规律性。2年生马尾松林，群落物种多为土壤残存种萌芽的个体；到11年生林分，群落开始侵入一些新的物种，共计24种；演替至16年生林分，900m² 样地上的植物种数急增到45个种；但随后物种数量开始下降，至24年生林分只有34种，50年生林分只有30种（表3-62）。从乔灌草的组成来看，乔木层和灌木层出现峰值的时段相同，物种数在演替前期（2～16年）稳步上升，在16年生林地达到峰值，随后开始下降，在24年生和50年生林分趋于稳定；草本层的物种数量峰值则出现在2年，物种数在演替初期最多，随着演替进程，一直呈逐渐降低的趋势；藤本植物随着演替进程物种数逐渐增多，到50年生林地达到最高，有5个种（表3-62）。

表3-62　马尾松人工林演替进程物种数量变化

林龄/年	乔木/种	灌木/种	草本/种	藤本/种	科/个	属/个	种/个
2	1	12	9	2	15	22	24
11	1	13	7	3	17	24	24
13	3	12	5	2	18	21	22
16	6	30	5	4	27	39	45
24	4	22	4	4	23	30	34
50	5	16	4	4	20	25	30

3.13.3.2　马尾松人工林演替进程中物种重要值的变化

重要值能够反映一个物种在群落中所处的地位。马尾松人工林在演替进程中重要值较大的6种乔木、13种灌木（含藤本）和6种草本植物的个体数量及其重要值变化见表3-63。从表3-63可以看出，马尾松人工林演替进程物种数量的增减总是伴随着阳性先锋种的衰退和中生性树种的发展。在演替初期（2～11年），乔木层树种单一，只有马尾松1个种，重要值为100。随着群落的演替，马尾松重要值明显下降，阳性先锋种侵入，例如毛八角枫（*Alangium kurzii*）组成针叶落叶阔叶混交林。

　　在演替中后期（16～50年），阳性先锋种明显衰退，乔木层优势种被芳槁润楠（*Machilus suaveolens*）、三桠苦（*Evodia lepta*）、鸭脚木（*Schefflera octophylla*）和水锦树（*Catunaregam spinosa*）等植物替代，向针叶常绿阔叶混交林演替。灌木层（含藤本）在马尾松林尚未郁闭前，林下主要是展毛野牡丹（*Melastoma normale*）、厚叶算盘子（*Glochidion dasyphyllum*）、盐肤木（*Rhus chinensis*）和酸藤子（*Embelia laeta*）等阳性植物，而在11年生林分中，这些种类已基本消失，取而代之的是较耐阴的种类，如玉叶金花（*Mussaenda pubescens*）、草珊瑚（*Sarcandra glabra*）、粗叶榕（*Ficus hirta*）、三桠苦、芳槁润楠和鸭脚木等。在50年生林分中，三桠苦、芳槁润楠和鸭脚木都成为乔木层优势种。灌木层则主要被藤本代替，如罗浮买麻藤（*Gnetum lofuense*）、广西九里香（*Murraya kwangsiensis*）和络石（*Trachelospermum jasminoides*）等。草本层演替初期的阳性草本植物莎草（*Cyperus rotundus*）、竹叶草（*Oplismenus compositus*）、团羽铁线蕨（*Adiantum capillus-junonis*）等逐渐被中性的弓果黍（*Cyrtococcum patens*）、马唐（*Digitaria sanguinalis*）、莠竹（*Microstegium nodosum*）等所取代，见表3-63。

表3-63　马尾松人工林演替进程物种重要值变化

种名	2 年		11 年		13 年		16 年		24 年		50 年	
	N	IV	N	IV	N	IV	N	IV	N	IV	N	IV
乔木 马尾松（*P. massoniana*）	180	100	299	100	225	91.8	216	74.5	54	68.5	18	40.3
毛八角枫（*A. kurzii*）					14	8.0	17	10.3	9	3.8		
芳槁润楠（*M. suaveolens*）									18	7.9	36	15.8
三桠苦（*E. lepta*）									20	8.6	32	14.6
鸭脚木（*S. octophylla*）									5	2.4	22	10.4
水锦树（*C. spinosa*）									7	3.7	9	5.6
展毛野牡丹（*M. normale*）	145	38.8										
厚叶算盘子（*G. dasyphyllum*）	83	28.0										
盐肤木（*R. chinensis*）	12	7.7										
酸藤子（*E. laeta*）	25	5.3										
灌木 玉叶金花（*M. pubescens*）			250	38.9	137	37.2	108	31.9	56	19.2		
草珊瑚（*S. glabra*）			38	18.2	13	5.3			10	3.2		
粗叶榕（*F. hirta*）			12	4.5	25	14.0	37	17.3	13	5.1		
三桠苦（*E. lepta*）			12	3.4			25	13.5	13	15.3	20	14.0
芳槁润楠（*M. suaveolens*）			12	3.0			25	11.5	20	17.2	12	1.1
鸭脚木（*S. octophylla*）							10	7.9	11	8.1		
罗浮买麻藤（*G. lofuense*）											125	30.5
广西九里香（*M. kwangsiensis*）											37	10.4
络石（*T. jasminoides*）											12	8.6

（续）

	种名	2 年		11 年		13 年		16 年		24 年		50 年	
		N	IV	N	IV	N	IV	N	IV	N	IV	N	IV
草本	莎草（C. rotundus）	2100	80.3										
	竹叶草（O. compositus）	1875	7.2	650	2.4								
	团羽铁线蕨（A. capillus-junonis）	50	5.3	50	5.6	20	9.5	33	7.1	50	31.2	50	16.7
	弓果黍（C. patens）			500	46.9	2600	77.7	2000	65.3	800	26.7	1100	33.7
	马唐（D. sanguinalis）			150	18.4			500	18.2	400	16.2		
	莠竹（M. nodosum）							175	7.1			125	39.2

3.13.3.3　马尾松人工林演替进程中物种多样性指数变化

马尾松人工林演替进程中植物种类的更替导致群落组成结构的变化，从 2 年生马尾松到 50 年生的植被演替进程中群落各层次多样性的变化见表 3-64。

表 3-64　马尾松人工林演替过程生物多样性变化

林龄/年	乔木层					灌木层					草本层				
	s	n	H	D	E	s	n	H	D	E	s	n	H	D	E
2	1	180	0	0	0	14	280	1.73	0.25	0.66	9	188	0.80	0.65	0.36
11	1	299	0	0	0	16	225	2.26	0.15	0.81	7	65	1.30	0.33	0.67
13	3	225	0.41	0.80	0.08	14	65	2.31	0.12	0.88	5	10	0.79	0.62	0.49
16	6	216	0.82	0.63	0.15	34	403	3.05	0.07	0.87	5	233	1.14	0.47	0.71
24	4	54	1.09	0.49	0.27	26	162	2.79	0.08	0.86	4	6	1.41	0.28	1.02
50	5	18	1.87	0.43	0.36	21	328	2.76	0.08	0.91	4	23	1.27	0.31	0.91

注：s 为树种数，n 为总个体数，H 为多样性指数（Shannon-Winner index），D 为优势度指数（Simpson ecological dominance），E 为均匀度指数（communiti evenness）。

从表 3-64 可以看出，随着演替的进程，群落的层次结构趋向复杂化，变化规律明显。群落乔木层的物种多样性指数和均匀度指数随着林龄的增大呈升高的趋势，这与方炜等人的研究结果一致；而优势度指数先升高（2～13 年）后降低（13～50 年）。灌木层物种多样性指数在演替前期逐渐升高，在 16 年生马尾松人工林达到高峰，其后逐渐下降，这与温远光等人的研究结果相符；优势度指数在幼龄期最高，随后逐渐降低，并趋于稳定；均匀度指数则随着演替进行呈增高趋势。就草本层而言，在整个演替过程中，其物种多样性指数、优势度指数和均匀度指数变化规律都不明显。

3.13.4　结　论

（1）马尾松人工林在演替过程中物种数量的增减总是伴随着阳性先锋物种的衰退和中生性顶极种的发展。随着演替进行，群落的乔灌木呈前期（2～13 年）迅速增加，在 16 年生马尾松人工林的林分中达到高峰，随后（16～50 年）逐步降低，并维持一定水平。

（2）马尾松林生长茂盛，在乔木层，马尾松纯林首先演替为针叶落叶阔叶混交林，再演替为针叶常绿阔叶混交林；林下灌草首先被阳性植物占据，并逐步为常绿植物替代；在 50 年生的马尾松林，藤本植物物种数量明显增高。

（3）群落乔木层的物种多样性指数和均匀度指数随着林龄的增大呈升高的趋势，而优势度指数先升高(2~13年)后降低(13~50年)。灌木层的物种多样性指数在演替前期逐渐升高，在16年生马尾松人工林达到高峰，而后逐渐下降；优势度指数在幼龄林最高，随后逐渐降低，并趋于稳定；均匀度指数则随着演替进程呈增高的趋势。而草本层各项指数变化规律不明显。

3.14 不同密度马尾松人工林水源涵养能力的比较

水源涵养功能是森林生态系统的重要功能之一。森林生态系统通过乔木层、灌草层、凋落物层和土壤层来阻滞降水、涵蓄水源，从而起到调节地表径流、保持水土的作用。不同森林系统由于其物种生物学特性、垂直结构、凋落物及土壤理化性质的不同，其水源涵养功能也存在相当大的差异。有关马尾松人工林的水源涵养能力，很多学者对马尾松天然林、马尾松针阔混交林及马尾松人工纯林做了大量的研究，但以马尾松人工纯林为研究对象，同时空比较不同密度马尾松人工纯林的水源涵养力，相关的研究还不多。不同密度森林生态系统由于乔木层机构和生长状况的不同，导致凋落物层和土壤层的理化性质也存在一定的差异，因而其水源涵养能力也有差别。

本研究以广西横县镇龙林场为研究地点，比较分析不同密度同龄马尾松人工林凋落物层及土壤层的水源涵养能力，探讨马尾松人工林水文动态变化规律，对提高人工林生态服务功能，促进林业经济的可持续发展，具有重要的理论意义和实践意义。

3.14.1 试验地概况

同 3.11.1.1 小节。

3.14.2 试验方法

3.14.2.1 样地设置

本试验树种为广西桐棉种源马尾松，于1997年7月实施造林，造林时选择营养杯苗木定值，苗高15cm左右。密度试验选用4种不同密度：Ⅰ. 2500 株/hm²(2m×2m)，Ⅱ. 3300株/hm²(1.5m×2m)，Ⅲ. 4500 株/hm²(1.5m×1.5m)，Ⅳ. 6000 株/hm²(1m×1.67m)。在每个林型选取立地条件相似、土层深厚、土壤质地典型及林木长势旺盛的地段，建立20m×20m标准地，各标准地按对角线布设3个1m×1m的小区，共计12个小区(4个密度×3个重复)。不同密度马尾松人工林本底值见表3-65。

表3-65 不同密度马尾松人工林本底特征

编号	起源	林龄/年	海拔/m	坡位	坡向	株距×行距/m×m	平均胸径/cm	平均树高/m	郁闭度	经营措施
林型Ⅰ	人工	14	453	中坡	E	2×2	13.3(0.74)	13.2(0.29)	0.8	未抚育
林型Ⅱ	人工	14	460	中坡	E	2×1.5	13.1(0.71)	13.5(0.31)	0.8	未抚育
林型Ⅲ	人工	14	446	中坡	E	1.5×1.5	12.8(0.69)	13.8(0.27)	0.9	未抚育
林型Ⅳ	人工	14	446	中坡	E	1×1.67	13.0(0.72)	13.6(0.29)	0.9	未抚育

注：括号内数值为标准误，$n=10$。

3.14.2.2　凋落物量及最大持水量的测定

地表凋落物分别于 2011 年 5 月和 9 月各取样一次，每次布设 12 个 1m × 1m 样方，收集地表全部凋落物，测定其最大持水量。测定方法同式(3-15)、式(3-16)。

3.14.2.3　土壤物理性质及最大持水量的测定

土壤最大持水量的测定采用剖面法，于 2011 年 5 月和 9 月各取样一次。在各小区中心设置土壤剖面，用环刀分别在 0～20cm、20～40cm 和 40～60cm 土层取自然状态土样，带回室内用于土壤物理性质分析。用"浸水法"测定其土壤毛管孔隙度，非毛管孔隙度和总孔隙度。土壤最大持水量 $V = 10000 \times P \times D$，式中，$P$ 为非毛管孔隙度(%)，D 为土层深度(m)。

3.14.3　结果与分析

3.14.3.1　不同密度马尾松人工林凋落物层最大持水量

凋落物层在森林系统水源涵养功能中具有极其重要的作用，它既能截持降水，又能阻滞径流和地表冲刷。同时，凋落物分解易形成土壤腐殖质，能改善土壤结构，提高土壤渗透性。不同密度林分由于其个体空间和养分的群落结构和性质有所差异竞争，年凋落物量及其分解难易程度显著不同，导致其凋落物量及水源涵养能力存在很大差别。从图 3-13 可以看出，株行距为 2m×2m 和 1.5m×1.5m 的马尾松人工林凋落物层蓄积量小于株行距为 2m×1.5m 和 1m×1.67m 的蓄积量，其中，株行距是 1m×1.67m 的蓄积量最大 (5.42 t/hm²)，就凋落物层最大持水量而言，由于凋落物最大持水量与凋落物量呈极显著正相关($P < 0.01$)(图 3-14)，株行距是 2m×2m 和 1.5m×1.5m 的凋落物层最大持水量小于株行距是 2m×1.5m 和 1m×1.67m 的持水量，其中，株行距是 1m×1.67m 的持水量最高，达 14.83t/hm²。从图 3-13 可以看出，林型Ⅲ的凋落物蓄积量少于林型Ⅱ，这可能与造林前期的施肥、取样点的小地形有关(图 3-15)。

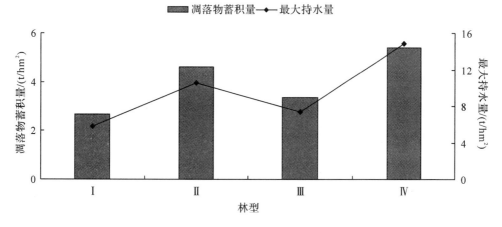

图 3-13　不同密度马尾松人工林凋落物蓄积量及最大持水量

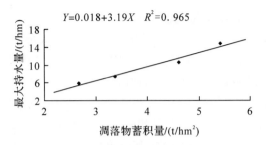

$$Y=0.018+3.19X \quad R^2=0.965$$

图 3-14　凋落物蓄积量与最大持水量的关系

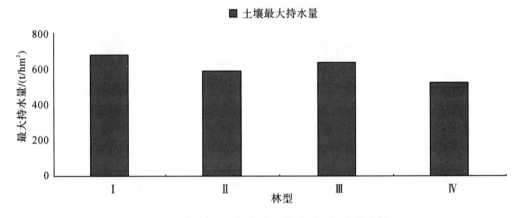

图 3-15　不同密度马尾松人工林土壤层最大持水量

3. 14. 3. 2　不同密度马尾松人工林土壤层水源涵养力

从表 3-66 可以看出，在 4 个林型中，从表层土（0～20cm）到深层土（40～60cm），土壤容重都逐渐增大。土壤孔隙是土壤水分、养分、空气和微生物等迁移的通道、贮存的库和活动的场所，直接影响土壤透水性和持水力。由表 3-66 可以看出，4 个密度林型土壤层的总孔隙度都在 50% 上下波动。据公式得出，密度为 2m×2m 和 1.5m×1.5m 的土壤层持水量大于密度为 2m×1.5m 和 1m×1.67m 的持水量，其中株行距是 2m×2m 的持水量最高，达 672.80t/hm²。其原因是造林密度大时乔木层对水分的吸收量增大，降低了土壤层的蓄水量。林型Ⅲ土壤层持水量大于林型Ⅱ的原因应该与人工灌水以及地形有关。

表 3-66　不同密度马尾松人工林土壤水分物理性质

林型	0～20 cm				
	容重/(g/cm)	毛管孔隙度/%	非毛管孔度/%	总孔隙度/%	非毛管/毛管孔隙度
Ⅰ	1.11(0.03)	38.63(0.65)	11.07(0.49)	49.70	0.29
Ⅱ	1.06(0.02)	46.47(0.67)	5.30(0.78)	51.77	0.11
Ⅲ	1.18(0.07)	41.07(0.71)	8.40(0.93)	49.47	0.20
Ⅳ	1.12(0.04)	41.47(0.80)	9.47(0.83)	50.93	0.23

(续)

林型	20 ~ 40 cm				
	容重/(g/cm)	毛管孔隙度/%	非毛管孔隙度/%	总孔隙度/%	非毛管/毛管孔隙度
Ⅰ	1.30(0.06)	35.40(0.74)	11.97(1.33)	47.37	0.34
Ⅱ	1.07(0.03)	41.70(0.72)	12.27(1.21)	53.97	0.29
Ⅳ	1.28(0.02)	37.37(0.69)	9.43(1.08)	46.80	0.25
Ⅳ	1.26(0.08)	40.13(0.71)	7.50(1.17)	47.63	0.19

林型	40 ~ 60 cm				
	容重/(g/cm)	毛管孔隙度/%	非毛管孔隙度/%	总孔隙度/%	非毛管/毛管孔隙度
Ⅰ	1.44(0.02)	35.47(0.79)	10.60(1.03)	46.07	0.30
Ⅱ	1.07(0.05)	41.17(0.73)	11.37(1.19)	52.53	0.28
Ⅲ	1.29(0.02)	34.70(0.80)	13.73(1.14)	48.43	0.40
Ⅳ	1.32(0.04)	37.00(0.77)	9.17(1.26)	46.17	0.25

注：括号内数值为标准误，$n=6$。

3.14.3.3 不同密度马尾松人工林综合水源涵养力

从各林型综合水源涵养能力（凋落物最大蓄水量 + 土壤最大持水量）来看（图 3-16），林型Ⅰ、Ⅱ、Ⅲ 和Ⅳ的综合水源涵养力分别是 678.60t/hm²、589.37t/hm²、638.58t/hm² 和 537.63t/hm²。其中株行距是 2m×2m 的林型综合水源涵养力最高。

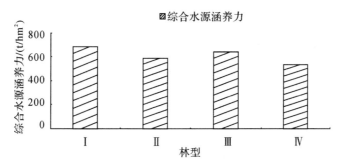

图 3-16 不同密度马尾松人工林综合水源涵养力

3.14.4 结 论

不同密度马尾松人工林凋落物层和土壤层水源涵养能力比较研究结果表明：①密度为 2m×2m 和 1.5m×1.5m 的马尾松林凋落物层蓄积量小于 2m×1.5m 和 1m×1.67m 的马尾松林蓄积量，1m×1.67m 的马尾松林凋落物层蓄积量最大。②凋落物层最大持水量与凋落物蓄积量呈极显著正相关（$P<0.01$）。③密度为 2m×2m 和 1.5m×1.5m 的马尾松林土壤层最大持水量大于密度为 2m×1.5m 和 1m×1.67m 的最大持水量。④4 个林型的综合水源涵养力依次是 2m×2m > 1.5m×1.5m > 2m×1.5m > 1m×1.67m。

3.15 马尾松与红锥混交人工林生长的初步研究

马尾松是我国主要的乡土针叶树种，同时也是南方重要的造林树种之一，分布量大面广，具有速生、丰产、材质优良及适应性强等特点，广泛应用于家具、建筑、造纸等行业。红锥(*Castanopsis hystrix*)是广西重要的乡土阔叶造林树种，具有生长快、材质优、适应广、效益高等优良特性。红锥主干通直，材质坚硬，耐腐性较强，是优质珍贵用材树种，可供建筑、造船、家具、体育器材等用，可作用材林、水源林或薪炭林造林树种。

长期以来由于片面追求经济效益，营造的马尾松人工林都以纯林为主，导致林分病虫害严重、防火能力差，应对自然灾害的能力较弱，给林业生产和经营带来了不可估量的损失。据不少学者研究报道，针阔混交在实践中已获得了良好的效果，林分生产力得到了有效提升。因此，为了维护马尾松人工林的可持续经营，转变传统经营模式，本书以马尾松和红锥为材料进行混交造林试验研究，为提升林地生产力和经济效益提供技术支持。

3.15.1 试验地概况

试验地位于广西国营派阳山林场岑勒分场，海拔360～500m，年均温20.4℃，年降水量1697mm，地貌为高丘和低山，坡度15°～25°，土壤腐殖质厚，是在紫色砂岩、石英砂岩上发育的赤红壤，土层厚度85～150cm，石粒含量约10%。

试验林营造于2007年5月，采用广西林科院培育的马尾松和红锥优质苗木造林。

3.15.2 试验设计和方法

试验林造林密度为2m×3m，马尾松与红锥混交比例为1:1，点状混交，造林面积2hm²，设置马尾松纯林和红锥纯林为对照。试验林每穴施用250g过磷酸钙为基肥。

2010年12月，在试验林每个处理内分别设置20m×20m标准地进行调查，每株编号，实测林木树高、胸径。

材积分别使用如下公式进行计算：

马尾松

$$V = 0.714265437 \times 10^{-4} \times D^{1.867008} \times H^{0.9014632} \tag{3-21}$$

红锥

$$V = 0.667054 \times 10^{-4} \times D^{1.8479545} \times H^{0.96657509} \tag{3-22}$$

试验数据的处理及分析均使用Excel和SPSS13完成。

3.15.3 结果与分析

3.15.3.1 混交对林分直径分布的影响

林木的生长过程，是环境条件、经营措施及林分内部各因子遵循一定规律相互作用的过程。林分直径分布规律是林分结构的基本规律，林分直径分布不仅能直接检验经营的效果，同时也能反映林分的生态利用价值。研究林分的直径株数分布结构，可以为林分产量的利用价值及林分收获、森林经营提供科学依据。

表 3-67　不同处理试验林径阶株数分布率(%)

处　理	径　阶				
	2cm	4cm	6cm	8cm	10cm
马尾松纯林		26.5	55.1	16.3	2.0
马尾松混交林		15.6	56.3	21.9	6.3
红锥纯林		27.8	52.8	19.4	
红锥混交林	2.7	18.9	62.2	16.2	

从表 3-67 可知,各处理试验林直径分布峰值均集中于6径阶,混交林分的马尾松和红锥株数分布率分别比对照纯林高 1.2% 和 9.4%,大径阶(8~10)株数分布率以马尾松混交林最优。马尾松混交林直径株数分布率从6径阶后均大于对照纯林,红锥则表现为纯林峰值两侧均大于混交林。这说明在当前模式下,混交在一定程度上促进了马尾松胸径的生长。

3.15.3.2　混交对林木生长的影响

从表 3-68 可知,在相同立地条件下,混交林分中的马尾松和红锥平均胸径、单株材积均大于对照纯林,特别以马尾松尤为明显,分别高出对照 10.3% 和 15.9%,树高差异马尾松表现不明显,红锥混交林分树高略高于对照纯林。从年平均生长量来看,胸径生长以马尾松混交林最大,达 1.8cm/年,马尾松对照纯林和红锥混交林均为 1.7cm/年,红锥对照纯林为 1.6cm/年;树高年生长分别为红锥混交林 1.6m/年;红锥纯林 1.5m/年;马尾松混交林和对照纯林均为 1.3m/年;单株材积年生长红锥混交林最大,其余依次为马尾松混交林、红锥纯林和马尾松纯林。

表 3-68　不同处理林分生长效果

处　理	胸径/cm	树高/m	单株材积/m³
马尾松纯林	5.8±0.2	4.6±0.0	0.0082±0.0006
马尾松混交林	6.4±0.2	4.6±0.0	0.0095±0.0008
红锥纯林	5.7±0.2	5.4±0.1	0.0090±0.0008
红锥混交林	5.8±0.2	5.6±0.1	0.0099±0.0007

上述分析表明,混交在一定程度上促进了马尾松和红锥的生长,尤其对马尾松径生长作用更为明显,这与直径分布分析结果一致。在混交林分中,红锥平均树高高出马尾松 1m,构成了居于上方的复层林冠,但马尾松混交林分树高与对照纯林一致,说明现在马尾松还未处于被压阶段,生长暂时未受到影响,但随着林木的生长发育,林分高度郁闭时混交树种的种间关系将会发生变化,对空间和养分的竞争会变得激烈,处于林冠下层的马尾松生长是否会受到影响将有待于进一步研究。

3.15.4　结　论

(1)在当前模式下,混交促进了马尾松和红锥的生长,特别对马尾松径生长的促进作用最为明显。

(2)目前混交林的种间关系较为协调,处于林冠下层的马尾松还未受到红锥的影响,但随着林龄增加林分高度郁闭之后种间和个体间的竞争将会日趋激烈，适时适量进行密度控制，调整种间关系将是保证混交树种正常生长和维持林分生产力的必要手段之一。

（3）试验林林龄较小，本次试验仅对林分的生长进行了初步分析，混交林分林下植被、土壤养分、微生物的动态变化将有待进一步深入研究。

3.16　不同松类树种生长效益比较研究

马尾松是我国乡土针叶树种，同时也是南方主要的造林树种，分布广蓄积量大，具有速生、高产、材质优良等特性，广泛应用于建筑、工业等行业，是我国制浆造纸的重要原料之一。湿地松原产美国，一般生长在海拔600m以下，早期生长快，木材质量好，是制浆造纸的优质原料，适宜制造各种中高档纸张，湿地松具有产量高，砍伐期短等优势。杂交松（*Pinus elliottii* × *Pinus caribaea*）是利用湿地松和加勒比松进行人工杂交培育出来的松树杂种，在生长、耐寒、抗病虫和材性方面均优于亲本，适生范围广，对气温的适应性较强。

湿地松和杂交松在我国已有多年引种栽培历史，国内对其人工林研究较多，但对在同一立地、同一经营措施条件下，二者与我国主要乡土造林树种马尾松林分生产力之间差异的研究报道则较少。本书对湿地松、杂交松和马尾松人工林林分生产力进行了综合比较，为树种引种和栽培提供依据。

3.16.1　试验林概况

试验林位于广西壮族自治区派阳山林场那赖分场14林班1经营班3小班，海拔400m，坡度25°，土壤为砂质红壤，腐殖质层1cm，土层厚度105cm，立地指数18。试验林营造于2001年7月，总面积5.4hm^2，初植密度2m×3m，基肥施入磷肥500g，造林当年全铲抚育一次，翌年和第3年砍草抚育两次。

3.16.2　试验设计

试验林均采用优质苗木造林，其中湿加松来自澳大利亚F2代种子扦插苗、湿地松来源博白林场人工母树林、马尾松来自桐棉优良种源人工母树林。每树种各营造试验林1.8hm^2，不同树种之间种植隔离带。2010年在每个树种试验林内不同坡位各设置20m×20m标准地4个，每木检尺，实测林木树高、胸径。材积计算按式（3-21）完成。

3.16.3　结果与分析

3.16.3.1　林分直径株数分布

林分直径是森林经营技术及测树制表技术理论的依据，林分直径分布不仅能直接检验经营的效果，同时也能反映林分的生态利用价值。林分直径株数分布规律是林分结构的基本规律，是树种生长环境条件及经营措施长期相互作用的结果。研究林分的直径株数分布结构，可以为林分产量的利用价值及林分收获、森林经营提供科学依据。

由图3-17可知，三个树种径阶株数分布变化情况不尽相同。湿地松林分内小径阶林木株数较大径阶多，在 12 径阶达到峰值，林分分化程度小；马尾松峰值出现于 16 径阶，林木多集中于峰值附近且径阶株数分布较为对称，这说明林分分化度小，直径分布合理；杂交松径阶株数分布峰值出现在 18 径阶，林木主要以 16 以下小径为主，20 径级后林木总株数较少且低于马尾松，这说明杂交松林分内林木分化程度较大，林木个体对营养空间的争夺较为激烈。

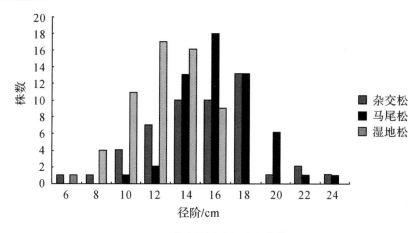

图 3-17　试验林树种径阶分布情况

3.16.3.2　林分生长情况比较

从表 3-69 可知，马尾松平均胸径、平均树高、平均单株材积和林分蓄积等指标明显高于其他两个树种，与平均值相比，平均胸径、平均树高、单株材积和林分蓄积分别增加了 12.2%、19.4%、39.6% 和 46.1%，杂交松相应指标分别增加了 5.4%、 − 3.1%、3% 和 − 1.7%，湿地松分别增加了 − 18.2%、15.3%、 − 42.6% 和 44.4%。从年平均生长量来看，马尾松胸径生长量、树高生长量和蓄积生长量分别为 1.7cm、1.2m 和 17.0m³；杂交松分别为 1.6cm、1.0m 和 11.4m³；湿地松分别为 1.2cm、0.8m 和 6.5m³。林分平均单株材积和蓄积量是目前衡量林分生产力水平和生长效应的标准之一，本试验表明，在同等立地条件和相同经营管理措施下，马尾松林分生产力和生长效应均优于杂交松和湿地松，三者大小排列顺序为马尾松 > 杂交松 > 湿地松。

表 3-69　林木生长情况比较

树　种	平均胸径/cm	平均树高/m	平均单株材积/m³	林分蓄积/（m³/hm²）
杂交松	15.6	9.5	0.0918	114
马尾松	16.6	11.7	0.1244	169.5
湿地松	12.1	8.3	0.0511	64.5
平均值	14.8	9.8	0.0891	116

3.16.3.3　出材量和产值的比较

采用广西马尾松二元材积表和马尾松经济材出材率表结合的方法计算树种出材量。先分径阶求出林分各径级规格材种出材量，再把各径阶径级规格相同的材积相加，得林分各径级规格材的材积，然后把所有材种材积相加，得林分总出材量，见表 3-70。

产值以广西国营派阳山林场松纸材和松三等材价格分别计算，先根据各径阶出材量和价格计算径阶产值，各径阶产值累加得林分总产值。其中：松纸材价格 6 径阶 590 元/m³，8 ~ 12 径阶 620 元/m³；松三等材价格 14 ~ 18 径阶 670 元/m³，20 径阶以上 710 元/m³。

表 3-70　树种出材量和产值

树 种	各径阶出材量/（m³/hm²）				总出材量 /（m³/hm²）	产 值 /（万元/hm²）
	6cm	8 ~ 12cm	14 ~ 18cm	≥20cm		
杂交松	0. 1116	6. 906	55. 4102	14. 1571	76. 5849	5. 15
马尾松		2. 461	84. 9124	27. 5338	114. 9072	7. 79
湿地松	0. 0909	17. 9065	21. 7209		39. 7183	2. 57

从表 3-72 可看出，马尾松总出材量高于杂交松和湿地松，径阶出材量以 14 ~ 20 径阶为主且所占比重最大；杂交松出材量主要集中于 14 ~ 18 径阶，20 径阶以上出材量低马尾松 48.6%；湿地松出材量径阶跨幅较大，大部分集中于 8 ~ 18 径阶之间，但以 14 ~ 18 径阶为主。马尾松、杂交松、湿地松年平均产值分别为 0.78 万元/hm²、0.52 万元/hm²、0.26 万元/hm²。相较而言，10 年生马尾松年平均产值分别是同期杂交松、湿地松的150%、300%。

3.16.4　结论与讨论

（1）在本试验立地条件下，相同营林水平 10 年生马尾松人工林生产力水平、生长效应、林分直径分布、出材量和产值均优于杂交松、湿地松人工林，林分结构较为合理稳定，分化小，优势明显。林分整体生产力水平是林分树高、胸径生长与林分密度相互作用的动态变化过程，影响这一过程的主要因素是立地条件和林分密度，在其他立地条件和林分密度下是否也有与本试验相同的规律，有待进一步深入研究。

（2）马尾松作为我国南方主要的乡土树种，与杂交松、湿地松等外来树种相比具有生长优势。因此，笔者建议在选择树种前应综合考虑各方面的差异，进行充分试验确定适生区域及栽培模式后再大面积种植。

（3）借鉴国外成功经验，加强马尾松与国内外优秀松种间的杂交试验研究，培育适应性更强、适生范围更广、生产力水平更高的"乡土杂交松"，是进一步提升乡土树种生产潜力的必要手段。

第4章 抗逆生理及应用

4.1 马尾松优良种源苗木对人工低温胁迫的生理生化反应

马尾松是我国南方重要的工业用材及采脂树种,在我国林浆纸(板)一体化及木材深加工产业和松脂产业中发挥着重要作用。全国马尾松协作组在"七五"期间在马尾松主要分布区内进行了马尾松地理种源试验,在全国多点多年度种源试验中评选出了一批生长优良、干型通直且表现稳定的优良种源,其中广西桐棉和广西古蓬种源(以下分别简称桐棉种源和古蓬种源)在入选的种源中名列前茅。由于这2个种源的巨大生产潜力,广西已向福建、江西、湖南、广东、贵州、重庆等南方省(自治区、直辖市)进行了大规模的推广应用,为马尾松的遗传改良和良种推广应用做出了重要贡献。广西的优良种源和优良家系在引种点表现出了较大的生长优势和不同于当地种的生长特性,如桐棉种源每年抽梢2~3次、休眠期推迟等,而深受引种地区的喜爱。然而,由于这两个优良种源自然分布于北热带和南亚热带地区,低温成为这些优良种源向北推广的首要限制因子。笔者曾以2个种源的针叶为材料,采用人工控制低温方法,研究了系列低温梯度条件下针叶的内源 ABA、GA_3、IAA 和 ZR 等激素的动态变化规律,结果表明内源 GA_3 含量、k 值和 ZR/ABA 值可以作为评价马尾松优良种源抗寒性的指标,在此研究的基础上,继续深入研究人工低温胁迫下的生理代谢和保护酶的变化规律,为马尾松低温伤害以及抗寒性的研究提供参考依据,同时为马尾松优良种源的遗传改良及推广应用奠定理论基础。

4.1.1 材料与方法

4.1.1.1 试验材料

本试验于2008年12月20日至2009年1月16日在国家林业局中南速生材繁育重点实验室的人工培养箱内进行。种源采用全国马尾松优良种源桐棉种源和古蓬种源(表4-1)。广西桐棉种源地处 107°24′E,22°10′N 属亚热带季风气候,年平均气温 20.8℃,年最低气温 0.4℃,年最高气温 38.2℃,≥10℃ 积温 6919℃,年平均有霜期7d,年降水量 1366mm,海拔 500m 左右。广西古蓬种源地处 108°66′E,24°06′N,属亚热带季风气候,年平均气温 20.5℃,年最低气温 −2.3℃,年最高气温 39.7℃,≥10℃ 积温 6591℃,年平均有霜期13d,年降水量 1453mm,海拔 185m 左右。2个种源的种子分别采集于广西宁明桐棉乡和广西忻城古蓬镇,育苗点设置在地处广西南宁市的广西林科院试验苗圃内。各种源选择生长一致的营养杯苗30株,营养杯规格为 8cm×12cm,营养土为黄心土,苗龄1年,苗高50~55cm,地径0.8cm。

表 4-1　马尾松种源地理位置与气候因子

项目	桐棉种源	古篷种源
地理坐标/°	107°24′E, 22°10′N	108°66′E, 24°06′N
海拔/m	500	185
年均气温/℃	21.8	19.3
年最低气温/℃	0.4	-2.3
年最高气温/℃	38.2	39.7
≥10℃积温/℃	6919	6591
无霜期/d	358	343
年降水量/mm	1366	1453

4.1.1.2　试验方法

(1)低温处理方法：试验前浇足水，将苗木在实验室内放置3天，营养杯不滴水时放入托盆置于人工培养箱内。7:00~19:00光照强度设置5700lx，19:00~7:00为黑暗。相对湿度65%~85%。试验前实验室内的平均气温为9~15℃，以10℃为对照，人工降温程序如下：设(10±1)℃、(4±1)℃、(0±1)℃、(-5±1)℃、(-10±1)℃等5种温度梯度，温度降到该设定温度时保持24h，混合取样，采样后恒温24h，继续降温。

(2)测定项目及方法：丙酮—乙醇法测定叶绿素含量、考马斯亮蓝法测定可溶性蛋白质含量、蒽酮法测定可溶性糖含量、愈创木酚法测定POD活性、氮蓝四唑比色法测定SOD活性、磺基水杨酸法测定游离脯氨酸含量，以上6个指标的测定方法参照李合生的文献。硫代巴比妥酸法测定丙二醛含量，测定方法参照赵世杰的文献。

以上生理指标的测定均重复3次，异常数据进行剔除。

4.1.1.3　数据处理

分别对叶绿素含量、可溶性蛋白、可溶性糖、POD活性、SOD活性、PRO含量和MDA含量与不同温度间进行双因素方差分析(SPSS 13.0软件)。

4.1.2　结果与分析

4.1.2.1　降温过程中不同种源的叶绿素含量变化

不同种源针叶的叶绿素含量随着温度的降低变化趋势相差较大(图4-1)，抗寒性较强的古篷种源总体上呈"W"形变化趋势，而抗寒力较弱的桐棉种源随着温度的下降叶绿素含量不断下降。古篷种源在零上低温时叶绿素含量较低，在0℃时有一急剧上升过程并基本接近抗寒性较差的桐棉种源，之后缓慢上升，在-10℃时超过桐棉种源。10℃时桐棉种源叶绿素含量出现最高值，之后随着温度的下降含量不断下降；而古篷种源的最高值和最低值分别出现在-10℃和4℃。各处理的叶绿素含量差异达显著水平(表4-2)。-10℃时古篷种源的叶绿素含量比对照温度增加28.12%，桐棉种源叶绿素含量比对照降低36.45%。两种源的叶绿素含量随着低温胁迫的加剧出现了不同的变化，是否出现了极限温度导致光合作用停滞？有待进一步研究。

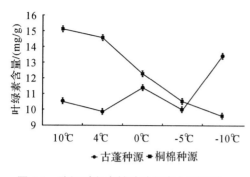

图4-1 降温过程中针叶叶绿素含量变化

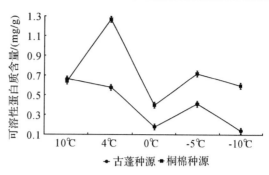

图4-2 降温过程中可溶性蛋白质含量变化

4.1.2.2 降温过程中不同种源的可溶性蛋白含量变化

不同种源针叶的可溶性蛋白质含量随着温度的降低变化趋势大体相同(图4-2),大致呈"M"形变化趋势。抗寒性较强的古蓬种源变化虽有起伏但变化幅度较小,而抗寒力较弱的桐棉种源的变化幅度较大,在4℃时出现最高峰值。古蓬种源可溶性蛋白质含量的最高值和最低值分别出现在10℃和−10℃,桐棉种源可溶性蛋白质含量的最高值出现在4℃和0℃。各处理的可溶性蛋白含量差异达显著水平(表4-2)。−10℃时古蓬种源的可溶性蛋白含量比对照下降78.39%,桐棉种源比对照降低8.33%。

表4-2 不同种源降温过程中生化指标多重比较

指标	种源	10℃	4℃	0℃	−5℃	−10℃
叶绿素含量	桐棉	15.1Aα	14.6Aα	12.3Bα	10.5Cα	9.6Cβ
	古蓬	10.6Cβ	9.9Cβ	11.4Bβ	10.0Cα	13.4Aα
可溶性蛋白质含量	桐棉	0.6Bα	1.3Aα	0.4Cα	0.7Bα	0.6Bα
	古蓬	0.7Aα	0.6Bβ	0.2Dβ	0.4Cβ	0.1Eβ
可溶性糖含量	桐棉	2.0Bα	2.2Bα	1.6Cα	2.5Aα	1.6Cβ
	古蓬	1.5Cβ	2.3Aα	2.4Aα	2.3Aα	2.1Bα
PRO 含量	桐棉	9.0Eβ	26.6Aα	18.3Dα	21.5Bβ	23.6Bβ
	古蓬	11.9Eα	14.3Dβ	20.5Cα	24.9Bα	28.7Aα
SOD 活性	桐棉	389.8Eα	463.4Cβ	403.8Dβ	534.4Aβ	498.7Bα
	古蓬	332.0Dβ	533.3Bα	465.3Cα	550.9Aα	298.0Eβ
POD 活性	桐棉	6.1Bα	2.9Dα	6.1Bα	7.0Aα	5.4Cα
	古蓬	1.5Bβ	0.2Cβ	0.9Cβ	5.0Aβ	5.7Aα
MDA 含量	桐棉	5.1Cα	6.3Aα	10.4Cα	6.9Bα	5.5Cα
	古蓬	3.8Dβ	3.1Eβ	4.8Cβ	6.2Aα	5.4Bα

注:A~E表示不同温度的差异水平,α和β表示不同种源的差异性比较($P<0.05$),字母相同表示差异不显著。

4.1.2.3 降温过程中不同种源的可溶性糖含量变化

不同种源针叶的可溶性糖含量随着温度的降低变化趋势不同(图4-3),抗寒力较弱的桐棉种源呈升高—下降—升高—下降的双峰变化趋势,变化幅度较大,峰值分别出现在4℃和−5℃。而抗寒性较强的古蓬种源呈单峰变化趋势,峰值出现在4℃,可溶性糖含量在低温来临前直线上升后缓慢下降,极端低温时可溶性糖仍保持较高含量。各处理的可溶性糖含量差异达显著水平(表4-1)。−10℃时可溶性糖的含量古蓬种源比对照增加

38.47%，桐棉种源比对照降低 17.17%。

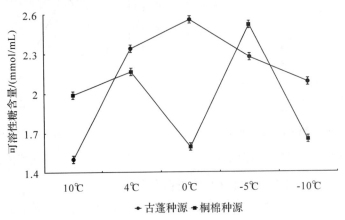

图 4-3　降温过程中可溶性糖含量变化

4.1.2.4　降温过程中不同种源 SOD 活性变化

不同种源针叶的 SOD 活性随着温度的降低变化趋势大体相同（图 4-4），大致呈"M"形变化趋势，峰值分别出现在 4℃ 和 −5℃，但古蓬种源的变化起伏较大，出现最高峰值的温度不同，古蓬种源出现在 4℃，而桐棉种源出现在 −5℃，极端低温下桐棉种源的 SOD 活性高于古蓬种源。各处理的 SOD 活性差异达显著水平（表 4-1）。−10℃ 时古蓬种源 SOD 活性比对照降低 10.23%，桐棉种源比对照提高 27.95%。

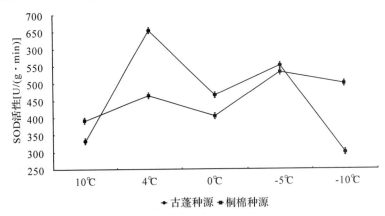

图 4-4　降温过程中 SOD 活性变换

4.1.2.5　降温过程中不同种源的 POD 活性变化

不同种源针叶的 POD 活性随着温度的降低变化趋势大体相似，在 4℃ 出现下降后活性不断上升，但桐棉种源 −10℃ 时出现了下降（图 4-5），抗寒性较强的古蓬种源 POD 活性在降温过程中均低于抗寒力弱的桐棉种源，只在 −10℃ 时略高于桐棉种源，−10℃ 出现最高值。不同种源 POD 活性的最低值均出现在 4℃，最高值出现的温度不同，桐棉种源出现在 −5℃，而古蓬种源出现在 −10℃，古蓬种源在零下低温 POD 活性不断直线上升且没有下降的趋势。各处理的 POD 活性差异达显著水平（表 4-1）。古蓬种源在极端低温下的 POD

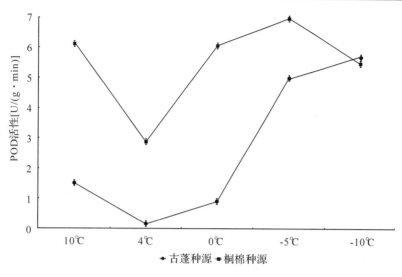

图 4-5　降温过程中 POD 活性变化

活性比对照提高 273.75% ，桐棉种源在极端低温前 POD 活性下降，比对照降低 11.68% 。

4.1.2.6　降温过程中不同种源的 PRO 含量变化

不同种源针叶的 PRO 含量随着温度的降低变化趋势不同，桐棉种源 PRO 含量呈上升—下降—上升变化趋势，古蓬种源呈不断上升的变化规律（图 4-6）。桐棉种源 PRO 含量在 0℃时出现直线升高并达到最高峰值，而后出现下降，之后缓慢升高。古蓬种源的 PRO 含量除 4℃外均高于桐棉种源。各处理的 PRO 含量差异达显著水平（表 4-1）。2 种源的 PRO 含量在 10℃时桐棉种源略低于古蓬种源，古蓬种源和桐棉种源的 PRO 含量最高值分别比对照提高 140.95% 和 193.27% 。

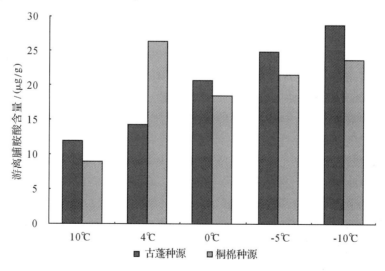

图 4-6　降温过程中游离脯胺酸含量变化

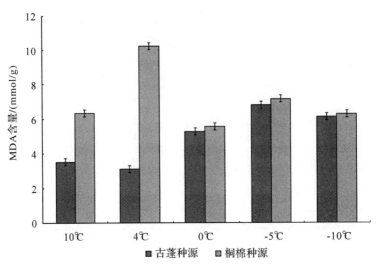

图 4-7 降温过程中丙二醛含量变化

4.1.2.7 降温过程中不同种源的 MDA 含量变化

不同种源针叶的 MDA 活性随着温度的降低变化趋势不同，桐棉种源的 MDA 含量呈上升—下降—上升—下降的双峰变化趋势，古蓬种源呈下降—上升—下降的变化规律（图 4-7）。桐棉种源 MDA 含量在 4℃出现直线上升含量升高至最高峰值，0℃含量下降之后再出现升高，并在 −5℃时达到第 2 峰值；古蓬种源 MDA 含量在 4℃时降至最低值，之后不断升高，并在 −5℃时达到最高峰值。各处理的 MDA 含量差异达显著水平（表 4-1）。2 种源的 MDA 含量在 10℃时桐棉种源高于古蓬种源，古蓬种源和桐棉种源的 MDA 含量最高值分别比对照提高 62.59% 和 103.36%。

4.1.3 结论与讨论

在植物光合作用中叶绿素直接参与光能吸收和能量转化，是光合作用能否顺利进行的前提。酶参与绝大部分叶绿素的生物合成过程，温度影响酶的活动，进而影响叶绿素的合成。有研究表明，逆境抑制叶绿素形成，干旱胁迫导致叶绿素含量下降，抗性强的植物叶绿素含量减少的幅度较小，相驳的研究则认为干旱胁迫下叶绿素含量升高。本实验中，随着低温胁迫的加剧不同抗寒性种源的叶绿素含量变化趋势不同，其中抗性弱的桐棉种源叶绿素含量随温度的降低不断下降，抗性强的古蓬种源则随温度的下降不断升高。简言之，低温胁迫促进古蓬种源的光合潜力，即抗寒性强的马尾松具有较强的光合代谢能力，叶绿素含量随温度的下降呈现总体升高趋势。

低温对植物的直接伤害首先表现在对膜的伤害上，可溶性物质的增加是植物抗寒反应之一。植物通过主动积累可溶性糖以及脯氨酸等渗透物质，降低渗透势，增加吸水和保水能力，保证植物水分代谢和生长发育。本研究表明，可溶性糖和脯氨酸是马尾松低温胁迫条件下的保护物质，抗寒性强的古蓬种源可溶性糖和脯氨酸含量随着低温胁迫的加剧保持持续升高的趋势，其含量维持在较高水平，通过两者的不断累积，主动渗透调节能力得到加强，逆境下的适应性得到提高，从而增加了抗寒能力；而桐棉种源在 0℃前后两种物质含量均出现明显的下降,换言之,抗寒性弱的马尾松可溶性糖和脯氨酸在 0℃ 出现转折点,该结论可用于比较马尾松的抗寒能力,即通过测定 4℃ 和 0℃ 的可溶性糖和脯氨酸的含量,若含量下降,其抗寒性较差,若含量升高,其抗寒性较强。

可溶性蛋白质含量代表氮代谢的水平,参与各种生理代谢过程,与植物的生长密切相关。可溶性蛋白质的增多可束缚更多的水分,提高细胞的持水力,同时可减少原生质因结冰而伤害致死的机会。本实验中抗寒性强的古蓬种源,而桐棉种源的变化幅度较大,因此,本研究表明,抗寒性强的种源可溶性蛋白质含量变化幅度较小,抗性弱则变幅大。

大量研究表明 SOD 与 POD 是植物对膜脂过氧化的酶促防御系统的重要保护酶,在低温等逆境胁迫下,可与活性氧和自由基发生超氧歧化反应,使细胞膜免遭破坏,防止膜脂过氧化。本实验中不同马尾松种源的 SOD 活性均呈“M”形变化,只是抗寒能力强的种源活性较强;POD 活性先降低后升高,与 SOD 不同,抗寒种源 POD 活性较低,但在低于 0℃ 的冰冻胁迫下直线升高,且表现为持续走高的趋势。本研究表明,在低温胁迫过程中,SOD 对零上低温敏感,属冷害敏感型调节酶,零上低温前达到的活性越高,持续的时间越长,抗寒性越强;POD 对零下低温敏感,属冻害型调节酶,零下低温时活性升高越快,持续时间越长,抗寒性越强;SOD 的启动时间早,POD 的启动晚,但在逆境胁迫下相互协调,协同作用共同抵抗低温。

MDA 是膜脂过氧化的最终产物,其含量的变化直接反映了膜的伤害程度。本实验中桐棉种源的 MDA 含量均大于古蓬种源,且在 4℃ 和 -5℃ 下出现两个峰值,古蓬种源只在 -5℃ 时达到最高峰值,证明了桐棉种源膜受伤害早且受伤害程度深。所以,MDA 含量峰值出现越晚,数值越低,抗寒性越强。

马尾松在低温胁迫下,体内发生复杂的生理生化变化,不能单独以某种生化变化来判断马尾松抗寒性的强弱,须考虑多种生理指标的含量(活性)大小、变化大小、启动和持续时间等多种因素,进行综合评价。综合本研究结论,抗寒性强的马尾松具有较高的叶绿素、可溶性糖和游离脯氨酸含量,较低的可溶性蛋白和 MDA 含量,以及较高的 SOD 活性。

4.2 低温胁迫下内源脱落酸对马尾松优良抗寒性的调节作用

马尾松是我国南方重要的乡土树种,因耐旱、耐瘠薄而成为先锋造林树种和南方最重要的工业用材树种之一。广西的桐棉和古蓬种源在全国马尾松种源试验中被评选为最优良地理种源之一。从 20 世纪 80 年代起,广西、福建、江西、湖南、广东等省(自治区、直辖市)大量引种这两个优良种源及衍生的良种,推广面积达到数万公顷。但由于这两个优良种源属南带种源,在引种过程中受到不同程度的低温影响,低温成为这些优良种源向北推广的首要限制因子,如何提高优良种源的抗寒性是广西马尾松遗传改良所面临的一个艰巨任务。

植物对逆境的适应受遗传性和内源激素控制,植物在逆境下主要通过改变和调节生物膜的结构和透性来适应逆境。ABA 对逆境的调节作用最明显,逆境下内源 ABA 含量显著增加,以调节植物对胁迫环境的适应。ABA 能减缓超氧歧化酶活性的降低,提高过氧化物酶的活性,使植物体内超氧自由基处于较低水平,最终减轻低温对膜的伤害,但其具体作用机理不清。马尾松在低温胁迫下内源 ABA 和内源保护酶之间的协调作用、相互影响及影响程度等抗寒机制国内外目前尚无定论。本研究选择抗寒性较强的古蓬种源和抗寒性较弱的桐棉种源作为试验材料,采用人工控制低温处理的方法,对系列低温梯度条件下不同种源叶片的内源 ABA、内源保护酶系统等生理生化指标的动态变化特点以及相互作用进行研究,以期了解不同种源在低温胁迫下内源 ABA 对内源保护酶系统的调控机制及其相互作用,把马尾松抗寒性和育种目标相结合,为最终实现通过抗寒基因的表达和抗寒基因工程的转移提高马尾松的抗寒性的目标提供科学依据。

4.2.1　材料与方法

4.2.1.1　试验材料

本试验于 2008 年 12 月 20 日至 2009 年 1 月 16 日在国家林业局中南速生材繁育重点实验室的人工培养箱内进行。采用桐棉和古蓬种源。各种源选择生长健壮、无病虫害、生长一致的营养杯苗 100 株,营养杯规格为 8cm × 12cm,营养土为黄心土,苗龄 1 年,苗高 50 ~ 55cm,地径 0.8cm。

4.2.1.2　方　法

(1)低温处理方法:试验前浇足水,将苗木在实验室内放置 3d,营养杯不滴水时放入托盆,每个托盆放 50 株苗,置于人工培养箱内。7:00 ~ 19:00 光照强度设置 36μmol/(m² · s),19:00 ~ 7:00 为黑暗。相对湿度 65% ~ 85%。试验时室内的日平均气温为 9 ~ 15℃,以 10℃ 为对照,人工降温程序如下:设(10 ± 2)℃、(4 ± 2)℃、(0 ± 2)℃、(−5 ± 2)℃、(−10 ± 2)℃ 等 5 种温度梯度(梯度的设定依据前期预备试验中对两个种源的低温半致死温度的测定),温度降到该设定温度时保持 48h,将 100 株苗木分成 8 份,各温度梯度 12 株。取样时每株苗木取中下部针叶 5g 左右,混合均匀立即放入 −80℃ 冰箱中保存。采样后恒温 24h,继续降温。在 −10℃ 温度中设置降温 1h、24h、48h、72h 4 种取样时间。

(2)测定项目及方法:内源 ABA 含量的测定采用间接酶联免疫法(enyme-linked immunosorbent assays,ELISA)。试剂盒购于中国农业大学,其含量以每克鲜重中含激素的纳克计算。采用李合生的方法进行各项目测定:①愈创木酚法测定过氧化物酶活性;②氮蓝四唑比色法测定超氧物歧化酶活性;③过氧化氢石英比色法测定过氧化氢酶活性;④邻苯二酚比色法测定多酚氧化酶活性。以上生理指标的测定均重复 3 次,异常数据进行剔除。

(3)数据处理:分别对不同处理的 ABA 含量、SOD 活性、POD 活性、PPO 活性、CAT 活性与不同温度间进行双因素方差分析(SPSS 软件)。

4.2.2　结果与分析

4.2.2.1　降温过程中不同种源的内源 ABA 含量的变化

不同种源叶片的内源 ABA 含量随着温度的降低变化趋势大体相似,内源 ABA 含量呈先上升后下降再上升再下降的变化规律(图4-8),桐棉种源内源 ABA 含量在降温过程中分别在 4℃、−5℃ 和 −10℃ 72h 出现两个峰值,最高峰值出现在 −5℃,最低值出现在 −10℃ 1h;温度从 −5℃ 调至 −10℃ 1h 内源 ABA 直线下降;古蓬种源内源 ABA 含量在 4℃、−10℃ 1h、−10℃ 48h 出现 3 个峰值,最高值出现在 4℃,之后峰值缓慢下降,最

低值出现在 –10℃ 24h。抗寒性较强的古蓬种源在零上低温 4℃ 时内源 ABA 含量呈直线上升并达到最高峰值，抗寒性较弱的桐棉种源内源 ABA 含量上升速度较慢，在 –5℃ 时达到最高峰值，也就是说，古蓬种源在低温来临前已启动内源 ABA，并协调体内的平衡以获得较强的抗寒力。桐棉种源内源 ABA 含量在 –5℃ 达到最高峰值后在 –10℃ 1h 出现直线下降达最低点后再直线上升，是否已出现极端低温，使体内 ABA 的调控能力失调，有待进一步研究。2 种源在 10℃ 时 ABA 含量基本相同，古蓬种源稍高，古蓬种源和桐棉种源的内源 ABA 含量最高值分别比对照提高 183.55% 和 58.80%，最低值分别比对照降低 82.08% 和 75.57%。各处理的内源 ABA 含量差异达显著水平(表 4-3)。

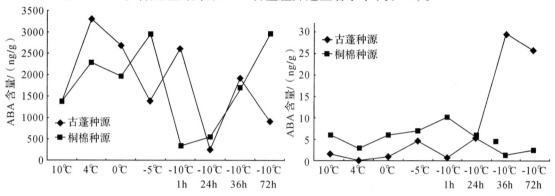

图 4-8　降温过程中 ABA 含量　　　　　图 4-9　降温过程中 POD 活性变化

4.2.2.2　降温过程中不同种源的 POD 活性的变化

　　不同种源叶片的 POD 活性随着温度的降低变化趋势大体相似，POD 活性呈下降后上升再下降再上升再下降的变化规律(图 4-9)，2 种源的 POD 活性在 –10℃ 前虽有起伏但变化不大，温度降至 –10℃ 出现峰值。桐棉种源 –10℃ 1h 出现峰值，之后 POD 活性下降，–10℃ 处理 24 ~ 72h POD 活性基本处于同一水平上；古蓬种源的 POD 活性在温度降至 –10℃ 后直线上升并在 48h 出现峰值，之后 POD 活性下降，但维持在较高水平。古蓬种源在极端低温下 POD 活性出现大幅度升高以后仍维持在较高水平，而桐棉种源在极端低温下 POD 活性出现下降且活性很低，表明 POD 在极端低温下起作用，抗寒强的种源 POD 活性大，抗寒弱的种源 POD 活性小。2 种源的 POD 活性在 10℃ 时，桐棉种源略高于古蓬种源，古蓬种源和桐棉种源的 POD 活性最高值分别比对照提高 18.29% 和 71.731%。各处理的 POD 活性差异达显著水平(表 4-3)。

表 4-3　不同种源降温过程中多重比较

指标	桐棉种源					古蓬种源				
	10℃	4℃	0℃	–5℃	–10℃	10℃	4℃	0℃	–5℃	–10℃
ABA 含量	1813.24a	1794.06ab	1761.13ab	1676.97b	1785.63ab	1034.96a	753.89b	705.26b	589.47c	705.26b
POD 活性	26.36a	26.96a	25.77a	25.64a	19.23b	16.99d	22.16b	29.43a	19.79c	18.47c
SOD 活性	446.5a	401.6b	409.2b	303.7c	229.7d	217.5c	201.8d	310.8b	341.3a	343.9a
PPO 活性	11.05a	9.71b	15.46c	14.30c	19.02d	21.70c	22.43d	30.00a	26.45b	26.2b
CAT 活性	13.05a	14.71b	16.46c	16.30c	17.02d	9.70c	12.43d	7000a	16.45b	15.2b

　　注：a ~ e 用于表示各因素不同水平间的差异性比较(P < 0.05)，字母相同表示差异不显著。

4.2.2.3　降温过程中不同种源的 SOD 活性的变化

不同种源叶片的 SOD 活性随着温度的降低变化趋势大体相似，SOD 活性呈上升后下降再上升再下降的变化规律，2 个种源的 SOD 活性最低值均出现在 10℃（图 4-10）。桐棉种源 SOD 活性在降温过程中分别在 4℃、–5℃ 和 –10℃ 72h 出现 3 个峰值，最高峰值出现在 –5℃；古蓬种源 SOD 活性从 10~0℃ 直线上升，分别在 0℃、–10℃ 48h 出现 2 个峰值，最高峰值出现在 –10℃ 48h，之后峰值缓慢下降。图 4-10 提示，SOD 活性的最高峰值出现的时间与 ABA 相似，抗寒强出现早，抗寒弱的出现晚，且抗性强的种源 SOD 活性总体上处于较高水平。与 ABA 不同，极端低温时 2 种源的 SOD 活性未出现大的起伏，仍保持较强活性，发挥着协调作用。2 种源的 SOD 活性在 10℃ 时桐棉种源高于古蓬种源，古蓬种源和桐棉种源的 SOD 活性最高值分别比对照提高 154.20% 和 58.80%。各处理的 SOD 活性差异达显著水平（表 4-3）。

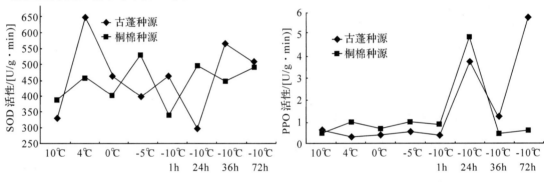

图 4-10　降温过程中 SOD 活性　　　　　图 4-11　降温过程中 PPO 的活性

4.2.2.4　降温过程中不同种源的 PPO 活性的变化

不同种源叶片的 PPO 活性随着温度的降低变化趋势不同，桐棉种源 PPO 活性呈先上升后下降再上升再下降再上升的趋势，古蓬种源 PPO 活性呈先下降后上升再下降再上升再下降再上升的变化规律（图 4-11）。桐棉种源 PPO 活性在降温过程中分别在 4℃ 和 –10℃ 24h 出现 2 个峰值，PPO 活性降温至 –10℃ 后立即直线上升，–10℃ 24h 出现最高峰值；古蓬种源 PPO 活性分别在 –5℃ 和 –10℃ 24h 出现 2 个峰值，PPO 活性降温至 –10℃ 48h 后直线上升，–10℃ 72h 时活性出现最高峰值。与 POD 相似，2 种源极端低温下 PPO 活性大幅度升高并达到最高峰值，不同的是，古蓬种源 PPO 活性在持续极端低温下表现活跃，–10℃ 低温中出现第 1、2 峰值，而桐棉种源在持续极端低温下 PPO 活性直线下降后处于很低水平，是否 PPO 失活，有待进一步研究。2 种源的 PPO 活性在 10℃ 时桐棉种源高于古蓬种源，古蓬种源和桐棉种源的 PPO 活性最高值分别比对照提高 913.08% 和 1012.13%，最低值分别比对照下降 56.40% 和 8.91%。各处理的 PPO 活性差异达显著水平（表 4-3）。

4.2.2.5　降温过程中不同种源的 CAT 活性的变化

不同种源叶片 CAT 活性随着温度降低变化趋势不同，桐棉种源 CAT 活性呈先上升后下降再略上升趋势，古蓬种源 CAT 活性呈先上升后下降再上升再下降再上升变化规律（图

4-12）。桐棉种源 CAT 活性呈单峰趋势，CAT 活性降温至 −5℃ 后立即直线上升，在 −10℃ 48h 出现峰值；古蓬种源 CAT 活性分别在 4℃ 和 −10℃ 1h 出现 2 个峰值，在降温至 −5℃ 后直线上升，活性在 −10℃ 1h 时活性出现最高峰值。图 4-12 提示，2 种源 −5℃ 至 −10℃ 间出现第 1、2 个峰值，说明 CAT 在期间表现活跃，但抗性强的种源在持续低温下活性维持长，而抗性弱的后期酶活接近 0，似乎失效。2 种源的 CAT 活性在 10℃ 时桐棉种源略高于古蓬种源，古蓬种源和桐棉种源的 CAT 活性最高值分别比对照提高 13569.17% 和 6307.42%，最低值分别比对照下降 43.38% 和 0。各处理的 CAT 活性差异达显著水平（表 4-3）。

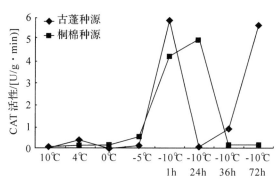

图 4-12　降温过程中 CAT 的活性

4.2.2.6　降温过程中不同种源的内源 ABA 对内源保护酶的调控及相互影响

在降温过程中，马尾松不同种源通过不断调节内源 ABA 的含量以及内源保护酶的活性，以适应低温。从内源 ABA 及内源保护酶在降温过程中的变化趋势可看出，桐棉种源的 SOD、PPO 和 CAT 活性与内源 ABA 含量的变化趋势基本一致，POD 活性与内源 ABA 含量的变化趋势正好相反；古蓬种源的 SOD 活性和 CAT 活性与内源 ABA 含量的变化趋势基本一致，POD 活性和 PPO 活性与内源 ABA 含量的变化趋势正好相反（表 4-4），也就是说，在低温胁迫下，桐棉种源提高内源 ABA 的含量，POD 活性会相应降低，SOD 活性、PPO 活性以及 CAT 活性则会相应升高；古蓬种源在提高内源 ABA 含量时，POD 活性和 PPO 活性会相应上升，SOD 活性和 CAT 活性则会相应升高。桐棉种源内源 ABA 含量在 −10℃ 72h 出现最高峰值，此时 POD 活性出现最低值，SOD 活性出现最高峰值，内源 ABA 在 −10℃ 1h 出现最低值，此时 POD 活性出现最高峰值；古蓬种源内源 ABA 含量在 4℃ 72h 出现最高峰值，此时 POD 活性和 PPO 活性出现最低值，SOD 活性出现最高峰值，内源 ABA 在 −10℃ 24h 出现最低值，此时 SOD 活性出现最低值（图 4-11）。

表 4-4　不同种源的内源 ABA 及内源保护酶在降温过程中的变化趋势

指标	桐棉种源								古蓬种源							
	10℃	4℃	0℃	−5℃	−10℃				10℃	4℃	0℃	−5℃	−10℃			
					1h	24h	48h	72h					1h	24h	48h	72h
ABA 含量	↑	↓	↑	↓	↑	↑	↑	↑	↓	↓	↑	↓	↑	↓		
POD 活性	↓	↑	↓	↑	↓	↓	↓	↓	↑	↑	↓	↑	↓	↑		

（续）

指标	桐棉种源								古蓬种源							
	10℃	4℃	0℃	-5℃	-10℃				10℃	4℃	0℃	-5℃	-10℃			
					1h	24h	48h	72h					1h	24h	48h	72h
SOD 活性	↑	↓	↑	↓	↑	↑	↓	↑	↓	↓	↑	↓	↑	↓		
PPO 活性	↑	↓	↑	↓	↑	↓	↓	↓	↑	↑	↓	↑	↓	↑		
CAT 活性	↑	↓	↑	↓	↑	↓	↑	↓	↓	↓	↑	↓	↑	↑		

4.2.2.7　降温过程中不同种源的内源保护酶活性的相互影响

在降温过程中，马尾松不同种源通过内源保护酶之间的相互协调作用以适应低温。抗寒性较弱的桐棉种源 SOD、CAT 及 PPO 活性在 4℃ 开始启动，分别于 -5℃、-10℃ 24h 及 -10℃ 24h 达到最大峰值，SOD 活性在 -10℃ 48h 后呈上升趋势，表明 SOD 仍在发挥作用。POD 活性于 0℃ 开始启动，于 -10℃ 1h 达到最大值，其中 POD 活性、PPO 活性和 CAT 活性分别在 -10℃ 1h、-10℃ 24h 和 -10℃ 24h 后分别从最高峰值直线下降后基本维持不变，活性接近于 0，笔者认为是该种源此时已出现极端的低温胁迫，保护酶失活；抗寒性较弱种源的古蓬种源 SOD 和 CAT 在 4℃ 时开始启动，分别于 4℃ 和 -10℃ 1h 达到最大峰值，POD 和 PPO 分别在 -5℃ 和 -10℃ 启动，并分别于 -10℃ 48h 和 -10℃ 72h 达到最高峰值。CAT 活性、PPO 活性在 -10℃ 48h 后呈上升趋势，表明这 2 种酶仍在发挥作用，而 SOD 活性、POD 活性在 -10℃ 48h 后呈下降趋势。

4.2.3　结论与讨论

本研究表明，抗寒性较强的古蓬种源在低温胁迫下 ABA 含量较高，在零下低温前出现最高峰值，而抗寒性较弱的桐棉种源含量较低且最高峰值出现在零下低温。在低温胁迫前通过提高内源 ABA 含量有利于增强抗逆性。2 种源内源 ABA 含量在降温过程中呈现 3 峰变化趋势，与栀子、芦荟、小麦等植物的研究结论不同，笔者认为多数作物的研究以室外冬季自然降温为对比条件，研究的时间多以月或季节来计算，本研究采用的是人工控制低温方法，可能是温度下降速度过快且持续时间过短造成的，也可能与内源 ABA 的反应速度或维持时间有关。

本试验表明，SOD 是马尾松低温胁迫下最早启动的一种保护酶，且活性高，持续时间长，抗寒性不同的种源的 SOD 活性在极端低温胁迫下仍维持在较高水平，起调节作用。PPO 和 CAT2 种酶对低温胁迫不敏感，但在极端低温下表现活跃，抗寒性越强，活性越高，持续时间越长，而这 2 种酶对抗寒性弱的种源在极端低温的调节作用不大。而 SOD 活性、POD 活性此时呈下降趋势，说明抗寒性强的马尾松出现零上低温冷害时主要是 SOD 起作用，出现零下低温的冻害时，CAT、PPO 和 POD3 种酶变得十分活跃，在体内代谢中起主要协调作用。因此，抗寒性强的种源在低温来临前已启动内源 ABA，并通过激活 SOD，协调体内的平衡以获得较强的抗寒力，也就是说，内源 ABA 含量、SOD 活性对零上低温非常敏感，属冷害敏感型调节物质，它们在零上低温前达到最高值的时间越早，活性越高，持续的时间越长，马尾松的抗寒性越强；CAT、POD 和 PPO 对零下低温非常敏感，属冻害敏感型酶类，在温度降到 $-5℃$ 前活性虽有起伏但变化不大，极端低温胁迫下这 3 种酶直线上升，迅速达到最高值，抗寒性强的种源达到峰值后仍维持较高活性，抗寒性弱的种源达到峰值后直线下降，出现失活现象。因此，CAT、POD 和 PPO 的活性越高，持续的时间越长，抗寒性越强。抗寒性不同的种源 4 种酶的启动顺序基本相同，即 SOD 首先启动，其次分别为 CAT、POD，最后是 PPO。因此，马尾松在出现低温胁迫时，多种酶共同参与和协调体内的生理生化过程，不能单独以某种酶的活性高低来判断马尾松抗寒性的强弱，须综合考虑各种酶的活性大小、变化大小、启动和持续时间等多种因素，进行综合评价。

本研究表明，在降温过程中，马尾松通过不断调节内源 ABA 来调控内源保护酶的活性，以适应低温。SOD 和 CAT 活性与内源 ABA 含量的变化趋势基本一致，且抗性较强种源的 SOD 活性与内源 ABA 含量出现最高峰值和最低值的温度完全相同，表明抗性强的马尾松能通过提高内源 ABA 含量来减缓 SOD 活性的下降，保护膜结构。本试验中还得出，内源 ABA 也能减缓 CAT 活性的下降，但不似 SOD 的规律明显，须进一步论证。POD 活性与内源 ABA 含量的变化趋势正好相反，即马尾松在内源 ABA 含量不足以抵抗低温胁迫时，能迅速提高 POD 活性，减少膜脂过氧化，保护膜系统。抗寒性不同种源的 PPO 活性与内源 ABA 含量的变化趋势不同，抗性强的种源 PPO 活性与内源 ABA 含量的变化趋势相反，抗性弱的种源两者的变化趋势完全相同，即抗寒性强的种源在内源 ABA 含量不足时，能通过提高 PPO 的活性来适应低温胁迫，两个种源 PPO 活性变化规律的差异有待进一步研究。

本研究表明，马尾松在降温过程中通过内源 ABA 诱导和调控内源保护酶的变化，并启动多种酶参与协调体内代谢以抵抗低温。SOD 和 CAT 属低温敏感型酶类，低温来临前活性最高，POD 和 PPO 属低温非敏感型酶类，出现极度低温胁迫时活性最高，4 种酶在低温胁迫的不同阶段所起的作用不同，共同协调体内代谢，保护膜系统。马尾松的内源 ABA 和内源保护酶的数量越大，持续时间越长，内源 ABA、SOD 和 CAT 的启动越早，而 POD 和 PPO 的启动时间越迟，抗寒性越强。综上所述，马尾松抗寒性的评价是一个多因素之间相互作用、相互影响的复杂的生理过程，仅从某一个层面去研究马尾松的抗寒性或抗寒性的某一个环节，都是远远不够的。外源 ABA 如何调控内源 ABA 以及外源 ABA 是否通过诱导保护酶系统的多态性或其他特异抗性基因的表达，从而提高抗寒性等均有进一步研究的价值。

4.3　内源激素动态变化与马尾松优良种源抗寒性的关系

马尾松作为我国南方造林的先锋树种与重要的工业用材树种，其遗传改良经国家"六五"至"九五"科技攻关，已经取得较大的成就。"七五"期间在马尾松全分布区内开展马尾松地理种源的试验结果表明，广西桐棉和广西古蓬种源（以下分别简称桐棉种源和古蓬种源）在全国的多点多年度种源试验中生长表现最优，其中桐棉种源每年抽梢 2～3 次，在原产地基本上无休眠期。由于该种源的巨大生产潜力，南方各省份均对桐棉种源进行了引种推广，至 2006 年年底，广西已向福建、江西、湖南、广东等省推广广西优良种源或优良家系数十万公顷。马尾松不同地理种源存在显著遗传差异，低纬度的种源向北引种时虽然生长快，但是不耐雪压和冻害。马尾松优良种源的自然分布区多处在北热带和南亚热带地区，这些种源的共同特点是生长期长，冬季休眠期短，封顶迟，一旦北移，低温成为这些优良种源向北推广的首要限制因子。本书选择抗寒性较强的古蓬种源和抗寒性较弱的桐棉种源作为试验材料，采用人工控制低温方法，测定系列低温梯度条件下叶片的内源激素动态变化的规律，以期为马尾松低温伤害和抗寒性的研究提供参考依据，同时为马尾松进一步的遗传改良及良种的推广应用奠定理论基础。

4.3.1 材料与方法

4.3.1.1 试验材料

试验于 2006 年 12 月 20 日至 2007 年 1 月 16 日在国家林业局中南速生材繁育重点实验室的人工培养箱内进行。种源同 4.1.1.1 小节。

4.3.1.2 试验方法

(1)低温处理方法：试验前 3 天每天浇足水，将苗木在实验室内放置 3d，营养杯不滴水时放入托盆置于人工培养箱内。7：00 ~ 19：00 光照强度设置 5700lx，19：00 ~ 7：00 为黑暗。相对湿度 65% ~ 85%。试验前实验室内的平均气温为 9 ~ 15℃，以 10℃ 为对照，人工降温程序如下：设(10 ± 2) ℃、(4 ± 2) ℃、(0 ± 2) ℃、(−5 ± 2) ℃、(−10 ± 2) ℃ 等 5 种温度梯度(梯度的设定依据前期预备试验中对两个种源的低温半致死温度的测定)，温度降到该设定温度时保持 48h，混合取样，采样后恒温 24h，继续降温。

(2)测定项目及方法：采用间接酶联免疫法(ELISA)测定内源激素脱落酸 ABA、赤霉素 GA_3、吲哚乙酸 IAA、玉米核苷 ZR 含量。试剂盒购于中国农业大学，其含量以每克鲜重中含激素的纳克计算。以上生理指标的测定均重复 3 次，剔除异常。

(3)数据处理：分别对不同处理的 ABA 含量、GA_3 含量、IAA 含量、ZR 含量与不同温度间进行双因素方差分析。方差分析采用计算机 SPSS 软件进行。

4.3.2 结果与分析

不同种源的内源激素含量差异除对照外均达显著或极显著水平，同一种源不同温度胁迫下内源激素含量差异见表 4-5。

表 4-5　不同种源降温过程中内源激素含量多重比较

温度/℃	ABA			GA_3			IAA			ZR		
	GP	TM	F	GP	TM	F	GP	TM	F	GP	TM	F
10	1389.1b	1377.1b	0.01	1328.7a	1915.8a	5.05	25571.5b	15284.7a	10.60*	3269.9a	1490.4a	16.35*
4	3316.0d	2288.9c	22.01**	7328.3d	7447.2bc	0.02	24883.8b	79098.8b	2.92	6331.5c	3937.4b	12.41*
0	2709.2c	1967.0c	9.28*	5332.7c	6598.2b	10.05*	27668.8b	14814.9a	5.43	5759.8bc	5234.8bc	2.76
−5	1382.0b	2975.3d	1054.74**	6396.9c	9502.9c	15.29*	19862.6b	133389.5c	50.97**	5638.1bc	5872.4c	0.07
−10	248.9a	708.03a	9.34*	2580.4b	7695.2bc	19.94**	1588.2a	2327.6a	50.99**	4779.3b	4838.7bc	0.02

注：TM 表示桐棉种源，GP 表示古蓬种源。不同字母表示在 0.05 水平差异显著。* 表示在 5% 水平上差异达显著水平，** 表示在 1% 水平上差异达显著水平。

4.3.2.1 降温过程中不同种源的内源 ABA 含量变化

不同种源叶片的内源 ABA 含量随着温度的降低变化趋势大体相似,内源 ABA 含量呈先上升后下降的变化规律,但是达到最高点的温度不同(图 4-13),桐棉种源内源 ABA 含量在降温过程中不断升高,至 -5℃时达到最高,之后迅速下降,而古蓬种源内源 ABA 含量在 4℃时达到最高值,之后缓慢下降。2 个种源在 10℃时 ABA 含量基本相同,古蓬种源稍高,古蓬种源在 4℃时达最高值,之后不断下降,桐棉种源在降温过程中出现双峰变化趋势,峰值分别出现在 4℃和 -5℃, -5℃时达到最高值。2 个种源的内源 ABA 含量最低值均出现在 -10℃。古蓬种源和桐棉种源的内源 ABA 含量最高值分别比对照提高138.72% 和 116.01%,最低值分别比对照降低 82.08% 和 59.29%。2 个种源的内源 ABA含量按高低排列为:古蓬种源 > 桐棉种源。

4.3.2.2 降温过程中不同种源的内源 GA3 含量的变化

不同种源叶片的内源 GA$_3$ 含量随着温度的降低变化趋势大体相似,内源 GA$_3$ 含量呈上升—下降—上升—下降的变化规律,2 个种源的内源 GA$_3$ 含量在降温过程中均出现双峰趋势,第 1 次出现在 4℃,第 2 次出现在 -5℃,桐棉种源在 -5℃时达到最高值,古蓬种源在 4℃时达到最高值(图 4-14)。2 种源在 10℃时 GA$_3$ 含量古蓬种源低于桐棉种源,2 个种源的内源 GA$_3$ 含量最低值均出现在 10℃。古蓬种源和桐棉种源的内源 GA$_3$ 含量最高值分别比对照提高 475.15% 和 339.36%。2 个种源的内源 GA$_3$ 含量按高低排列为:桐棉种源 > 古蓬种源。

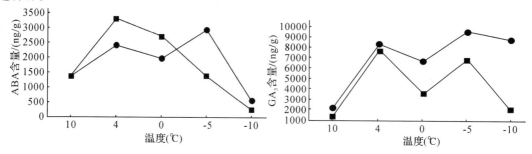

图 4-13 不同种源降温过程中的 ABA 含量　　　　图 4-14 不同种源降温过程中 GA$_3$ 含量
●:桐棉种源 ■:古蓬种源　　　　　　　　　　●:桐棉种源 ■:古蓬种源

4.3.2.3 降温过程中不同种源的内源 IAA 含量的变化

不同种源叶片的内源 IAA 含量随着温度的降低变化趋势相差很大,桐棉种源的内源IAA 含量呈上升—下降—上升—下降的变化规律,且升降幅度很大,从 2.327 ~ 108.227μg/g,古蓬种源在降温过程中出现先下降再升高再下降的趋势,升降幅度较小,从 1.659 ~ 24.592μg/g(图 4-15)。2 种源在 10℃时 IAA 含量古蓬种源高于桐棉种源,古蓬种源在 0℃时达最高值,之后不断下降,桐棉种源在降温过程中出现双峰趋势,第 1 次出现在 4℃,第 2 次出现在 -5℃,0℃时达到最高值。2 个种源的内源 IAA 含量最低值均出现在 -10℃。古蓬种源和桐棉种源的内源 IAA 含量最高值分别比对照提高 6.46% 和608.08%,最低值分别比对照降低 92.82% 和 84.77%。2 个种源的内源 IAA 含量按高低排列为:桐棉种源 > 古蓬种源。

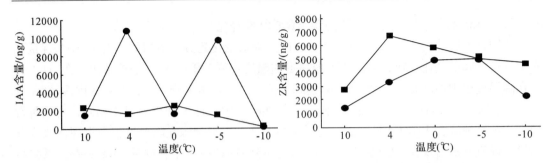

图 4-15　不同种源降温过程中的 IAA 含量　　　　　图 4-16　不同种源降温过程中的 ZR 含量
●：桐棉种源　■：古篷种源　　　　　　　　　　　●：桐棉种源　■：古篷种源

4.3.2.4　降温过程中不同种源的内源 ZR 含量的变化

不同种源叶片的内源 ZR 含量随着温度的降低变化趋势大体相同，都呈先上升后下降的变化规律，但达到最高值的温度不同，古篷种源在 4℃ 达最高值，之后不断下降，而桐棉种源在 –5℃ 时达最高值，之后缓慢下降（图 4-16）。2 种源在 10℃ 时 ZR 含量古篷种源高于桐棉种源，2 个种源的内源 ZR 含量最低值出现的温度不同，古篷种源最低值出现在 –10℃，桐棉种源的最低值出现在 10℃（对照）。古篷种源和桐棉种源的内源 ZR 含量最高值分别比对照提高 129.76% 和 248.60%，古篷种源最低值比对照降低 23.86%。2 个种源的内源 ZR 含量按高低排列为：古篷种源 > 桐棉种源。

4.3.2.5　降温过程中不同种源的内源激素配比变化

表 4-6 显示降温过程中不同种源的内源激素配比变化趋势不同。内源激素配比随温度变化呈规律变化的是 ABA/GA$_3$、ABA/ZR。与 IAA 有关的其他配比均无规律性变化。内源 ABA/GA$_3$ 值随着温度的降低呈不断下降的趋势，桐棉种源和古篷种源在 –10℃ 时 ABA/GA$_3$ 值分别比对照下降 89.95% 和 88.02%，古篷种源的 ABA/GA$_3$ 值较大且变化幅度相对较大。2 个种源的内源 ABA/GA$_3$ 值按高低排列为：古篷种源 > 桐棉种源。

表 4-6　降温过程中不同种源的内源激素配比

种源	温度/℃	ABA/GA$_3$	ABA/IAA	ABA/ZR	GA$_3$/IAA	GA$_3$/ZR	IAA/ZR
TM	10	0.637	0.090	0.924	0.142	1.451	10.255
	4	0.327	0.023	0.712	0.069	2.178	14.533
	0	0.316	0.112	0.392	0.355	1.241	2.814
	–5	0.310	0.022	0.567	0.071	1.829	25.673
	–10	0.064	0.241	0.111	3.737	1.716	0.459
GP	10	0.993	0.060	0.472	0.061	0.475	7.842
	4	0.434	0.188	0.489	0.434	1.129	2.602
	0	0.510	0.084	0.453	0.165	0.888	5.393
	–5	0.199	0.086	0.270	0.433	1.356	3.129
	–10	0.119	0.150	0.111	1.260	0.932	0.794

注：TM 表示桐棉种源，GP 表示古篷种源。

内源 ABA/ZR 值随着温度的降低呈不断上升的趋势，桐棉种源和古篷种源 –10℃ 时的 ABA/ZR 值分别比对照高出 88.99% 和 76.48%，古篷种源的 ABA/ZR 值较低且变化幅度相对较小。2 个种源的内源 ABA/ZR 值按高低排列为：古蓬种源 > 桐棉种源。

4.3.3　讨　论

　　植物激素是控制植物生长发育的最重要物质之一，它影响植物的一切关键生物过程，如胚胎、根、花的发育，维管分化，顶端优势，向性反应等。近年来，内源激素的研究多集中于无性繁殖方面。植物对干旱、低温、盐渍、高温、营养胁迫等逆境的适应受遗传性和内源激素控制，内源激素与植物抗性研究的较一致的结论是逆境胁迫下内源 ABA 含量增加，这些研究对象多为农作物，利用内源激素研究林木的抗性国内少有报道。本研究以全国生长表现最优良的马尾松种源为研究对象，旨在揭示马尾松抗寒性的生理生化机理，为马尾松的低温抗性的分子调控机理以及遗传转化研究奠定基础。

　　ABA 是一类抑制生长的植物激素，调控部分器官（果实、花、叶片等）的脱落，停止生长，进入休眠。一般认为，ABA 是一种胁迫激素，它调节植物对胁迫环境的适应。大量研究表明，植物在逆境环境下内源 ABA 含量会显著增加，但 ABA 影响抗寒力的机理尚不明了，总结前人的研究可分以下几种解释：一是低温会增加叶绿体膜对 ABA 的透性，触发系统大量合成 ABA；二是 ABA 能减缓超氧歧化酶活性的降低，提高过氧化物酶的活性，使植物体内超氧自由基处于较低水平，最终减轻低温对膜的伤害；三是 ABA 可促进气孔关闭，增加低温体内的水分平衡能力；四是促进某些抗冷物质的合成；五是 ABA 能促使根部合成的 ABA 运到叶片。还有研究表明，同一作物不同品种中，抗性强的品种在逆境情况下，ABA 含量高于不抗逆性品种。本研究表明，内源 ABA 含量呈先上升后下降的变化规律，抗冷性较强的古蓬种源在 4℃ 时内源 ABA 含量呈直线上升并达到最高值，抗冷性较弱的桐棉种源内源 ABA 含量上升速度较慢，在 -5℃ 时达到最高值。也就是说，古蓬种源在低温来临前已启动内源 ABA，并协调体内的平衡以获得较强的抗寒力。桐棉种源内源ABA 在 0℃ 时出现下降，-5℃ 再上升，是否体内已造成伤害，有待进一步研究。2 个种源内源 ABA 含量在升高到最高点后均出现下降，这与多数作物的研究结论不同。作者认为多数作物的研究以室外冬季自然降温为对比条件，取样时间多以月或季节来计算，本研究采用的是人工控制低温方法，可能温度下降速度和持续时间等因素有关，这有待进一步研究。

　　GA 是一类能显著促进生长的植物激素，被认为与抗寒性有关，但其作用没有 ABA 显著。多数研究结果认为体内 GA 含量高的抗寒性较弱。罗正荣认为逆境下引起 GA 含量下降一是抑制生长，二是调节以下的生理生化效应：①改变体内水分的利用，促进气孔关闭，减少蒸腾；②增强并维持叶绿素、蛋白质和核酸的含量。本研究表明，内源 GA_3 含量在降温过程出现先升高再下降再升高再下降的趋势，抗寒性较强的古蓬种源内源 GA_3 含量一直处于较低水平，因此，内源 GA_3 含量可以作为马尾松抗寒力的评价指标，含量越高抗性越差。

　　IAA 是植物体最普遍的生长素类物质，促进细胞的分裂、伸长和分化，促进 RNA 和蛋白质的合成。生长素早在 1940 年就被用于调控植物抗寒性，许多证据表明外源生长素是降低植物抗寒性的因素。内源 IAA 含量用于评价植物的抗寒性少有报道，谢吉容认为红豆杉内源 IAA 含量与抗寒性成负相关（$R = -0.6807$）。本研究表明，抗寒力较强的古蓬种源在降温过程中升降幅度较小，而抗寒力较弱的桐棉种源在降温过程中升降幅度较大，且2个种源变化趋势无规律性，因此，内源 IAA 含量不能作为马尾松抗寒力的评价指标。

ZR 是一种细胞分裂素，主要的生理作用是促进细胞分裂。用内源 ZR 含量评价植物的抗寒性的研究很少。本研究表明，在降温过程中内源 ZR 含量呈先升高再下降的趋势，与内源 ABA 含量的变化趋势大体相似，古蓬种源在4℃后细胞分裂速度开始减慢，进入休眠，有利于抗寒力的提高，桐棉种源在 -5℃后内源 ZR 开始下降，低温下细胞分裂速度不断增加对抵抗寒冷不利。

多种内源激素的相对含量对植物的抗逆性更为重要。ABA 和 GA 是从甲羟戊酸通过光敏素系统转化而成，在长日照下产生 GA，在短日照下产生 ABA，虽然两者的生理作用完全不同，但却相互联系。本研究表明，ABA/GA$_3$ (k 值) 在降温过程中呈不断下降的趋势，这与多数前人的研究结论相反，但 k 值越大，抗寒力越强，这与前人的研究结果一致。出现上述原因，作者认为可能受温度梯度的设计或不同树种的影响。ZR/ABA 值在降温过程中不断升高，且抗寒力强的种源 ZR/ABA 值大于抗寒力弱的种源，因此，k 值可以作为抗寒力强弱的评价指标，k 值越大，抗寒力越强。ZR/ABA 值在降温过程中不断升高，且抗寒力强的种源 ZR/ABA 值大于抗寒力弱的种源，ZR/ABA 值也可作为抗寒力强弱的评价标准，ZR/ABA 值越大，抗寒力越强，ZR/ABA 值的变化趋势没有 k 值明显，建议作为补充选择的指标。

综合以上分析，叶片内源激素含量和内源激素间的平衡关系可以作为马尾松种源抗寒能力的评价指标，不同种源的内源 GA$_3$ 含量、k 值和 ZR/ABA 值等3个指标在不同温度间均具有显著差异，可以较准确、稳定地反映马尾松的抗寒力。内源 GA$_3$ 含量越高，马尾松的抗寒力越差；k 值越大，抗寒力越强；ZR/ABA 值越大，抗寒力越强。

4.4 贮藏温度和时间对马尾松花粉保护酶及萌芽率的影响

马尾松是我国南方重要的用材及产脂树种，在林浆纸一体化及松脂产业化建设中占有举足轻重的地位。1980~1987年广西营建了 200hm^2 以生长为改良目标的马尾松初级种子园，为推动马尾松良种化的进程发挥了重要的作用。20多年来，为解决种子园产量低和大小年等问题，笔者开展了树体管理、抚育施肥和人工辅助授粉等研究。随着高世代选育工作的推进，每年需要开展大量的杂交授粉工作，而花期不遇和花粉污染是杂交授粉工作的制约因素，通过花粉贮藏可以解决这2个问题。因此，如何对花粉进行有效贮藏成为杂交育种(制种)和人工辅助授粉中亟待解决的问题。前人关于花粉的研究多集中在不同贮藏条件与萌发率的关系，只在少数花粉或花粉制剂研究中涉及有花粉生活力方面的报道。有研究表明：花粉进入成熟期，内部发生一系列的生理代谢反应，活力逐渐下降，而花粉中的保护酶类能够清除氧自由基，延缓衰老，因此，保护酶活性的高低能够直接反映花粉的活力。笔者研究贮藏温度和贮藏时间对马尾松花粉保护酶活性和萌发率的影响，旨在从花粉的酶活性方面对花粉贮藏期间生理生化反应进行探索，为马尾松花粉的贮藏提供科学依据。

4.4.1　材料与方法

4.4.1.1　试验材料

花粉采自南宁市林科所马尾松嫁接种子园 23 年生母树，参试号为桂 MRC265。于 2009 年 2 月 6～8 日采集成熟待花枝，保湿带回进行水培，1～2d 换水 1 次。每天将待开花蕾采下放在硫酸纸上，花粉散开后过 40～60 目筛放入装有 1/3～1/2 硅胶的密封容器内干燥，硅胶变色即更换，至硅胶不变色且花粉不沾瓶壁时花粉的含水量达到贮藏要求。将干燥好的花粉装入棕色瓶内用棉花封口，立刻放入装有硅胶的密封容器内保存，花粉量不超过容器体积的 2/3，密封容器内的硅胶变色要及时进行更换。

4.4.1.2　试验方法

（1）花粉萌发率测定：采用液体培养基法，培养基为：5% 蔗糖 +0.5% H_3BO_3 + 0.03% $CaCl_2$，pH 为 5.6。培养条件：28℃，暗培养 24～36h。取 3 个视野，每视野约 100 粒花粉，花粉管伸长的长度大于花粉粒直径时为具生活力花粉，具生活力花粉/总花粉数 = 萌发率。

（2）花粉贮藏：本试验分室温、4℃、-10℃ 和 -20℃ 4 种贮藏温度；0d、72d、144d、216d、286d 和 358d 6 种贮藏时间。将处理好的花粉分成 4 份，每份 6 瓶，共 24 瓶，分别放在室内避光处（室温）、冰箱冷藏室（4℃）、冰箱冷冻室（-10℃）和冰柜（-20℃）内。达到设定贮藏时间时从 4 种温度下各取出 1 瓶花粉，取出少量用于测定花粉萌发率，余下花粉密封后放在 -80℃ 超低温保存，待试完毕统一测定酶活性。

（3）花粉酶活性测验：

①酶液的提取：称取花粉 1.000g，加入 10mL 0.05mol/L 磷酸缓冲液（pH 为 7.8），冰浴研磨 15～25s，于 10000r/min 冷冻离心 15min，将悬浮液用一次性医用针筒吸出，过滤膜后即为粗酶提取液。

②SOD 活性测定：取 0.05mL 的酶液加入试管中，以蒸馏水作对照，做 2 支对照管，分别加入磷酸缓冲液 1.5mL、130mmol/L 的甲硫氨酸溶液 0.3mL、750μmol/L 的氮蓝四唑溶液 0.3mL、100μmol/L 的 EDTA - Na_2 溶液 0.3mL、20μmol/L 核黄素溶液 0.3mL 和蒸馏水 0.25mL。混匀后将 1 支对照管置于暗处，其他各管于 4000 lx 日光灯下反应 20min，以不照光的对照管作为空白，分别测定 560nm 波长下的吸光值，SOD 酶活性单位用 U/g 表示。

③POD 活性测定：反应液为 100mL 0.1mol/L 磷酸缓冲液（pH 为 6.0）+ 1mL30% H_2O_2 + 0.05mL 愈创木酚，测定时取酶液 0.05mL 加 3mL 反应液，混合后摇匀，立即在 UN - 1206 分光度计下测定 OD_{407} 值，每 5s 读数 1 次，共读 2min，取反应呈线性部分的数值计算每分钟内的 OD 值的变化，酶活性单位用 mg/(g·min) 表示。

④CAT 活性测定：反应液为 2mL 0.1mol/L 磷酸缓冲液（pH 为 7.8）+ 1mL0.08% H_2O_2，酶液 0.2mL，以磷酸缓冲液作为空白，用石英比色皿，每 15s 测 1 次 OD240 值，共测 3min。CAT 酶活性单位用 mg/(g·min) 表示。

以上指标的测定均重复 3 次，对异常数据进行剔除。

4.4.1.3　数据处理

分别对不同贮藏温度和不同贮藏时间的花粉萌发率、POD 活性、SOD 活性、CAT 活性进行双因素方差分析（SPSS 软件）。

4.4.2　结果与分析

4.4.2.1　贮藏条件对花粉萌发率的影响

不同贮藏条件下，马尾松的花粉萌发率及方差分析的结果详见表4-7。贮藏温度和贮藏时间均对花粉萌发率产生影响，其中影响最大的是贮藏温度，其次为贮藏时间。花粉萌发率下降最快的时期分别为室温时 72～144d、4℃下 216～286d、－10 和 －20℃下 286～358d，最佳贮藏时间取花粉萌发率快速下降期的上限值，分别为室温 72d，4℃下 216d，－10℃和 －20℃下 286d，由于 －10℃和 －20℃两种温度下贮藏 358d 的萌发率不低于 50％，在生产实践中有较大的应用价值。

表 4-7　不同贮藏条件下花粉萌发率多重比较

贮藏时间/d	贮藏温度/℃			
	室温	4	－10	－20
0	0.773Aα	0.773Aα	0.773Aα	0.773Aα
72	0.461Bγ	0.742Bβ	0.761Aα	0.769Aα
144	0.107Cδ	0.677Cγ	0.701Bβ	0.720Bα
216	0.013Dγ	0.659Cα	0.644Cβ	0.651Cαβ
286	0.000Dγ	0.502Dβ	0.626Dα	0.635Cα
358	0.000Dδ	0.364Eγ	0.508Eβ	0.522Dα

注：同一列中，A～E 表示相同贮藏温度下不同时间的差异水平（$P < 0.05$）；同一行中，α～δ 表示相同贮藏时间下不同温度的差异水平（$P < 0.05$），字母相同表示差异不显著。

4.4.2.2　贮藏条件对花粉保护酶的影响

（1）对花粉 SOD 活性的影响。不同贮藏条件下，马尾松花粉的 SOD 活性及方差分析的结果见表4-8。不同贮藏时间和贮藏温度均对 SOD 活性产生影响，其中室温和 －4℃两种温度在不同的贮藏时间下 SOD 呈下降—升高—下降的变化趋势，高低起伏变化大，最高峰值分别出现在 144d 和 286d，最高峰值比最小值分别大 226.6％和 174.0％；－10℃和 －20℃两种温度在不同的贮藏时间下 SOD 起伏变化不大，总体呈上升的趋势，最高峰值均出现在 358d，最高峰值比最小值分别大 26.7％ 和 34.7％（图 4-17）。

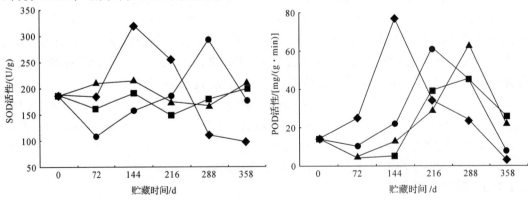

图 4-17　贮藏条件对花粉 SOD 活性的影响　　　图 4-18　贮藏温度和时间对 POD 活性的影响

（2）对花粉 POD 活性的影响。不同贮藏条件下，马尾松花粉的 POD 活性及方差分析的结果见表 4-8。不同贮藏时间和贮藏温度均对 POD 活性产生影响，其中室温和 4℃两种温度在不同的贮藏时间下 POD 呈升高—下降的变化趋势，最高峰值分别出现在 144d 和 216d，最高峰值比最小值分别大 2466.7% 和 516.0%；－10℃ 和 －20℃ 两种温度在不同的贮藏时间下 POD 呈下降—升高—下降的变化趋势，最高峰值均出现在 358d，最高峰值比最小值分别大 1602.7% 和 1116.2%（图 4-18）。

表 4-8 不同贮藏条件下保护酶多重比较表

保护酶类	贮藏条件/℃	贮藏时间/d					
		0	72	144	216	286	358
SOD (U/g)	室温	186.5Cα	183.1Cβ	319.2Aα	254.4Bα	109.0Dδ	97.7Eδ
	4	186.5Cα	107.0Fδ	157.9Eδ	184.6Bβ	293.2Aα	176.1Dγ
	－10	186.5Cα	209.7Bα	214.8Aβ	173.6Dγ	165.4Eγ	209.5Bα
	－20	186.5Cα	159.7Eγ	190.4Bγ	147.6Fδ	178.3Dβ	198.9Aβ
POD (U/g)	室温	14.3Dα	24.2Cα	77.9Aα	34.3Bγ	23.7Cγ	3.3Eδ
	4	14.3Dα	10.7Eβ	21.5Cβ	62.0Aα	44.9Bβ	7.7Fγ
	－10	14.3Dα	4.4Fγ	12.5Eγ	29.0Dδ	63.7Aα	21.8Cβ
	－20	14.3Dα	3.7Fγδ	4.9Eδ	39.2Bβ	45.7Aβ	25.3Cα
CAT (U/g)	室温	3.7Eα	15.8Aα	11.2Cγ	12.1Bβ	10.3Dβ	3.9Eδ
	4	3.7Eα	10.7Cγ	13.1Bα	21.7Aα	11.0Cβ	8.2Dγ
	－10	3.7Fα	11.5Cβ	12.4Bβ	9.5Eγ	10.6Dβ	20.4Aα
	－20	3.7Fα	11.7Cβ	6.6Dδ	4.3Eδ	15.8Bα	18.9Aβ

（3）对花粉 CAT 活性的影响。不同贮藏条件下，马尾松花粉的 CAT 活性及方差分析的结果见表 4-8。不同贮藏时间和贮藏温度均对 CAT 活性产生影响，其中室温和 4℃两种温度在不同的贮藏时间下 CAT 呈升高—下降的变化趋势，最高峰值分别出现在 72d 和 216d，最高峰值比最小值分别大 327.0% 和 486.5%；－10 和 －20℃ 两种温度在不同的贮藏时间下 CAT 呈升高—下降—升高的变化趋势，最高峰值均出现在 358d，－10℃ 的 CAT 活性总体比 －20℃ 高，最高峰值比最小值分别大 45.1% 和 411.9%（图 4-19）。

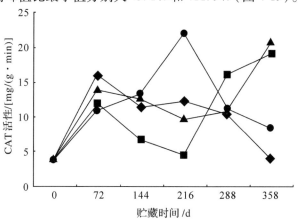

图 4-19 贮藏温度和时间对 CAT 活性的影响

4.4.2.3　花粉萌发率与保护酶的关系

不同贮藏温度和贮藏时间对马尾松花粉萌发率的影响不同，随着贮藏时间的延长，花粉萌发率下降最快的时期分别为室温 72~144d、4℃216~286d、-10℃和-20℃286~358d，在这些时期3种酶活性分别出现最高峰值(图4-17至图4-19)。不同的贮藏温度下，358d时的萌发率降至最低值，此时3种保护酶活性在室温和4℃2种温度下降至最低值，-10℃和-20℃2种温度下除POD外出现缓慢升高趋势。

4.4.3　结论与讨论

马尾松花粉贮藏对松属间的杂交育种(制种)和马尾松种子园的辅助授粉具有重要意义。使贮藏后的花粉保持较高的萌发率和较强的活力是评价花粉贮藏成败的两个指标。若以萌发率下降率低于50%和3种保护酶活性较强为前提，在本试验条件下，马尾松花粉的最佳贮藏时间为：室温下72d，4℃下216d，-10℃和-20℃下358d，此时的花粉保持较高的萌发率和较强的抗氧化抗衰老能力。采用-10℃和-20℃下冷冻贮藏花粉，贮藏时间达1年且CAT和SOD2种酶的活性表现出不断升高趋势，说明花粉活性强，生命力旺盛，对活性氧的清除能力高，仍能通过自身的协调作用来抑制花粉的衰老和失活。正常年份中松属中的加勒比松、湿地松和马尾松的花期分别出现在12月至翌年1月，1~2月和3月，花期相差较大，在进行种间(内)控制授粉时常需要将花期不遇的花粉贮藏至来年使用，贮藏期为1年甚至多年，-10℃和-20℃下358d时的花粉萌发率和花粉活性均较高，贮藏时间仍有延长的空间，因此研究-10℃和-20℃下的花粉长期保存有重要意义。

自由基学说认为植物体内活性氧的产生和清除处于一种动态的平衡状态，而一旦平衡被打破，就会出现逆境胁迫。在花粉贮藏预处理中，为减少花粉的呼吸和代谢作用，需将花粉的含水率降至6%~8%，这一过程首先造成水分散失，随着贮藏时间的延长，花粉细胞不断失水，水分胁迫加重，同时，活性氧代谢失调不断累积，细胞不断衰老，出现氧化胁迫。在水分、低温和氧化三重胁迫下，抗氧化保护酶体系(SOD，POD和CAT)协同作用，清除活性氧自由基，维持细胞膜稳定，防止细胞膜脂氧化，这是细胞自身的一种保护机制。在花粉贮藏72~144d和216~286d期间此阶段室温和4℃两种温度下CAT，SOD和POD萌发率大幅下降，直线升高，先后达到最高峰值，表现出较高的活性，3种保护酶在达到最高峰值后均出现下降并降至最低值；-10℃和-20℃两种贮藏温度下POD的变化趋势与室温和4℃相似，于萌发率大幅下降前的286d直线升高达到最高峰值后下降，CAT和SOD酶虽也在萌发率大幅下降期内酶活性升高至最高峰值，但没有出现下降的趋势，且这两种酶出现双峰变化模式，峰值分别出现在72d和358d，双峰模式是否更有利于花粉的长期贮藏有待更进一步的研究。本试验表明：随着贮藏时间的延长，在花粉萌发率下降最快期间，抗氧化保护酶直线升高出现最高峰值，活性增强，变化活跃，协同作用以抵抗胁迫。3种酶活性出现最高峰值前后花粉萌发率出现大幅度下降，可以推测当酶促抗氧化体系的活性不足以抵御逆境的胁迫，或者说无法维持其自身平衡时在宏观上直接表现出了马尾松花粉萌发率下降。

在马尾松花粉贮藏过程中，随着胁迫的加剧，花粉内部的生理代谢活动与花粉的衰老或失活等多种因子密切相关，室温和4℃两种贮藏温度下3种酶的变化趋势基本相似，只是出现最高峰值的时间不同，CAT 出现最高峰值的时间比 SOD 和 POD 早 72d。由此推测，马尾松花粉贮藏过程中，在花粉萌发率开始大幅下降前期已启动 CAT 酶，协调体内的平衡以获得较强的抗胁迫能力，但单一 CAT 酶的抗氧化能力有限，随着胁迫的加剧，SOD 和 POD 酶先后启动，活性直线升高，在萌发率大幅下降后到达最高峰值，CAT 为零上高温胁迫敏感型保护酶，SOD 和 POD 为零上高温胁迫非敏感型酶，随着花粉贮藏时间的延长，三者在抗氧化过程中协同作用，共同维持花粉的活力。 − 10℃ 和 − 20℃ 两种贮藏温度下 3 种保护酶的作用不同，POD 出现最高峰值的时间比 SOD 和 CAT 早 72 d，也就是说，POD 是零下低温胁迫的敏感型保护酶，在花粉萌发率开始大幅下降前期已启动 POD，启动早活性高且起伏大，出现最高峰值后活性直线下降，此时直观上表现出萌发率大幅下降，是否已出现极限值而导致 POD 失活，有待进一步研究。而 SOD 和 CAT 虽然在零下低温胁迫中启动较迟，但变化平缓并呈现缓慢升高的趋势，说明这两种酶活性强，持续时间长，在逆境胁迫加剧的情况下仍具有维持细胞膜平衡，清除活性氧自由基的作用。

4.5 EST-SSR 标记在松树中的开发和应用

表达序列标签(expressed sequence tag，EST)是指在来源于不同组织的 cDNA 文库中随机挑选克隆、测序，得到的部分 cDNA 序列。EST 标记除具有一般分子标记的特点外，还具有信息量大、通用性好、开发简单、快捷、费用低等优点，尤其是以 PCR 为基础的 EST 标记。虽然直接以 EST 为基础能够直接得到大量的 EST 标记，然而 EST 的多态性(ESTP)却相对较低，并且不同试验材料之间的差异往往只有几个到几十个 bp，一般试验很难检测出来，因此使用效率较低。简单重复序列(simple sequence repeats，SSR)也叫微卫星(micro satellites)，广泛分布于真核生物基因组的编码区和非编码区，是由 1～6 个碱基为重复单元的串联重复序列。由于 SSR 标记具有多态性高、共显性遗传、技术简单、重复性好、特异性强等特点，已被广泛用于各种作物的遗传图谱绘制、基因定位、遗传多样性、遗传进化及品种鉴定等诸多方面。传统基因组来源的 SSR 开发需要构建基因组文库、探针杂交和克隆测序等繁杂的操作程序，不仅费时、费力，而且开发成本很高，大量快速增长的 EST 数据成为 SSR 的重要来源。从大量的 EST 数据中获得的 EST-SSR 标记不仅具有 EST 标记的所有优点，还具有检测效率较高、分布广(全基因组随机分布)等优点，因此开发 EST-SSR 标记具有更大的实用性。

在林木中，EST-SSR 的开发在云杉、火炬松、桉树、杨树、鹅掌楸等物种中有过报道。而松树作为我国南方重要的材用树种，开展松树群体 EST-SSR 分子标记的筛选具有重要的意义，必将对促进松树遗传改良的进程起到积极的作用。本书对 EST-SSR 在松树 EST-SSR 标记的开发、种群多样性分析以及种质资源鉴定的应用现状和存在问题作介绍，并对其应用前景作了展望。

4.5.1 松树 EST-SSR 标记的开发

4.5.1.1 EST 序列来源

EST 序列可来自实验室构建 cDNA 文库测序，或者公共序列数据库，后者的 EST 不仅量大，而且可免费下载使用，已成为开发 EST-SSR 的主要数据来源。基于日益丰富的 EST 资源库开发 EST 分子标记是一项简单高效的分子标记构建方法。截至 2011 年 12 月 8 日，在 NCBI 的 dbEST 数据库中共登录松树 EST 序列达 889，964 条（http：//www. ncbi. nlm. nih. gov/dbEST/index. html）。而火炬松是今世界最重要的商品用材针叶树种之一，被选为松类基因组研究的模式植物。美国相关科研机构以火炬松为材料获得了数百万的 EST 序列，近来 Dana Farber 癌症研究所（DFCI）开展的基因索引工程把这些序列进行了剪切和拼接，使其更类似于基因。这些经过剪切和拼接的 EST 序列目录被称作松树基因索引（PGI）（http：//compbio. dfci. harvard. edu/tgi/plant. html）。对该索引中 EST-SSR 进行了研究并设计对应的 EST-SSR 标记，检测标记在火炬松、湿地松、马尾松等中国南方松类树种中的通用性是开展表达性状分子标记研究的简便有效的方法。

4.5.1.2 EST 序列的处理

并非全部的 ESTs 都可用来设计 SSR 引物，这需要 ESTs 中包含合适的重复序列。从数据库中直接获取的 EST 中包含一些低质量片段，同时存在着带有少量载体和末端存在 poly A/T 尾的序列，会影响相关信息的分析。所以 EST 序列的预处理一般采用 cross-match 或 Vecscreen 软件，去除载体序列、低质量 EST 序列后，以 Phrap 和 CAP3 等软件进行聚类和拼接，从而得到无冗余的 EST 数据和尽可能长的重叠序列。能够用于引物设计的 ESTs 的数目较低，刘公秉发现马尾松 ESTs 中含有的 SSRs 只占 4.08%，而林元震对火炬松 ESR-SSR 预测研究中发现含 SSRs 的频率仅为 4.32%。

4.5.1.3 EST-SSR 的检测。

根据 SSR 侧翼序列的保守性，采用 Primer 5 或 Oligo 设计引物，对研究材料进行 PCR 扩增，然后通过电泳或者测序等方法检测，并进行相关数据处理和分析。

4.5.2 EST-SSR 标记在松树遗传育种研究中的应用

4.5.2.1 引物通用性分析

近年来的研究表明，EST-SSR 比基因组 SSR 在物种间具有更高的通用性。基因组 SSR 大多处于非编码序列区域，其侧翼序列往往具有明显的物种特异性，因此在不同物种间通用性较差。而 EST-SSR 侧翼序列往往在物种之间高度保守，因此从一种植物中开发的 EST-SSR 可通用于其他近缘物种。

在松属植物内，火炬松基因组研究在松科中处于领先地位，由此开发的 EST-SSR 引物也数量众多。尽管从火炬松等松属植物 EST 序列开发出的引物比较成熟，在种内不同个体间通用性也比较高，但在松属不同树种间能够通用且在单株树中为杂合的 EST 位点比例比较低。赵阿风曾尝试从火炬松、辐射松、欧洲赤松等其他松属植物的 SSR 引物中进行筛选作为马尾松的分子标记，效果不理想。龚佳对来自辐射松等 4 种松树的共 152 对属内引物进行筛选，最终得到 10 对多态性较好的引物，所占比例为 6.6%；李烜利用马尾松富集文库开发 SSR 引物，首次采用磁珠富集马尾松 AFLP 片段中的微卫星序列，以及从 ESTs 序列中挖掘微卫星序列，成功获得多态性 SSR 标记。

4.5.2.2 遗传连锁图谱的构建

遗传图谱的构建是遗传学研究的重要领域之一，也是研究种质资源、遗传育种及基因定位、克隆的基础。在过去的十几年中，林木遗传学家在几十个树种中构建了分子标记连锁图谱，并进行了一些重要数量性状的 QTL 分析。可是林木中大部分的遗传图谱是利用匿名的显性标记构建的，如 RAPD 标记和 AFLP 标记等。如海岸松采用 SSR、RAPD、Protein、EST 标记构建了包含 1942 cM，覆盖全基因组 93.4% 的遗传图谱；欧洲赤松采用 AFLP、SSR、RAPD、CG、EST 标记构建了包含 1718.5 cM，覆盖全基因组 98% 的遗传图谱；湿地松采用 AFLP、SSR 标记构建了包含 1170 cM，覆盖全基因组 82% 的遗传图谱。尽管利用随机匿名标记可以快速建成某一个杂交组合的遗传图谱，但所获得的信息是零散的，而且往往具有杂交组合特异性，因而无法进行基因组比较。近些年来才有一些在松树中利用高保守性的共显性标记进行遗传图谱构建的报道。EST-SSR 标记已成功地应用于构建棉花、黄瓜、甜瓜等农作物的遗传图谱，并对其功能基因进行定位；在木本植物中，苹果、桉树也成功利用 EST-SSR 标记构建了遗传图谱。因此可以预见，随着 EST-SSR 技术的迅速发展，松树遗传图谱的构建将会取得更大的进展。

4.5.2.3　遗传多样性分析以及种质资源鉴定

遗传多样性是种群遗传结构特性的重要组成部分，是生态系统多样性和物种多样性的基础，也是物种对环境适应性的体现，进行遗传多样性评价对有效保护、开发和利用种质资源都有极其重要的意义。由于 EST-SSR 在物种间具有高通用性，通常又代表着某种基因功能，还可反映出转录区的差异，因此用 EST-SSR 分析种群遗传多样性时，有可能将某些外在形态性状、生理生化特征甚至某个特定的环境适应型与 EST-SSR 标记直接联系。

王润浑等对 3 个杂交松育种交配组进行 SSR 分子标记的遗传结构分析发现 3 个交配组的相似性聚类图中，母本湿地松类群聚成一类，父本加勒比松聚成一类，并且两大类群间的相似性遗传距离系数都较为相近。在各聚类图中可能存在遗传相似性距离与个体间的亲缘关系存在部分不一致，并推测可能是由于检测位点不足造成的。栾启福等研究火炬松 × 洪都拉斯加勒比松 F1 代群体，设计了 13 条序列的 EST-SSR 引物对，并筛选出 4 对引物作为 F1 代检测的较好的标记。4 对引物 PCR 分析显示在 2 个亲本和 39 个子代中共扩增出 1014 个多态性位点，其中杂种 F1 代扩增出的位点数中有 50.19% 与父本相同，52.17% 与母本相同，表明母本（火炬松）和父本（加勒比松）杂交能够得到获得双亲遗传物质的新杂种。

4.5.3　结　论

迄今，松树 EST-SSR 的开发尚处于起始阶段，其应用范围仍有限，很多研究还处在序列的开发、序列通用性研究方面。虽然松树 EST-SSR 研究起步较晚，但进展相当迅速。有理由相信，随着植物基因组学与功能基因组学的不断发展和研究的深入，以及生物信息学的逐渐完善，高通用性的 EST-SSR 必将在构建植物功能基因图谱、开展基因定位与克隆、研究比较基因组学分析种质资源与鉴定品种、揭示植物基因型的环境适应性等问题中发挥更大和更多的作用。

第5章 主要马尾松良种基地

广西是我国马尾松的中心产区，也是马尾松最重要的优良种源区，马尾松遗传育种资源极其丰富。经过广西松树协作组近30年的不懈努力，积累和保存了大量马尾松育种资源，拥有较大规模的育种群体，建立了较完备的育种研究体系。在广西马尾松中心产区区划了种质基因库、第一代育种群体、第二代育种群体等核心研究基地，并在全区范围内建设了13个马尾松生产性良种基地，其中4个国家马尾松良种基地，9个自治区级重点林木良种基地，广西的马尾松遗传改良和良种基地建设取得快速发展。一个可以支撑全广西的马尾松良种研、产需要的合理布局已经初步形成，"十二五"广西全面进入二代育种时期。

5.1 广西南宁市林科所国家马尾松良种基地

5.1.1 基地基本情况

南宁市林科所是南宁市林业和园林局直属单位，属全额全民所有制事业性副处级科研单位，拥有国有土地总605.5hm²。现有在职职工47人，其中教授级高工1人，高级工程师2人，工程师9人，初级职称10人，技术工人25人。

南宁市林科所位于108°00′E，23°10′N，处于广西武鸣县锣圩镇，与隆安县丁当镇接壤，基地地处广西中西部偏南，靠近右江河谷，属北热带北缘季风气候。年平均气温21.5℃，≥10℃的年平均积温7697.8℃。年降水量1250mm，年蒸发量1613.8mm，年平均相对湿度79.0%，有霜日年平均3~5天。属石灰岩峰林间的缓丘宽谷台地地貌，海拔高在100~150m之间，坡度在5°~15°，地势平坦。土壤为第四纪红土发育成的中至厚层赤红壤，pH为4.5~5.5，土壤渗水性强，容易干旱。适合马尾松的生长发育，是建设马尾松良种基地的理想场地。育种良种基地周边为石山包围，附近多种植香蕉、木薯、柑橘等作物，有良好隔离条件。

基地总规模为193hm²。其中，马尾松初级种子园，面积66.7hm²；马尾松第二代种子园，面积14hm²；马尾松高产脂种子园，面积14hm²；湿地松改良代种子园，面积10hm²；采穗圃和基因库8片，面积29.9hm²；良种繁育圃3.3hm²；试验、示范林13片，面积54.7hm²。

5.1.2 基地建设过程

5.1.2.1 初级种子园建设

马尾松初级种子园生产区面积66.7hm²，始建于1978年。1978~1983年由广西壮族自治区林业厅投资营建，1984年列为部省联营项目，2009年确定为第1批国家重点林木良种基地。

马尾松初级种子园区划为 4 个大区，67 个小区，面积最大的大区 29.3hm²，最小的大区 9.3hm²。小区面积为 0.37～1.47hm²。种子园初植密度为 4m×4m 和 5m×5m 两种，小区内优树无性系配置为 40～200 个。从 1981 年第一大区开始嫁接，到 1987 年完成全部建园嫁接，采用来自广西各地的马尾松优树无性系 464 个参与建园，其中有 212 个无性系来自于宁明桐棉、忻城欧洞、容县浪水三大优良种源。

2010 年全面完成了马尾松初级种子园去劣疏伐，保留母树 7360 株，母树平均树高 16.8m，平均胸径 29.6cm，平均冠幅 8.6m，每亩保留 7～8 株。

基地生产的马尾松种子于 1995 年被自治区林业局认定为广西马尾松良种，2005 年审定为自治区级林木良种，2012 年种子园种子审定为国家级良种，2011 年马尾松种子园有 6 个优良家系、4 个优良无性系通过自治区良种审定委员会审定，确认为马尾松优良家系或优良无性系，2012 年通过审定有 12 个家系，2013 年通过审定的有 9 个高产脂无性系。基地生产的良种已向广西、广东、福建、四川、重庆、湖南、浙江、江西等 11 个省（自治区、直辖市）提供种子，从 1987 年种子园部分产种到 2010 年，基地共生产种子 5300kg。

1987～1994 年，先后收集 440 个种子园半同胞家系营建子代试验林 370.5 亩。经子代测定试验，选出的 112 个优良家系（有 31 个家系、无性系审定为广西林木良种）材积平均遗传增益达 40% 以上，增产效果显著。

5.1.2.2 第二代种子园建设

2011 年，完成马尾松第二代种子园的营建工作，采用 53 个无性系的配置，完成嫁接建园工作。对马尾松第二代种子园开展日常抚育、施肥及病虫害防治等管理工作。

5.1.2.3 高产脂种子园建设

2013 年，完成马尾松高产脂种子园的营建工作，采用 200 个无性系的配置，完成嫁接建园工作。对新建的马尾松高产脂种子园开展日常抚育、施肥及病虫害防治等管理工作。

5.1.2.4 种质基因库建设

南宁市林科所种质基因库从 1992 年开始建设，至 2014 年年底，种质基因库面积 29.9hm²。以保存马尾松材用和脂用优树无性系为主，同时还收集和保存湿地松、火炬松、加勒比松、南亚松、云南松等不同树种不同类型（材用、脂用和特殊性状）的无性系 2480 份。遗传测定林保存种质材料 1275 份，成为我国南方松类树种种质资源收集保存数量最多、规模最大的一个良种基地。

为避免高世代育种出现的遗传基础变窄等技术瓶颈，广西林科院从 2010 年开始加大了松树优良种质资源的收集力度，2011 年，扩建面积 6.1hm²，定植马尾松高材、杂交松无性系等 275 个无性系嫁接苗，定植马尾松高产脂 97 个无性系嫁接苗。2012 年，扩建面积 1.3hm²，定植湿地松、加勒比松、云南松等树种 59 个无性系嫁接苗。2013 年，扩建面积 13.7hm²。保存马尾松、南亚松、细叶云南松、加勒比松及杂交松等无性系 641 个。

表 5-1 南宁市林科所种质基因收集统计表

年份（年）	树种/品种	来源	类型	数量
1992	马尾松	广西	材用	78
2006～2007	马尾松	广西	脂用	174
2010	洪都拉斯加勒比松	广西	材用	21

（续）

年份	树种/品种	来源	类型	数量
2010	湿地松	湖南	材用	37
2010	马尾松	广西	材用二代	91
2010	湿地松、火炬松	广西	材用	46
2011	马尾松、湿地松、云南松、细叶云南松、加勒比松、火炬松、	广西	材用	371
2011	马尾松	广西	脂用	152
2012	马尾松、湿地松、南亚松、细叶云南松、加勒比松	广西	材用	505
2013	马尾松、细叶云南松、南亚松、拉雅松	广西	材用	389
2013	马尾松	广西	材用、脂用	268
2013	马尾松	贵州	材用	16
2013	马尾松	福建	材用	15
2013	南亚松	海南、广西	材用、脂用	121

5.1.2.5　子代测定试验林建设

南宁市林科所作为广西马尾松遗传改良重要基地之一，先后于 1980 年、1983 年进行马尾松地理种源试验，参试种源分别为 8 个和 9 个，均为广西区内种源。1989 年马尾松优良种源选优林分的"优树—优势木—平均木三水平"子代测定试验，马尾松优良种源优良林分选择的"种源—林分—单株三水平"子代测定试验。1988 年、1992 年、1994 年 3 个年度，分别营造营建子代试验林面积 24.7hm²，参试家系 440 个。1992 年进行马尾松优良品系试验，收集并测定 36 个马尾松特异性状优良单株。2007 年子代测定林，包含 44 个试验号，其中种间杂交家系 9 个、种内杂交家系 10 个、优树半同胞子代 12 个、F1 代优树半同胞 9 个、混系种对照 4 个。试验为区域栽培试验，试验设计为随机区组设计，9 株小区，6 次重复。造林面积 18 亩。2009 年杂交松子代测定林，面积 40 亩，含 149 个试验号，其中湿地松×加勒比松全同胞家系 45 个，半同胞家系 28 个；马尾松 F1 全同胞家系 30 个，半同胞家系 34 个；对照 12 个。2009 年马尾松高产脂优树子代测定林，面积 5 亩，含 25 个试验号，其中马尾松高产脂优树子代家系 23 个，对照 2 个。试验设计为随机区组设计，8 株小区，4 次重复，株行距 2m×2m。

5.1.2.6　示范林营建

2011 年，采用马尾松良种苗木完成 2 片示范林共 13.3hm² 的造林任务。其中在基地造林 3.3hm²，横县镇龙林场点造林 10hm²，示范林长势良好。

5.1.3　良种生产和推广

（1）种子生产：2008 年前，种子园的产量曾经达到最高亩产 1.0～1.5kg 种子，累计产量达 5300kg。

（2）穗条生产：南宁市林科所良种基地在生产种子的同时，为广西乃至全国的良种基地建设，提供大量优质建园穗条。南宁市林科所的穗条生产支撑整个广西马尾松良种基地建设和发展。为广西马尾松良种基地如藤县大芒界种子园、贵港市覃塘林场、国有派阳山林场、环江县华山林场、玉林市林科所等单位建设种子园提供了多批穗条，累计达 8 万枝，建设种子园 218.5hm²。同时，也为贵州、江西、福建等省份马属松良种基地建设，提供了优质穗条。

（3）花粉收集和保存：2013 年开始，注重马尾松和湿地松优良无性系花粉的收集和保存工作。收集的花粉不仅保障了本所开展杂交和科研工作所需的材料，而且还为广西区内的良种基地，也为贵州省都匀马鞍山、福建省漳平五一林场等单位提供研究所需的花粉材料。

5.1.4　基地取得的成就

良种基地建设 30 多年来，曾荣获国家林业部"全国林木良种基地先进单位"和 2001～2005 年度"全区林业科技工作先进集体"。获奖的科技成果 4 项："马尾松种子园营建技术研究"获 1992 年度南宁地区科技进步二等奖、"杉木马尾松种子产量预测方法和预报体系的研究"获 1997 年度广西区科技进步三等奖、"马尾松良种选育及速生丰产配套技术研究与应用"获 2003 年度广西区科技进步二等奖，"马尾松工业用材林良种选育及高产栽培关键技术研究与示范"获 2012 年度广西区科技进步二等奖和 2013 年度中国林学会梁希林业科学技术二等奖。南宁市林科所马尾松初级种子园种子审定为国家林木良种，31 个家系/无性系为广西林木良种。

5.2　广西藤县大芒界国家马尾松良种基地

5.2.1　基地基本情况

广西藤县大芒界马尾松良种基地位于藤县东南面的塘步镇，南距洛湛铁路、南广高铁 12km，南梧二级公路 9km，南广高速铁路 10km。离梧州市中心 20km，北距西江黄金水道赤水港 2km，西与苍梧县岭脚镇接壤。地处东经 111°00′，北纬 23°24′，属丘陵地貌，海拔 80～200m，相对高度为 50～110m，坡度在 10°～27°之间。属亚热带季风气候，热量丰富，雨量充沛，四季分明，干湿明显。年平均气温 21.3℃，1 月平均气温 11.6℃，7 月平均气温 28.3℃，极端低温 -3.0℃，极端高温 39℃，≥10℃的年活动积温 6900℃。年降水量 1500～1800mm，降水量多集中于 4～8 月份，占全年降水量的 70% 以上，9 月下旬以后降水量明显减少；秋冬季常出现干旱。全年无霜期为 305～330d，年平均相对湿度 80%。土壤为砂岩、砂页岩风化而成的赤红壤，土层深厚、肥沃，一般厚度在 100cm 以上，透水透气性能好。速效氮含量 104.2mg/L，速效磷含量大于 0.5mg/L，速效钾含量 102.5mg/L，有机质含量 3.75mg/L。气候、土壤条件适合马尾松生长发育。藤县大芒界种子园经营总面积 201hm²，位于藤县大芒界油茶场万亩油茶林中心，现油茶林多改造为桉树速生丰产林。有着良好的隔离条件，非常适宜马尾松良种基地的建设。

藤县大芒界马尾松种子园是广西最早营建的三个马尾松无性系种子园之一，是 20 世纪 70 年代后期从藤县大芒界油茶场中心地带划拨 200hm² 林地，于 1977 年秋筹建，1978 年定植砧木，1980 年开始嫁接。1982 年初正式成立大芒界种子园。1984 年被列为部省联营林木良种基地，同年成立藤县林科所，种子园的职工、干部全部入编林科所编制，藤县大芒界种子园是与藤县林科所合二为一的事业单位，属财政全额拨款副科级事业单位。种子园现有员工 20 人，其中工程师 4 人，技术员 6 人，财务专业 1 人，生产技术工人 7 人，聘请护林员 2 人。管理机构健全，内设技术组、生产组、财务后勤组。种子园于 2009 年被列为国家级重点林木良种基地，基地生产的马尾松种子于 1995 年被认定为广西林木良种，2005 年审定为广西林木良种，2012 年通过审定为国家林木良种。2011～2012 年种子园中的 22 个家系/无性系通过审定为广西林木良种。

5.2.2　基地建设过程

良种基地经过 4 个工程期(1982～2013 年)的建设，建设规模达到 124.3hm²，其中种子园 90.7hm²，配置无性系 274 个，嫁接保存植株 15400 株；优树收集区(种质资源基因库)9.7hm²，收集保存无性系 333 个；子代测定试验林 22.7hm²，参试家系 174 个；采穗圃 1.3hm²，配置无性系 324 个。基地共收集马尾松无性系 607 个，家系 174 个。种子园从筹建至一期工程结束，完成种子生产区 66.7hm²，总共定植砧木 12700 株，其中 37.3hm² 于 1978 年定砧，1981 年完成嫁接工作，其余 29.3hm² 于 1982 年定砧，1986 年完成嫁接工作，共配置无性系 124 个，1988 年底检查嫁接保存株 11200 株；1986 年有 84 个无性系开始结果，当年球果产量 1692kg；同时营建了马尾松优树收集区 6.7hm²，共定植砧木 4100 株，嫁接成活 2889 株，1987 年底保存成活 2645 株，收集无性系 233 个；1987 年营建子代测定林 1.7hm²。二期工程主要抓种子生产区补植补接工作，补植补接 3213 株，到 1995 年底保存嫁接植株 11712 株；优树收集区共补接补植 2513 株；1990 年建成采穗圃 1.3hm²，收集无性系 324 个，嫁接成活植株 2682 株；1995 年子代测定林总面积达 22.7hm²，参试家系 174 个。一、二期工程除开展种子园生产区、收集区的规划、整地、定砧、嫁接、补接，子代测定林营建，还进行了土壤改良，生产区、收集区、子代测定林抚育，森林病虫害防治以及加强防护林设施建设。1997 年至 2007 年主要开展病虫害防治，除草抚育，种子生产，防火线和林木管护及相应档案调查收集工作。2008 年至 2010 年进行种子园抚育，实施改扩建工程，完成晒场建设 850m²，种子储藏室 60m²，常规实验室 60m²，仓库维修 150m²；对种子园进行除草，砍杂灌 4 次，施肥 2 次，进行了 5 次病虫害防治，同时开设 12.8km 大小林道等各项工作。2010 年至 2013 年实施中央林木良种资金补贴，在原有基地规模的基础上，新建了 24hm² 马尾松高产脂种子园、改建 12hm² 改良代种子园和 3hm² 种质基因库。

5.2.3　良种生产和推广

现每年可生产种子园良种 400kg，累计为社会提供马尾松良种 5918kg。良种基地先后在藤县国营共青林场、国营小娘山林场建立区域试验林 19hm²。在藤县各乡镇建立有马尾松良种推广示范林 4000 多 hm²。2002 年在贺州市林科所营造 60hm²，2010 年在中国林科院热带实验中心营造 40hm²。根据各地试验示范林的生长评价，基地生产的种子园良种比普通马尾松生长增益达 15.7%～30%。

基地秉承马尾松良种选、育、繁、推于一体的良种基地发展新思路。在良种基地建设过程，着力提高马尾松种子园产量的同时，重视马尾松良种优质苗木的培育。基地建设有 3.3hm² 的良种繁殖圃，每年培育优质苗木 200 万 ~300 万株，基地通过培育马尾松优质苗木，仅在良种基地所在地藤县推广造林近 1 万 hm²，起到了很好的示范带动和辐射推广作用。

5.2.4　基地取得的成就

基地在建设过程中，重视产学研结合，与科技支撑单位合作开展多个项目研究，先后参加了广西林科院主持的"马尾松高产脂良种选育及种子园营建技术研究""马尾松二代种子园选育研究与示范"等多个科研项目，其中"马尾松良种选育及速生丰产配套技术研究与应用"项目，"马尾松工业用材林良种选育及高产栽培技术研究与示范"分别于 2003 年和 2012 年获得广西科技进步二等奖。同时，在良种审定、发明专利等方面也取得了突破。

5.3　广西贵港市覃塘林场国家马尾松良种基地

5.3.1　基地基本情况

广西贵港市覃塘林场地处广西东南部，距贵港市区仅 12km，林场地处浔江平原，最高海拔 86m，最低海拔 45m，平均海拔高为 70m，种子内园地形平坦，一般坡度为 5° ~10°，适宜机耕，属于丘陵地带小平原。位于东经 109°24′ ~109°28′，北纬 23°8′ ~23°10′。气候属于南亚热带季风气候类型，高温多雨，冬短夏长，水热条件良好，极端低温 -3.4℃，极端高温 39.5°，年平均气温 21.5℃，≥10℃ 的年积温 7200℃，年平均降水量 1462.6mm，年平均蒸发量 1745.4mm，相对湿度 77%，年日照时数 1690.8h，有霜期每年 2 ~3d，最多一年 15d，多在 11 月至翌年元月份出现，每年 12 月至翌年 3 月份以北风为主，夏季以东南风为主，气候条件有利于马尾松生长。土壤大部为冲积土，土层厚度在 50 ~100cm 以上，无明显表土层，土壤较疏松，基岩为砂岩，一般为台地赤红壤，土壤干燥、石砾多、pH 为 5 ~7。基地区域性植被属热带常绿阔叶林区，植物资源较为丰富，类型多样。由于长期受人类活动的影响，原生植被已破坏殆尽，现存的多是人工植被，乔木林树种主要有马尾松、桉树、湿地松、火力楠、荷木、米老排、红锥等；经济林树种主要是玉桂、荔枝、龙眼、柚子、板栗、黄皮等；灌木树种主要是盐肤木、余甘子、桃金娘、野牡丹、牛奶果、粗糠柴等；草本常见有黄茅草、青茅草、野古草、纤毛嘴草、五节芒、蔓生莠竹等。

广西贵港市覃塘林场马尾松良种基地直属贵港市覃塘林场管理，林场现有职工 41 人，其中：高级工程师 1 人，工程师 3 人，助理工程师 3 人，管理干部 7 人，技术工人 27 人。基地人才队伍结构相对合理，有丰富的马尾松种子园经营管理经验。林场现有林业用地面积 429.8 公顷，林地与 8 个村委相邻，林地分散在东西长 10km，南北宽 7km 的范围内，林地、农田、村庄交错其中，具有良好的隔离条件，是建设良种基地的理想位置。

良种基地总规模 141.0hm²，其中：初级种子园 40hm²，种质资源收集区 6.7hm²，高产脂种子园 20.0hm²，第二代种子园 20.0hm²，采穗圃 1.0hm²，繁殖圃 13.3hm²，试验林

20hm², 示范林 20hm²。

5.3.2　基地建设过程

广西贵港市覃塘林场于 1977 年初筹建马尾松初级种子园, 规划建设面积为 66.67hm², 到 1982 年马尾松初级种子园建成, 面积 40hm²。1984 年被列为部省联营马尾松良种基地, 1987 年种子园开始投产, 种子园建立至今, 国家及地方累计投入资金约 500 万元, 林场为周边地区提供马尾松优良种子约 7000kg, 其中最高种子产量年度是 1995 年, 年产良种达 1500kg, 经过子代测定及区域试验, 种子园良种平均增益为 20%~30%。2002 年 9 月马尾松良种基地被国家林业局授予 "全国特色种苗基地", 2004 年通过了广西林木良种审定委员会审定为林木良种, 良种编号为: 桂 S-CCO(1)-PM-011-2004。2011 年, 覃塘林场马尾松良种基地被列入广西第一批 16 处重点林木良种基地, 2011 年列为第二批国家级林木良种基地。

覃塘林场在良种基地建设过程中, 为了加快种子园的建园速度, 缩短建园时间, 节约经费开支, 在营建初级种子园时采用了建园先建圃、建园建圃相结合的技术路线。预先将选择出的优树嫁接收集在采穗圃, 并对优树无性系进行当代测定, 选择生长旺盛、干形通直的无性系进入种子园。采穗圃于 1977 年营建, 共收集 276 个优树无性系, 为广西、湖南、福建、重庆等地种子园的建设提供 10 多条万优质穗条。完成一代种子园建设后, 采穗圃被改建为种质基因库有效地保存了来自于广西 30 多个国有林场以及桐棉、古蓬、波塘三个马尾松优良种源人工林优树无性系。2014 年, 建立马尾松高产脂优良无性系采穗圃 2hm², 收集无性系 50 个; 建立马尾松材用、脂用种质基因库 6.7hm²。

5.3.3　良种生产与推广

基地生产的种子园混系种子的树高、胸径、单株材积等遗传增益效果十分明显, 比普通马尾松种源增益 15%~30%。近年来, 随着松木材和松脂价格的不断攀升, 松树种植得到广泛推广。据不完全统计, 1992~2011 年, 基地累计向周边地区提供马尾松良种 7000 多 kg, 2004~2014 年每年提供良种壮苗 200 万株以上, 累计推广造林 1 万 hm² 以上, 按平均遗传增益率 20% 计, 到林木主伐时, 预计可增产木材 3.0 万 m³ 以上, 经济、生态和社会效益显著。

5.3.4　基地取得的成就

自承建马尾松良种基地以来, 林场技术人员积极参与良种基地的各项建设任务, 在广西林业厅种苗管理总站的大力支持和帮助下, 与技术依托广西林科院等科研院所合作, 在马尾松采穗圃和初级种子园的建设过程中, 先后发明了低接诱导接穗生根、嫩枝嫁接和异砧嫁接等技术, 为广西乃至全国的马尾松种子园营建提供了成熟的建园技术。与技术依托单位广西林科院、玉林市林科所合作, 先后获得的主要成果有: "马尾松低接诱导接穗发根研究" 1990 年通过玉林地区科技成果鉴定, "马尾松种子园营建技术研究" 获玉林地区 1992 年科技进步二等奖, "马尾松采穗圃营建技术" 获得 1983 年广西科技进步三等奖,

"马尾松良种选育及速生丰产配套技术研究与应用"获得 2003 年度广西科技厅进步二等奖。上述成果为马尾松良种基地的建设提供了强有力的科技支撑。

5.4　国营派阳山林场国家马尾松良种基地

5.4.1　基地基本情况

国营派阳山林场地处广西西南中越边境宁明县境内，是广西唯一与越南接壤大型国有林场。林场隶属于广西壮族自治区林业厅，是全国第二批国家重点林木良种基地，是广西首家通过 FSC-FM/COC 森林认证的国有林场。林场现有职工 1130 人，各类专业技术人员 170 多人，场内林地经营面积 2.8 万 hm²，场外租地造林 1.3 万 hm²，场内活立木蓄积 131.7 万 m³，场内森林覆盖率 79.1%。

基地属热带及亚热带季风气候区，日照充足，热量充沛，夏长冬短，干湿季节明显。年平均气温为 21.8℃，年平均无霜期 360d；年降水量 1250 ~ 1700mm，相对湿度 82.0%。全年日照时数 1650.3h；年蒸发量 1423.3mm。光、水、热条件优越。地貌为低山，海拔 360 ~ 500m。立地条件好，腐殖质厚，土层厚度 85 ~ 150cm，石粒含量约 10%，成土母岩为砂岩，土壤为赤红壤和红壤。

派阳山林场国家林木良种基地位于派阳山林场岑勒分场，总面积为 233hm²，其中桐棉种源改良代马尾松种子园 33.4hm²、马尾松高产脂种子园 26hm²、马尾松二代种子园 21.4hm²、马尾松种质资源基因库 20.6hm²、马尾松人工母树林 8.4hm²、马尾松子代测定林及优良家系高产试验示范林 82.7hm²。

基地管理人员与技术人员共 12 名，其中高级工程师 1 名，工程师 8 名，助理工程师 2 名，技术员 1 名，具有研究生学历 2 名，大学本科 6 名，大专学历 4 名。

5.4.2　基地建设过程

(1)桐棉种源马尾松改良代种子园。马尾松桐棉种源是我国的优良地理种源。桐棉马尾松种源具有干形通直、材质优良、生长迅速、树皮薄、产脂多、耐贫瘠等优良特性。该园位于岑勒分场 12 林班，始建于 1999 年，面积 21.3hm²，2010 年扩建 12.06hm²，总面积 33.4hm²。该园采用 50 个经子代测定表现优良的无性系嫁接而成，是全国唯一一个采用同一优良种源无性系建成的改良代种子园。全园划分为 5 个大区 38 个小区，株行距为 8m × 8m，园区布局合理，隔离条件较好。种子园于 2007 年开始投产，2012 年开始进行矮化、枝条回缩等树体管理。

(2)桐棉种源马尾松人工母树林。桐棉种源马尾松人工母树林位于岑勒分场 5 林班，始建于 1991 年，面积 8.4hm²，株行距 2m × 2m，采用桐棉种源优良林分中筛选出的生长迅速、干形良好、挂果率高的优良单株种苗培育而成。新造林每年铲草抚育 1 次，连续铲草抚育 3 年，间伐抚育 3 次，现保留株数约为 150 株/ hm²。母树林于 2000 年开始投产，产量逐年增加，平均年产种子 125kg。

(3)马尾松高产脂种子园。马尾松高产脂种子园位于岑勒分场 1 林班，面积 26hm²，全园共分为 6 个大区 52 个小区，株行距 6m×6m。2011 年 5 月采用一穴双株的方法进行定砧，2012 年 4 月采用髓心形成层对接法嫁接而成。全园采用 100 个马尾松高产脂优良无性系，并按照完全随机排列的原则进行配置，种子园设计科学，园区布局合理。马尾松高产脂种子园现长势良好。

（4）马尾松第二代种子园。马尾松第二代种子园位于鸿鹄分场岑勒站 8 林班，面积 21.4hm²，全园分为 5 个大区，18 个小区，株行距为 6m×6m。2012 年 12 月采用一穴双株的方法进行定砧，2013 年 12 月采用广西林科院选育的 55 个马尾松二代优良无性系按照随机排列的方法嫁接而成。

（5）马尾松种质基因库。马尾松基因库始建于 2012 年春，位于岑勒分场 2 林班，总面积 20.6hm²。基因库采用了广西林科院 20 年多来选择的桐棉种源优树无性系 600 个，其中包括材用、脂用等性状优树无性系，于 20014 年春完成嫁接。初植密度为 4m×4m。

（6）马尾松子代测定林及优良家系高产试验示范林。基地于 2007 年采用马尾松优良家系和改良代种子园良种生产的优质苗木，营造了 82.7hm² 马尾松子代测定及良种示范林。此外，广西林科院作为科技支撑单位，使用基地改良代种子园良种先后在广西横县镇龙林场、国营高峰林场等营造了 40.0hm² 子代测定及区域试验林。

5.4.3　良种生产与推广

从 2007 年优良种源改良代种子园投产以来，已累计生产种子 500 多 kg。为了发挥林木良种基地的良种效益，基地配套建设了马尾松繁育圃，繁育圃面积 4hm²，年产马尾松优质苗木 400 万株。

5.4.4　基地取得的成就

从 20 世纪 80 年代以来，基地与广西林科院、贵州大学等科研院校开展了全方位的科研项目合作，在马尾松的种源选择、良种选育、基地建设、栽培技术研究等方面，均取得了丰硕的成果，"广西马尾松桐棉、古蓬两个优良种源调查研究""杉木、马尾松种子产量预测方法和预报体系的研究""马尾松速生丰产技术研究"均获得广西科技进步三等奖，"马尾松良种选育及速生丰产配套技术研究与应用""马尾松工业用材林良种选育及高效栽培技术研究与示范"分获广西科技进步二等奖。

5.5　环江县华山林场自治区马尾松良种基地

5.5.1　基地基本情况

广西环江县华山林场自治区马尾松良种基地地处广西西北部，九万大山南麓，环江毛南族自治县中部，位于东经 108°15′49″，北纬 25°6′37″，属低山、丘陵地貌，林地主要分布在海拔 300～1300m 之间。属中亚热带气候，年平均气温为 19.8℃，极端最高气温 38.9℃，极端最低温 −5℃，年降水量 1402.1mm，年蒸发量 1420mm，相对湿度 79%，年日照时数 1399.9h，热量充沛，水热同步，干湿季节明显。成土母岩为砂岩；土壤多为红、黄红壤，土层厚度为 40～80cm，林地土壤中石砾含量多为 25% 以下。原生植被属中亚热带常绿阔叶林和针阔混交林，植被种类繁多。适宜松、杉、桉、毛竹、油茶、油桐等主要造林树种生长。

林场林地分布广阔，与县内 7 个乡镇 14 个行政村接壤，各分场均有公路通达，林区内有林区公路 300 多 km，林场距河池市和环江县城分别为 60km 和 40km，交通十分便利。基地现有职工 24 人，其中工程师 6 名，技术员 8 名，技术工人 10 人。

5.5.2　基地建设过程

环江县华山林场马尾松良种基地 2011 年 7 月被列入为重点林木良种基地。基地建设总规模为 126.1hm²，其中 1.5 代种子园 24.7hm²，高产脂种子园 10hm²，子代测定及区域试验林 84.7hm²，良种繁殖圃 6.7hm²。

（1）1.5 代种子园。2009 年 5 月，在雅龙分场第 8 林班 7、8、9、22 等小班内定植了马尾松改良代种子园嫁接砧木 180 亩。种子园划分为五个大区，共 20 个小区。小区面积为 10～20 亩，每小区内配置优良无性系号 50 个，株行距 4m×4m，沿等高线挖坎，坎规格 50cm×50cm×40cm，并开设 1m 水平梯，坎施磷肥基肥 0.6kg。嫁接的马尾松穗条来源于南宁市林科所国家级林木良种基地。2010 年 5 月进行嫁接，同年 11 月对种子园进行了一次补接工作，2011 年初受冰雪影响，部分接穗枯死，2014 年 11 月再一次进行补接工作，从而提高了嫁接成活率。目前嫁接成活率达 80%，苗木长势一好，最高达 90cm。

（2）高产脂种子园。2011 年 4～5 月在华山分场第 5 林班的 13 小班内定植了马尾松高产脂改良代种子园嫁接砧木 10hm²。种子园划分为 3 个大区，共 15 个小区。小区面积为 0.6～1.0hm²，每小区内配置优良无性系号 100 个，沿等高线坡改梯整地，水平梯宽 2m，在水平梯中间开挖一条宽、深为 50cm 的定植沟，株行距 4m×4m。目前成活率达 95% 以上，苗木长势良好，平均高为 50cm。

5.5.3　良种生产与推广

良种基地目前已建成种子园 34.7hm²，树种种质资源收集区 12hm²，试验测定林 12.7hm²，良种示范区 66.7hm²，发放良种宣传单 3000 份，培训林场职工及周边社队林农达到 30 人次。良种基地的建设，增强了广大职工及周边社队林农对林木良种的认知，对加快选用良种造林，达到速生丰产目标起到了率先示范的作用，对推进该区域造林采用先进林业新技术发挥了重要作用。

5.5.4　良种基地取得的成就

华山林场自治区马尾松良种基地现有林业技术人员 20 人，在科技支撑单位广西林科院的指导下，技术力量不断壮大。较强的技术力量为基地建设与管理提供技术了保障。特别是近年来，林场派出林业技术人员和管理人员到广西林科院、广西南宁市林科所国家马尾松良种基地、广西藤县大芒界国家马尾松良种基地进行了学习林木良种知识和参加广西林木良种基地管理等技术培训。通过实践学习及专家、教授的技术指导，锻炼和造就一大批吃苦耐劳、作风过硬的林业技术人才，积累了丰富的种子园营建经验和管理经验。

作为广西松树重要的试验示范基地，基地完成松树多个遗传测定和良种试验示范林的建设，作为主要参加单位完成的"马尾松工业用材林良种选育及高效栽培技术研究与示范" 2012 年获广西科技进步二等奖。

5.6 广西忻城县欧洞林场自治区马尾松良种基地

5.6.1 基地基本情况

广西忻城县欧洞林场马尾松良种基地地处，108°42′～108°49′E，24°14′～24°19′N，位于忻城县北端，北面与宜州市交界。属丘陵地貌，海拔一般在 300～500m 之间。坡度在 16°～25°之间。属南亚热带季风气候，根据忻城县气象站气候观测资料统计，欧洞林场年平均气温 19.3℃，最热月(7 月)均气温 27℃，最冷月(1 月)均气温 9.7℃，极端最高温 39.7℃，极端最低温度 -2.3℃。年均日照 1557.4h。年均霜日 3～5d，最长 14d，无霜日 327d。年均降水量 1445.2mm，集中在 4～8 月，最多年 2122.4mm，最少年 970.5mm。年均蒸发量 1691.8mm，最多年 1990.3mm，最少年 1463.5mm。年均相对湿度 77%。土壤主要是硅质砂页岩发育形成的红壤和石灰岩发育形成的石灰土。红壤分布面积较广，石灰土在半石山地带，面积窄小，可分黑色石灰土和棕色石灰土。植被主要有玄参科、樟科、金缕梅科、楝科、紫葳科等；灌木有盐肤木、白背桐、算盘子、桃金娘、余甘子等，草本有五节芒、铁芒萁、各种蕨类等。原生植被已被破坏，只有沟谷两侧还有零星的枫树、鸭脚木等阔叶林。人工栽培的林木有马尾松、华山松、湿地松、杉木、荷木、桉类、酸枣等，人工林以马尾松、桉树、杉木为主。灌木主要有：柃木、鸭脚木、桃金娘、盐肤木、白背野桐等。草本植物主要有：五节芒、铁芒萁、黄茅草、海金沙等；蕨类主要有东方乌毛蕨、狗脊、黑脚铁扇蕨等。

欧洞林场总下设 2 个分场(欧洞分场、板毛分场)，2 个林站(洛中林站、拉加林站)；总场设场长办公室、副场长办公室、场务办、营林股、财务股、供销科、防火办等 7 个部门。林场在职职工 119 人，离退休 52 人。基地现有职工 18 人。其中技术干部 13 人，包括 5 名工程师、6 名助理工程师、2 名技术员，5 名技术生产工人。

5.6.2 基地建设过程

广西忻城县欧洞林场马尾松良种基地始建于 1983 年，2009 年被列入广西重点林木良种基地。基地规模为 66.7hm^2。包括古蓬马尾松优良种源改良代种子园 16.7hm^2、古蓬马尾松采种母树林 50hm^2。

古蓬种源马尾松改良代种子园于 1999 年定砧，2001 年建成，采用 50 个古蓬种源优良无性系，面积 16.7hm^2，位于欧洞林场板毛分场第 2 林班 9 经营班 6 小班、10 经营班 4 小班、12 经营班 5 小班。

古蓬马尾松采种母树林 50hm^2，1964 年造林，1983 年改建成采种母树林，现保留密度为 225 株/hm^2。

5.6.3　良种生产与推广

忻城县欧洞林场马尾松良种基地每年可向社会提供优质马尾松种子 200kg，用于广西马尾松速生丰产林建设，有利于提高林木速生丰产林单位面积产量和质量，对做大做强林业产业、维护生态公益林的生态功能、促进山区农业产业结构调整、建设社会主义新农村将起到重要作用。

第6章 马尾松良种审定

良种审(认)定是林木遗传改良的重要成果产出。20世纪70年代末至80年代末，广西建成了3个马尾松初级种子园，面积200hm²。3个生产性种子园投产后，于1987~1994年营造了第一批自由授粉半同胞子代测定林共计14片，测定家系440个。2004年开始，广西松树协作组利用15年生以上的14片马尾松自由授粉子代测定林为材料进行了广西马尾松第一代育种群体的遗传分析研究，以生长性状为主，材性和抗逆性为辅进行多性状联合选择，成功选育出国家林木良种3个，广西林木良种37个。其中广西宁明桐棉种源、广西南宁市林科所马尾松无性系初级种子园种子和广西藤县大芒界马尾松无性系初级种子园种子审定为国家级良种，3个种源、3个种子园、18个家系和13个无性系审定为广西林木良种。

6.1 广西南宁市林科所马尾松种子园种子选育报告

马尾松是我国南方主要的乡土造林树种，是优良的制浆造纸、建筑及脂用林原料。马尾松遗传改良研究始于1958年，1980年后正式列入国家科技攻关项目，经过近30多年的联合攻关，取得了显著的研究成果。1978~1987年，广西应用人工林和天然林的优良林分中选择的464株优树无性系建立了3000亩的初级种子园，1987~1994年间开展了种子园自由授粉子代测定，建立子代测定林14片，面积292亩，参试家系440个。与此同时，在广西、福建和重庆3个省份营建马尾松种子园自由授粉区域试验，通过连续固定样地观测，对马松自由授粉子代的遗传变异规律进行了评价，为种子园的推广提供依据。

6.1.1 试验材料与试验设计

6.1.1.1 试验地概况

广西南宁市林科所，地处108°00′E，23°10′N，属热带北缘季风气候，年平均气温21.5℃，1月平均气温12.5℃，极端最低温－2.5℃，7月平均气温29.7℃，极端最高温40.6℃，年均有霜日23d，年降水量1246mm，年蒸发量1613.8mm，夏湿冬干，干湿季节明显，全年平均相对湿度79%，土壤为第四纪红土发育而成的中壤质厚层赤红壤，土层厚1m以上，pH为4.5~5.0，试验地海拔120m左右，地势平坦，子代试验林的造林前茬为马尾松疏林。

福建省仙游县溪口国有林场，地处118°30′E，25°21′N，为福建东南部中坡位低山地带，海拔390~580m，属亚热带海洋性季风气候，年平均气温18~29℃，最高气温38.7℃，最低气温－3.5℃，>0℃年平均积温6096~7556℃，≥10℃年平均活动积温4900~6790℃，无霜期265~315d，年均降水量1536mm，年均相对湿度78%。本区土壤以红壤为主，土层深厚。

重庆市彭水县郁山镇陈家院村，地处 108°10′E，29°18′N，海拔高度 600m，坡度 25°，黄壤，前茬为退耕地。

6.1.1.2 试验材料

试验材料为南宁市林科所初级种子园混系。对照为当地商品种。

6.1.1.3 试验设计

在广西南宁、福建仙游和重庆彭水 3 个地点开展区域试验，用营养袋育苗，半年生苗木造林，株行距 1.5m×2m 或 2m×2m。

6.1.2 试验结果与分析

6.1.2.1 种子园混系生长表现

对广西南宁市林科所马尾松种子园混系在广西南宁、福建仙游和重庆彭水 3 个地点的区域试验的生长表现总结成表 6-1。从表 6-1 可以看出，3 个地点树高、胸径和蓄积的增益分别为 8.64%~200%、12.37%~200% 和 36.15%~200%，其 3 个生长性状中以蓄积的增益尤为明显；3 个地点的生长表现中以重庆彭水的增益最显著。

表 6-1　种子园混系不同试验点生长表现

试验地点	林龄	树高/m			胸径/cm			蓄积量/(m³/亩)		
		种子园	对照	增益/%	种子园	对照	增益/%	种子园	对照	增益/%
广西南宁	18	14.33	12.77	12.22	17.35	14.68	18.89	1.16	0.8	44.99
福建仙游	13	7.67	7.06	8.64	10.90	9.70	12.37	0.27	0.20	36.15
重庆彭水	6	6.6		200	9.7		200	0.19		200

6.1.2.2 种子园混系的抗逆性表现

在开展生长性状测定的同时，进行了抗旱和抗寒性大田统计，其中在重庆点进行了夏季高温干旱和冬季抗冰冻的保存率统计，该种子园的保存率与当地种源无显著差异，初步判定

广西南宁市林科所马尾松种子园种子具有较强适应性，同时具有较强的抗旱和抗寒能力，最终结论仍有待进一步的研究。

6.1.3 结 论

广西南宁市林科所马尾松种子园混系种子在广西南宁、福建仙游和重庆彭水 3 个区域试验点的结果表明，种子园混系种子树高、胸径和材积（蓄积）分别比当地种商品种增益 8.64%~200%、12.37%~200% 和 36.15%~200%，3 个生长性状中以蓄积的增益尤为明显；3 个地点的生长表现以重庆彭水的表现最优，树高、胸径和材积均表现十分突出。

6.2　广西藤县大芒界马尾松种子园种子选育报告

6.2.1　试验材料与试验设计

6.2.1.1　试验地概况

广西藤县大芒界种子园，地处 110°E，23°24′N，属亚热带湿润季风气候，年平均气温 21.3℃，1 月平均气温 11.6℃，极端最低温 -3.0℃，7 月平均气温 28.3℃，极端最高温 39.5℃，年均无霜日 305 ~ 330d，年降水量 1250mm，集中在 4 ~ 8 月，5 ~ 6 月为最高峰，土壤为紫色砂页岩发育而成的中壤质中层赤红壤，土层厚 50 ~ 80m 以上，属丘陵山地，子代试验林的造林前茬为油茶林。

福建省仙游县溪口国有林场(详见 6.1.1.1 小节)。

重庆市彭水县联合乡(详见 6.1.1.1 小节)。

6.2.1.2　试验材料

试验材料为藤县大芒界初级种子园混系种。设置当地商品种为对照。

6.2.1.3　试验设计

在广西藤县、福建仙游和重庆彭水 3 个地点开展区域试验，用营养袋育苗，半年生苗木造林，株行距 1.5m × 2m 或 2m × 2m。

6.2.2　试验结果与分析

6.2.2.1　种子园混系生长表现

对广西藤县大芒界马尾松种子园混系在广西藤县、福建仙游和重庆彭水 3 个地点的区域试验的生长表现总结成表 6-2。从表 6-2 可以看出，3 个地点树高、胸径和蓄积的增益分别为 10.20% ~ 100%、14.30% ~ 100% 和 40.56% ~ 100%，其 3 个生长性状中以蓄积的增益尤为明显；3 个地点的生长表现以重庆彭水的增益最显著。

表 6-2　种子园混系不同试验点生长表现

试验地点	林龄	树高/m			胸径/cm			蓄积量/m³/亩		
		种子园	对照	增益/%	种子园	对照	增益/%	种子园	对照	增益/%
广西藤县	20	13.07	11.86	10.20	18.66	13.99	34.81	18.50	9.60	92.71
福建仙游	15	9.82	8.38	17.18	12.71	11.12	14.30	4.50	3.20	40.56
重庆彭水	5	6.0	3.0	100	7.6	3.8	100	3.0	1.5	100

6.2.2.2　种子园混系的抗逆性表现

在开展生长性状测定的同时，进行了抗旱性和抗寒性大田统计，其中在重庆点进行了夏季高温干旱和冬季抗冰冻的保存率统计，该种子园的保存率与当地种源无显著差异，说明广西藤县大芒界马尾松种子园种子具有较强适应性，同时具有较强的抗旱和抗寒能力。

6.2.3　结　论

广西藤县大芒界马尾松种子园混系种子在广西藤县、福建仙游和重庆彭水 3 个区域试验点的结果表明，种子园混系种子树高、胸径和材积（蓄积）分别比当地种商品种增益10.20%~100%、14.30%~100%和40.56%~100%，其3个生长性状中以蓄积的增益尤为明显；3个地点的生长表现又以重庆彭水的表现最优，树高、胸径和材积均表现十分突出。

6.3　材用马尾松桂 MVF 优良家系系列

马尾松是我国南方主要的乡土造林树种，是优良的制浆造纸、建筑及脂用林原料。马尾松遗传改良研究始于1958年，1980年后正式列入国家科技攻关项目，取得了显著的成果，尤其是对马尾松建筑和纸浆材改良进行了较系统的研究，但是这些研究大都集中在林分和种源水平，而在家系水平上的研究甚少，广西从1987年开始进行种子园自由授粉子代测定，到1994年共建立子代测定林14片，面积292亩，参试家系440个。通过对种子园自由授粉子代的遗传测定，为生产提供遗传稳定、目的性状优良的繁殖材料，为马尾松树种遗传改良的不断深入提供大量谱系清楚的遗传资源。本研究通过多点多年的试验研究，分析了马尾松自由授粉子代的遗传变异规律，并从中选择出优良家系提供生产推广应用，同时，应用子代测定的结果，对种子园的家系进行评价，考察种子园建园成效。

项目实施过程中，采用先试验后示范的原则，逐步进行优良家系的推广和应用。近年来已在广西壮族自治区的南宁、武鸣、宁明、宜州、忻城、环江、藤县、苍梧等县营建家系试验示范林30多公顷，并应用选择出的优良家系建立马尾松改良代种子园33.5hm²。

6.3.1　试验材料与试验设计

6.3.1.1　试验地概况

广西南宁市林科所（详见6.1.1.1小节）。

藤县大芒界种子园（详见6.2.1.1小节）。

国营横县镇龙林场，地处广西南部，109°08′~109°19′E，23°02′~23°08′N，地形多为海拔400~700m低山丘陵。属南亚热带季风气候，年均气温为21.5℃，极端低温-1℃，极端高温39.2℃；年均降水量为1477.8mm；年均日照时数1758.9 h；常年日照充足，热量充沛；林地土壤多为赤红壤，呈酸性或微酸性。

昭平县大脑山林场，地处110°47′36″~111°07′42″E，24°01′36″~24°15′00″N。地貌属南岭山系都庞岭山脉南坡支脉，是砂岩和页岩发育形成的山丘—低山地貌。境内最高山峰是仙殿顶海拔1223.4m，大脑山海拔1205.5m，南亚热带的都庞岭季风湿润气候区，年均气温19.9℃，年活动积温（≥10℃）6450℃，最冷月为1月，最热月为7月。年平均降水量2050mm，年均蒸发量1450mm，年平均降雨日数185d，降水量大于蒸发量，是广西多雨和暴雨中心地区之一。年平均相对湿度81%，水热系数2.8，具有典型的山区气候特点和亚热带季风气候的一般共性，适宜林木的生长。

6.3.1.2　试验材料

参试的自由授粉家系440个，分别来自广西南宁市林科所、藤县初级种子园。无性系分别来自广西的24个国营林场和3个优良种源区，试验设置湿地松、洪都拉斯加勒比松、桐棉优良种源、古蓬优良种源、本地马尾松、贵州马尾松、信宜优良种源等共 11 个对照。

6.3.1.3 试验设计

采用随机区组设计，分别不同年度、不同地点（地块）进行重复半胞子代测定试验，用代码表示为：D87、D90a、D90b、N88、N92a、N92b、N92c、N94a、N94b、N94c、N94d、DNS92。用营养袋育苗，半年生苗木造林，设置 1~6 个重复，10~30 小区，株行距 1.5m×2m 或 2m×2m。

6.3.2 试验结果与分析

6.3.2.1 家系生长变异分析

本试验中，有 20%~98.0% 的家系树高比对照大，有 5.5%~99.0% 的家系胸径比对照大，有 9.1%~99.0% 的家系材积比对照大。最大值比对照树高大 8.3%~67.7%，胸径大 11.4%~106.9%，材积大 29.2%~484.6%。不同的试验中，由于参试家系的组成不同，其生长表现也不一致，总的趋势是大多数家系生长优于对照。

6.3.2.2 各试验点子代生长量差异性分析

在各试验点上家系间树高、胸径、单株材积多数达到极显著差异水平，这说明初级种子园家系在生长性状上存在明显的差异。这些差异受到中等至较强的遗传控制，遗传力为 17.4%~68.6%，选择具有极大的潜力。

6.3.2.3 优良家系的选择

评选出适合在广西普遍推广的广谱性家系 64 个，占参试家系的 14.55%；局部性家系 48 个，占参试家系的 10.91%；需要淘汰家系 83 个，占参试家系的 18.86%。

6.3.3 结 论

马尾松家系性状变异在家系间差异均表现为显著或极显著，表明马尾松家系遗传变异非常丰富，家系间定向选择具有极大的潜力。参试的 440 个家系中，大部分家系生长优于对照，其中 20.0%~98.0% 的家系树高比对照大，5.5%~99.0% 的家系胸径比对照大，9.1%~99.0% 的家系材积比对照大。

按照性状表现水平分析法，选择出广谱性家系 64 个，占参试家系的 14.55%；局部性家系 48 个，占参试家系的 10.91%；需淘汰家系 83 个，占参试家系的 18.86%。在进行优良家系选择时，除应对家系在一定区域内的丰产性能做出评价之外，还应对相应家系在不同生境条件下的生长稳定性做出评价。而且，家系基因型与生境选择的效应都是十分重要的。因此，在选择家系时，有必要对家系生长的稳定性加以评价，同时还应注意对立地等环境条件加以考察并选择，这样方能做到适地适树，以保证在生产上获得所期望的生产效益。以 N88 的试验计算，在 168 个参试家系中选择出 32 个广谱性家系，中选率为 19.05%，以广西古蓬马尾松优良种源作为对照，11 年生时，树高、胸径、材积分别可获得 13.78%、17.59%、43.81% 的遗传增益；选择 6 个局部性家系，中选率为 3.57%，树高、胸径、材积分别可获得 18.62%、23.79%、63.98% 的遗传增益，这说明一些家系在特定环境条件下比广谱性优良家系有更高遗传增益。

家系在树高、胸径、材积性状上存在明显的差异，这些差异主要是由遗传因素制约并受中等以上的遗传力控制,其中树高遗传力 30.6%~72.4%,胸径遗传力 17.4%~68.6%,材积遗传力 28.6%~67.7%。

在南宁市林科所、藤县大芒界种子园和横县镇龙林场 3 个试验示范点的结果表明,桂 MVF443 家系树高、胸径和材积分别比对照(当地商品种或种子园混系)增益 0%~9.64%、9.61%~41.83% 和 21.65%~75.00%;桂 MVF557 家系树高、胸径和材积分别比对照增益 0%~9.47%、13.43%~40.96% 和 35.45%~50.00%;桂 MVF443 家系树高、胸径和材积分别比对照增益 0%~9.64%、9.61%~41.83% 和 21.65%~75.00%;桂 MVF557 家系树高、胸径和材积分别比对照增益 0%~9.47%、13.43%~40.96% 和 35.45%~50.00%;桂 MVF553 家系树高、胸径和材积分别比对照增益 9.93%~24.64%、0%~14.88% 和 13.53%~93.59%;桂 MVF059 家系树高、胸径和材积分别比对照增益 0%~19.01%、10.79%~43.02% 和 15.97%~112.82%;桂 MVF112 家系树高、胸径和材积分别比对照增益 0%~23.84%、1.89%~20.23% 和 7.56%~45.83%;桂 MVF409 家系树高、胸径和材积分别比对照增益 0.84%~22.30%、4.35%~32.32% 和 13.43%~88.46%(表 6-3)。

在南宁市林科所、藤县大芒界种子园和昭平县大脑山林场 3 个试验示范点的结果表明,桂 MVF904 家系树高、胸径和材积分别比当地商品种增益 4.75%~16.75%、7.69%~31.86% 和 23.06~92.69%;桂 MVF425 家系树高、胸径和材积分别比当地种增益 1.25%~13.15%、3.52%~14.62% 和 16.33%~87.24%;桂 MVF787 家系树高、胸径和材积分别比当地商品种增益 5.76%~17.07%、5.77%~21.46%;桂 MVF409 家系树高、胸径和材积分别比当地商品种增益 1.62%~12.70%、7.21%~22.06% 和 15.41%~82.46%;桂 MVF430 家系树高、胸径和材积分别比当地商品种增益 4.01%~22.76%、13.27%~37.25% 和 27.91%~117.40%;桂 MVF415 家系树高、胸径和材积分别比当地商品种增益 5.76%~20.57%、7.90%~29.84% 和 16.22%~87.49%;桂 MVF468 家系树高、胸径和材积分别比当地商品种增益 11.54%~26.34%、10.60%~22.58% 和 57.78%~103.39%;桂 MVF440 家系树高、胸径和材积分别比当地商品种增益 9.21%~17.10%、14.08%~30.65% 和 43.46%~78.92%;桂 MVF462 家系树高、胸径和材积分别比当地商品种增益 0.93%~16.61%、8.76%~49.04% 和 15.90%~141.87%;桂 MVF909 家系树高、胸径和材积分别比当地商品种增益 -4.72%~3.67%、9.23%~55.14% 和 21.01%~46.41%;桂 MVF428 家系树高、胸径和材积分别比当地商品种增益 6.15%~25.45%、6.42% - 40.47% 和 18.51%~131.51%;桂 MVF455 家系树高、胸径和材积分别比当地商品种增益 0%~7.04%、12.51%~26.58% 和 18.14%~65.27%(表 6-3)。以上 18 个优良家系已在华南地区推广应用。

表 6-3 审定的 18 个材用马尾松优良家系

名　称	审定号	选育人
桂 MVF443 家系	桂 S-SF-PM-001-2011	杨章旗、黄永利、覃开展
桂 MVF557 家系	桂 S-SF-PM-002-2011	杨章旗、黄永利、覃开展
桂 MVF553 家系	桂 S-SF-PM-003-2011	杨章旗、黄永利、覃开展、颜培栋
桂 MVF059 家系	桂 S-SF-PM-004-2011	杨章旗、黄永利、覃开展、舒文波

（续）

名　称	审定号	选育人
桂 MVF112 家系	桂 S-SF-PM-005-2011	杨章旗、黄永利、覃开展、王 胤
桂 MVF409 家系	桂 S-SF-PM-006-2011	杨章旗、黄永利、覃开展、唐朝强
桂 MVF409DMJ 家系	桂 S-SF-PM-001-2012	杨章旗、唐朝强、陆军、黄永利、舒文波、卢天玲
桂 MVF415 家系	桂 S-SF-PM-002-2012	杨章旗、陆军、梁贤祯、舒文波、覃开展、李巨仲
桂 MVF425 家系	桂 S-SF-PM-003-2012	杨章旗、唐朝强、黄永利、黄长斌、苏沃榜
桂 MVF428 家系	桂 S-SF-PM-004-2012	杨章旗、黄永利、李巨仲、覃开展、颜培栋
桂 MVF430 家系	桂 S-SF-PM-005-2012	杨章旗、陆军、唐朝强、黄永利、舒文波
桂 MVF440 家系	桂 S-SF-PM-006-2012	杨章旗、卢天玲、唐朝强、黄永利、陆军、舒文波
桂 MVF455 家系	桂 S-SC-PM-007-2012	杨章旗、黄永利、唐朝强、谭健晖
桂 MVF462 家系	桂 S-SC-PM-008-2012	杨章旗、唐朝强、黄永利、黄长斌、苏沃榜
桂 MVF468 家系	桂 S-SC-PM-009-2012	杨章旗、唐朝强、黄永利、梁贤祯、王胤
桂 MVF787 家系	桂 S-SC-PM-010-2012	杨章旗、黄长斌、梁贤祯、卢天玲、
桂 MVF904 家系	桂 S-SC-PM-011-2012	杨章旗、唐朝强、黄永利、黄长斌、苏沃榜
桂 MVF909 家系	桂 S-SC-PM-012-2012	杨章旗、唐朝强、陆军、黄永利、谭健晖

6.4　材用马尾松桂 MVC 优良无性系系列

本研究通过多点多年的试验研究，分析了马尾松自由授粉子代的遗传变异规律，经过连续 10 多年的测定，利用子代林的结果，于 1999～2001 年综合考虑生长、干型以及结实性状选出桐棉种源中的 55 个子代表现优秀的无性系在宁明县国营派阳山林场建立了 300 亩改良代种子园，从古蓬种源中选择出 50 个子代表现优良的无性系在忻城县欧洞林场建立了 250 亩改良代种子园。2008 年开始分别在环江县华山林场、横县镇龙林场、博白县博白林场和国营高峰林场等地建立了两个 1.5 代种子园自由授粉家系的区域试验林，同步对建园的 115 个亲本的开花结实进行了连续观测。并从中选择出优良家系提供生产推广应用，利用子代测定的结果，对种子园的家系进行评价，考察种子园建园成效。

项目实施过程中，采用先试验后示范的原则，逐步进行优良家系的推广和应用。近年来已在广西的南宁、武鸣、宁明、宜州、忻城、环江、藤县、苍梧等县营建初级种子园和改良代种子园自由授粉子代测定林家系试验示范林 40 多公顷，并逐年扩大 2 类种子园自由授粉家系在区内和区外的推广应用。

6.4.1　试验材料与试验设计

6.4.1.1　试验地概况
广西南宁市林科所（详见 6.1.1.1 节）。
藤县大芒界种子园（详见 6.2.1.1 节）。
广西林科院，位于南宁市北郊，108°21′E，22°56′N，属南亚热带季风气候，年均温

20℃左右，≥10℃的年积温7206℃，年降水量在1350mm以上，干湿季节明显，低丘、地势平缓，砂页岩发育而成的红壤、pH为5~6，适宜马尾松正常生长。

6.4.1.2 试验材料

生长性状：参试的自由授粉家系440个，分别来自广西南宁地区林科所、藤县初级种子园。无性系分别来自广西的24个国营林场和3个优良种源区，试验设置湿地松、洪都拉斯加勒比松、桐棉优良种源、古蓬优良种源、本地马尾松、贵州马尾松、信宜优良种源等共11个对照。

材性测定：试验林为N88试验林，于1988年造林，完全随机区组设计，4株小区，15个重复，参试家系169个，对照6个。2009年12月，对该测定林进行树高、胸径、冠幅和通直度等全林实测，本研究分春季和冬季两次实验，其中春季参试家系30个，冬季24个春季实验进行密度、化学组分和解剖学测试，冬季进行密度和解剖学测试），每个家系取平均木5株。伐前用红油漆标出1.3m南向，将所选样株伐倒，于1.3m、5m和10m近伐根面各取厚3cm圆盘，用密封塑料袋保湿带回，用于木材密度、纤维形态特征和纤维素测定。

6.4.1.3 试验设计

生长性状：采用随机区组设计，分别不同年度、不同地点（地块）进行重复半胞子代测定试验，用代码表示为：D87、D90a、D90b、N88、N92a、N92b、N92c、N94a、N94b、N94c、N94d。用营养袋育苗，半年生苗木造林，设置5~60个重复，每小区1~12株，株行距1.5m×2m或2m×2m。

密度测定：圆盘过髓心沿东北45°左右取2cm宽木条，离开髓心和皮层各1cm，用等分法分别取内、中、外3个约2cm×2cm木段，去掉两头失水部分，用湿毛巾包好待测。用0.001电子天秤采用最大含水量法测定生材体积，木块自然干燥，转入烘箱内110℃干燥8h，80℃干燥48h，测定气干质量，基本密度=气干质量/生材体积。

纤维素测定：圆盘及时剥皮和干燥，遇阴雨天气在圆盘两割面喷药防霉变而影响测定结果。将圆盘沿东西方向劈开，留南面，两割面分别除去1cm后即为木样，用电刨将试样刨片，用四分法取样，经粉碎，筛选40~60目木粉为试样。纤维素含量测定参照国家标准GB/T 2677.10—1994。

管胞测定：过髓心沿西北45°取2cm左右宽的年轮完整的木条，用大头针分别标记各年轮，由外及内依次切取21年、18年、15年、12年、9年、6年这6个年龄完整年轮木块，用记号笔记标注年龄，将6块木样装在信封内，信封注明家系号。分年龄将早材和晚材各切取2块1mm×1mm的木条→放入玻璃试管内→加5mL反应液（50% H_2O_2 +50%冰乙酸）→水浴锅加热100℃2h左右（晚材和边材反应时间较早材和心材长）→木样颜色变成白色将反应液倒净，蒸馏水清洗2次→加5mL蒸馏水沸腾30min→滤纸吸干表面水分，放入2%番红中染色3~5h→蒸馏水清洗→制片→甘油封片→1倍显微镜下拍管胞长，40倍下拍管胞宽→测量长度和宽度和管胞腔径，每个试样长、宽、径各测量60条（次）。

6.4.2 试验结果与分析

6.4.2.1 家系生长变异分析

20%~98.0%的家系树高比对照大，有5.5%~99.0%的家系胸径比对照大，有9.1%~

99.0%的家系材积比对照大。最大值比对照树高大 8.3%~67.7%，胸径大 11.4%~106.9%，材积大 29.2%~484.6%。不同的试验中，由于参试家系的组成不同，其生长表现也不一致，总的趋势是大多数家系生长优于对照。

6.4.2.2　各试验点子代生长量差异性分析

在各试验点上家系间树高、胸径、单株材积多数达到极显著差异水平，这说明初级种子园家系在生长性状上存在明显的差异。这些差异受到中等至较强的遗传控制，遗传力为 17.4~68.6，选择具有极大的潜力。

6.4.2.3　优良家系的选择

评选出适合在广西普遍推广的广谱性家系 64 个，占参试家系的 14.55%；局部性家系 48 个，占参试家系的 10.91%；需要淘汰家系 83 个，占参试家系的 18.86%。

6.4.2.4　材性家系选择

以木材纤维素产量作为选择指标对 22 年生 N88 测定林进行木材化学成分测定的 30 个家系进行纸浆材优良家系选择。选择木材纤维素产量均值最大的前 15% 家系作为纸浆材优良系。共选出 5 个家系，纤维素含量相对增益为 99.68%；木材干物质产量相对增益为 119.68%；木材纤维素产量相对增益为 119.26%（表6-4）。其中桂 MVF83 和桂 MVF464 表现突出。

表 6-4　以木材纤维素产量为选择指标 22 年生选优情况

家系	纤维素含量/%		木材干物质产量/kg		木材纤维素产量/kg	
	均值	排名	均值	排名	均值	排名
桂 MVF83	44.728	27	132.42	1	59.23	1
桂 MVF464	45.750	10	114.00	2	52.15	2
桂 MVF456	45.040	22	113.06	3	50.92	3
桂 MVF786	44.772	26	109.01	4	48.81	4
桂 MVF557	45.988	5	105.07	5	48.32	5
优良家系均值	45.26		114.71		51.89	
参试家系均值	45.40		95.85		43.51	
相对增益	99.68		119.68		119.26	

6.4.3　结　论

马尾松家系性状变异在家系间差异均表现为显著或极显著，表明马尾松家系遗传变异非常丰富，家系间定向选择具有极大的潜力。参试的 440 个家系中，大部分家系生长优于对照，其中有 20.0%~98.0% 的家系树高比对照大，有 5.5%~99.0% 的家系胸径比对照大，有 9.1%~99.0% 的家系材积比对照大。

按照性状表现水平分析法，选择出广谱性家系 64 个，占参试家系的 14.55%；局部性家系 48 个，占参试家系的 10.91%；需淘汰家系 83 个，占参试家系的 18.86%。在进行优良家系选择时，除应对家系在一定区域内的丰产性能做出评价之外，还应对相应家系在不同生境条件下的生长稳定性做出评价。而且，家系基因型与生境选择的效应都是十分重要的。因此，在选择家系时，有必要对家系生长的稳定性加以评价，同时还应注意对立地等环境条件加以考察并选择,这样方能做到适地适树,以保证在生产上获得所期望的生产效益。以 N88 的试验计算,在 168 个参试家系中选择出 32 个广谱性家系,中选率为 19.05%,以广西古蓬马尾松优良种源作为对照,11 年生时,树高、胸径、材积分别可获得 13.78%、17.59%、43.81% 的遗传增益;选择 6 个局部性家系,中选率为 3.57%,树高、胸径、材积分别可获得 18.62%、23.79%、63.98% 的遗传增益,这说明一些家系在特定环境条件下比广谱性优良家系有更高遗传增益。

家系在树高、胸径、材积性状上存在明显的差异,这些差异主要是由遗传因素制约并受中等以上的遗传力控制,其中树高遗传力 30.6% ~ 72.4%,胸径遗传力 17.4% ~ 68.6%,材积遗传力 28.6% ~ 67.7%。

初级种子园自由授粉家系在南宁市林科所、藤县大芒界种子园和广西林科院 3 个试验示范点的结果表明,桂 MVC083 初级种子园子代的树高、胸径和材积分别比当地种增益 0% ~ 16.52%、2.06% ~ 23.69% 和 18.05% ~ 75.00%;初级种子园自由授粉子代 15 年和 22 年材性的研究表明,2 个年度的单位面积木材干物质产量和纤维产量在 30 个家系中排名第 1,管胞长 3627μm,管胞宽 44μm,管胞长宽比为 82,不仅单位面积的纤维产量高而且纤维质量好,其子代具有优良的制浆造纸性能;且适应性强,树体通直圆满,结实量较高,球果饱满,出种率高,可作为纸浆材优良无性系推广使用;桂 MVC464 初级种子园子代的树高、胸径和材积分别比当地种增益 9.93% ~ 24.64%、14.88% ~ 34.06% 和 29.41% ~ 93.59%,初级种子园自由授粉子代 15 年和 22 年材性的研究表明,2 个年度的纤维素含量在 30 个家系中排名第 10,而单位面积纤维产量排名第 2,管胞长 4379μm,管胞宽 39μm,管胞长宽比为 111,单位面积的纤维产量高且纤维质量好;对其结实性进行的研究表明,该无性系结实量较大、产量稳定,盛产期最高单株球果产量可达 20kg,在 400 多个无性系中表现突出,且球果大、种子饱满、出种率较高,可作为纸浆材优良无性系推广使用;桂 MVC085 初级种子园自由授粉子代生长表现稳定,适应性强,速生,抗寒性较优;其结实性进行的研究表明,该无性系结实量较大、产量稳定,盛产期最高单株球果产量达 14.0kg,且球果大、出种率较高,种子饱满、发芽率高;桂 MVC027 初级种子园自由授粉子代生长表现突出,且子代的适应性强,树体通直圆满;该无性系结实量较大、产量稳定,在 464 个无性系中表现突出,且球果大、出种率较高,种子饱满、发芽率高(表 6-5)。

表 6-5　材用马尾松桂 MVC 优良无性系

名　称	授权号	选育人
桂 MVC027 无性系	桂 S-SC-PM-007-2011	杨章旗、黄永利、覃开展、兰　富
桂 MVC083 无性系	桂 S-SC-PM-008-2011	杨章旗、黄永利、谭健晖、黄雪芬
桂 MVC085 无性系	桂 S-SC-PM-009-2011	杨章旗、黄永利、覃开展、韦元荣
桂 MVC464 无性系	桂 S-SC-PM-010-2011	杨章旗、黄永利、谭健晖、郭　飞

6.5　脂用马尾松桂 MRC 优良无性系系列

马尾松是我国南方主要的乡土造林树种,是广西两个千亿元产业"松脂产业"和"林浆

纸(板)一体化产业"的主要原料树种,主要用于制浆造纸、脂用和建筑材。国家"六五"至
"十五"期间以生长和材性为选择指标进行了地理种源/家系/无性系选择和改良,其间,
"八五"国家科技攻关项目"马尾松产脂类型研究"曾经在南方六省份(粤、桂、闽、赣、皖
和浙)开展了产脂性状的改良,进行了高产脂优树选择、基因库、第一代种子园建立、优
树自由授粉子代林营建等研究工作,取得了一定的成果。但广西仅在玉林市开展了产脂性
状优树选择,选择和改良的范围有限。松脂是我国重要的化工原料,是极具广西地方特色
与优势的林产品资源,是可再生资源高效可持续利用的重要组成部分,也是县域经济发展
的重要支柱。广西松香产量占全国总产量的40%,占出口量60%,稳居全国之首,因此
广西松脂产业具有良好的产业基础与优势。

　　"八五"期间广西形成三大松脂生产基地:梧州松节油深加工产品和合成橡胶助剂生产
基地、桂林油墨树脂和胶粘剂生产基地以及玉林造纸施胶剂生产基地,松脂产业发展迅
速。源于松脂企业对松脂原料林资源培育提出的迫切要求,"十五"开始,广西马尾松协作
组在生长性状改良的基础上,在全区范围内全面启动产脂性状遗传改良研究,至"十一五"
末,在优良种源区的天然林和人工林中选择高产脂优树500多株,异地嫁接保存458份,
无性系测定110个/330次,优树子代测定1053个/次。同时,在各类生长性状试验林中选
择中龄林至成熟林进行了产脂性状选择和高产脂原料林的培育技术研究。本次产脂性状选
择利用3个马尾松初级种子园的材料,进行了产脂量以及松脂组分的测试,为产脂性状选
择和改良提供科学依据。

6.5.1　试验材料与试验设计

6.5.1.1　试验地概况

　　广西南宁市林科所(详见6.1.1.1小节)。

　　藤县大芒界种子园(详见6.2.1.1小节)。

　　贵港市覃塘林场:地处109°24′~109°28′E,23°08′~23°10′N,地处浔江平原,场内
最低海拔45m,最高海拔86m;属南亚热带季风气候区,夏长冬短,高温多雨,年平均温
度21.5℃,极端最低温-3.4℃,极端最高温39.5℃,年平均降水量1462mm,年平均蒸
发量1840mm,年平均相对湿度77%以上,全年无霜期337d。土壤大部分是冲积土,土壤
厚度多在50~100cm之间,无明显表土层,土壤较疏松,但含石砾较多,一般多在30%~
50%;另有部分是赤红壤,土壤干燥,石砾多。土壤一般pH为5~7,质地较差。具有典
型的山区气候特点和亚热带季风气候的一般共性,适宜林木的生长。

6.5.1.2　试验材料

　　亲本来源:1976~1977年,在广西28个国营林场马尾松优良林分中采用"五株优势
木"法进行了以生长、干型等表型性状为选择指标的优树选择,选出优树406株;1984年
在广西三个马尾松优良种源天然优良林分中采用"基准线法"选出优树195株,两批优树共
计601株。1979年开始筹建马尾松初级种子园,1981~1987年分别在南宁市林科所、藤
县大芒界种子园和贵港市覃塘林场建成200hm²初级种子园。

　　其中,贵港市覃塘林场、藤县大芒界种子园和南宁市林科所参试无性系分别为192
个、98个和405个。

6.5.1.3　试验设计

2009～2013 年在贵港市覃塘林场、南宁市林科所和藤县大芒界种子园 3 个无性系初级种子园中每个无性系选择 5～28 株进行了采脂试验。经过连续 2 年采脂，以平均日产脂力为选择指标，进行高产脂优良无性系选择。

$$日产脂力 = 日产脂量/左右平均割沟长 \times 10（g/10cm）$$

选择方法：计算每个年份参试无性系均值，以连续 2 年产脂力增益达 15% 以上的无性系入选。

6.5.2　结果与分析

6.5.2.1　贵港市覃塘林场

参试无性系 192 个。2012 年采脂时间为 10 月 12 日至 12 月 31 日，采割刀数 81 刀，日均产脂量 68.5g，日最高产脂量 165.0g，日最低产脂量 25.0g；平均产脂力 18.1g/10cm，日最高产脂力 43.4 g/10cm，日最低产脂 4.6 g/10cm。

2013 年采脂时间为 7 月 1 日至 10 月 13 日，采割刀数 69 刀，日均产脂量 71.2g，日最高产脂量 148.2g，日最低产脂量 27.9g；平均产脂力 21.13g/10cm，日最高产脂力 43.2 g/10cm，日最低产脂 8.1g/10cm。

6.5.2.2　藤县林科所

参试无性系 98 个。2012 年采脂时间为 6 月 6 日至 11 月 16 日，采割刀数 123 刀，日均产脂量 39.8g，日最高产脂量 91.8g，日最低产脂量 12.6g；平均产脂力 13.30g/10cm，日最高产脂力 30.6g/10cm，日最低产脂 4.2g/10cm。

2013 年采脂时间为 6 月 3 日至 10 月 9 日，采脂刀数 108～116 刀，日均产脂量 38.8g，日最高产脂量 74.92g，日最低产脂量 16.07g；平均产脂力 10.29g/10cm，日最高产脂力 17.04g/10cm，日最低产脂 5.13g/10cm。

6.5.2.3　南宁市林科所

2009 年采脂时间为 8 月 26 日至 12 月 16 日，参试无性系 48 个，采割刀数 85 刀，日均产脂量 41.7g，日最高产脂量 51.38g，日最低产脂量 12.35g；平均产脂力 8.65g/10cm；日最高产脂力 18.97g/10cm，日最低产脂 5.36g/10cm。

2011 年采脂时间为 9 月 10 日至 12 月 11 日，参试无性系 405 个，采割刀数 74 刀，日均产脂量 46.9g，日最高产脂量 117.9g，日最低产脂量 15.3g；平均产脂力 16.25g/10cm，日最高产脂力 34.1g/10cm，日最低产脂 6.2g/10cm。

6.5.2.4　各试验点产脂性状差异分析

在各试验点上无性系间日产脂量、日最高产脂量、日最低产脂量、日产脂力、日最高产脂力、日最低产脂力等 6 项指标均达到极显著差异水平，证明初级种子园无性系间在产脂性状上存在明显的差异，选择具有极大的潜力。

6.5.2.5　优良无性系选择

评选出适合在广西普遍推广的高产脂无性系 9 个，分别占贵港市覃塘林场、藤县大芒界种子园和南宁市林科所 3 个试验点参试无性系的 4.69%、9.18% 和 2.22%。

6.5.3 结　论

马尾松无性系产脂性状变异在无性系间差异显著或极显著，表明马尾松无性系间产脂性状遗传变异非常丰富，无性系间定向选择具有极大的潜力。

参试的无性系中，贵港市覃塘林场 2012 年、贵港市覃塘林场 2013 年、藤县大芒界种子园 2012 年、藤县大芒界种子园 2013 年、南宁市林科所 2009 年和南宁市林科所 2011 年产脂力大于参试无性系均值的分别有 85、90、184、21 和 52 个；大于均值 15% 的无性系分别为 52、49、117、9 和 33 个。

以不同年度不同地点产脂力大于 15% 为选择指标，选择出优良无性系 9 个，分别占参试无性系的 4.69%、9.18% 和 2.22%。对比选择强度，本次选择入选率较低，分析原因可能是 3 个地点 6 个年度同时入选的选择指标过于严格，有待后续进一步研究。本次优良无性系选择中，除应对无性系在一定区域内的丰产性做出评价之外，还应对相应无性系在不同生境条件下的稳定性做出评价。而且，基因型与生境选择的效应都是十分重要的。无性系选择时要注意立地环境条件的选择，以保证在生产上获得所期望的生产效益。

选出的桂 MRC409、桂 MRC413、桂 MRC430、桂 MRC507、桂 MRC617、桂 MRC623、桂 MRC795、桂 MRC904、桂 MRC910 等 9 个优良无性系（表 6-6）在贵港市覃塘林场 2012 和 2013 年度产脂力增益分别为 15.47%～47.96% 和 15.14%～70.85%；藤县林科所点 2012 年 2013 年产脂力增益分别为 18.80%～88.35% 和 15.16%～55.69%；南宁市林科所点 2011 年产脂力增益为 15.08%～116.49%。其中以桂 MRC795、桂 MRC904 和桂 MRC910 三个无性系在 6 个年度 3 个地点的表现最突出。

表 6-6　2013 年审定的 9 个脂用马尾松优良无性系

名　　称	授权号	选育人
桂 MRC409 无性系	桂 S-SF-PM-001-2013	杨章旗、梁贤祯、谭保健、黄永利、冯源恒
桂 MRC413 无性系	桂 S-SF-PM-002-2013	杨章旗、黄永利、谭保健、梁远毅、陈虎
桂 MRC430 无性系	桂 S-SF-PM-003-2013	杨章旗、梁远毅、谭保健、黄永利、吴东山
桂 MRC507 无性系	桂 S-SF-PM-004-2013	杨章旗、谭保健、黄永利、梁贤祯、陈虎
桂 MRC617 无性系	桂 S-SF-PM-005-2013	杨章旗、黄永利、梁远毅、冯源恒、谭保健
桂 MRC623 无性系	桂 S-SC-PM-006-2013	杨章旗、梁贤祯、陈虎、黄永利、谭保健
桂 MRC795 无性系	桂 S-SC-PM-007-2013	杨章旗、黄永利、谭健晖、梁贤祯、吴东山、谭保健
桂 MRC904 无性系	桂 S-SC-PM-008-2013	杨章旗、谭保健、梁远毅、黄永利、陈虎
桂 MRC910 无性系	桂 S-SC-PM-009-2013	杨章旗、谭保健、梁贤祯、黄永利、吴东山

覃塘林场点 2012 平均日产脂力为 18.1g/cm，入选优良无性系的日产脂力 20.82g/cm；覃塘林场点 2013 平均日产脂力为 18.1g/cm，入选优良无性系的日产脂力 20.82g/cm；大芒界点 2012 平均日产脂力为 13.3g/cm，入选优良无性系的日产脂力 15.30g/cm；大芒界点 2013 平均日产脂力为 10.29g/cm，入选优良无性系的日产脂力 11.83 g/cm；南宁所点 2009 平均日产脂力为 8.65g/cm，入选优良无性系的日产脂力 9.95g/cm；南宁所点 2011 平均日产脂力为 16.25g/cm，入选优良无性系的日产脂力 21.13g/cm。以上 6 个试验中南宁

所 2009 年产脂力明显偏低，初步分析原因有二，一是 2009 年下半年出现少雨干旱气候，降水量可能影响产脂量；二是采脂前的保留密度为 13～14 株，较 2011 年的 10 株密，保留密度可能影响产脂量。具体原因的待进一步研究。由于此试验数据与其实 5 个试验偏差较大，此数据仅用于优良无性系选择时参与。

参考文献

曹朴芳. 对中国造纸工业发展的思考[J]. 中国造纸, 1998(4): 44~48.

安徽农学院. 马尾松[M]. 北京: 中国林业出版社, 1982.

蔡琼, 丁贵杰. 黔中地区连栽马尾松对土壤微生物的影响[J]. 南京林业大学学报: 自然科学版, 2006, 30(3): 131~133.

蔡世英. ABA对咖啡幼苗抗冷性的效应[J]. 热带作物学报, 1990, 11(2): 69~77.

蔡树威, 龙伟, 杨章旗. 马尾松不同种源采脂量与树体因子关系的研究[J]. 广西林业科学, 2006, 12(35): 18~19.

蔡益航, 林星, 李宝福, 等. 降香黄檀杉木混交造林试验研究[J]. 安徽农学通报, 2010(16)11: 205~207.

蔡跃台. 不同植被类型土壤理化性质及水源涵养功能研究[J]. 浙江林业科技, 2006, 26(3): 12~16.

陈炳星, 李光荣, 黄光霖, 等. 引种四川桤木木材化学组分的分析与评价[J]. 中国造纸, 2000(4): 12~14.

陈光升, 胡庭兴, 黄立华, 等. 华西雨屏区人工竹林凋落物及表层土壤的水源涵养功能研究[J]. 水土保持学报, 2008, 22(1): 159~162.

陈敬德. 马尾松无性系种子园产量变异的研究[J]. 南京林业大学学报, 1998(9): 81~85.

陈少雄, 李志辉, 李天会, 等. 不同初植密度的桉树人工林经济效益分析[J]. 林业科学研究, 2008, 21(1): 1~6.

陈天华, 王章荣, 徐立安. 马尾松木材性状的遗传变异及其在造纸工业中的应用[J]. 林产化学与工业, 1996, 16(3): 1~8.

谌红辉, 丁贵杰. 马尾松造林密度效应研究[J]. 林业科学, 2004, 40(1): 92~98.

谌红辉, 丁贵杰, 温恒辉, 等. 造林密度对马尾松林分生长与效益的影响研究[J]. 林业科学研究, 2011, 24(4): 470~475.

成俊卿. 人工林和天然林长白落叶松木材材性比较实验研究[J]. 林业科学, 1962, 6(1): 18~27.

成俊卿. 木材学[M]. 北京: 中国林业出版社, 1995.

程金年. 马尾松与枫香混交造林技术的研究[J]. 安徽农业科学, 2004, 32(1): 109~110, 114.

大庭喜八郎. ヌギの心材材色の育种について[J]. 林木の育种, 1977(105): 25~30.

戴永务. 中国人造板产业国际竞争力研究[D]. 福州: 福建农林大学, 2007.

邓继峰, 张含国, 张磊, 等. 杂种落叶松F2代自由授粉家系纸浆材遗传变异及多性状联合选择[J]. 林业科学, 2011, 47(5): 31~39.

丁彪, 王军辉, 张守攻, 等. 日本落叶松无性系化学组成遗传变异的研究[J]. 河北农业大学学报, 2006, 29(2): 50~53.

丁访军, 王兵, 钟洪明, 等. 赤水河下游不同林地类型土壤物理特性及其水源涵养功能[J]. 水土保持学报, 2009, 23(3): 179~231.

丁贵杰. 贵州马尾松人工建筑材合理采伐年龄研究[J]. 林业科学, 1998, 34(3): 40~46.

丁贵杰. 1997. 马尾松人工林生长收获模型系统的研究[J]. 林业科学, 33(增): 57~66.

丁贵杰, 周志春, 王章荣, 等. 马尾松纸浆林培育与利用[M]. 北京: 中国林业出版社, 2006.

丁贵杰. 马尾松人工林生长收获模型系统的研究[J]. 林业科学，1997，33(专刊)：57~66.

丁贵杰. 马尾松人工纸浆材林采伐年龄初步研究[J]. 林业科学，2000，36(1)：15~20.

丁贵杰，吴协保，齐新民，等. 马尾松纸浆材林经营模型系统及优化栽培模式研究[J]. 林业科学，2002，38(5)：7~13.

丁贵杰，谢双喜，王德炉，等. 贵州马尾松建筑材林优化栽培模式研究[J]. 林业科学，2000，36(2)：69~74.

丁贵杰，严仁发，齐新民. 不同种源马尾松造林效果及经济效益对比分析[J]. 林业科学，1994，30(6)：506~512.

丁贵杰，周政贤. 马尾松不同造林密度和不同利用方式经济效果分析[J]. 南京林业大学学报，1996，20(2)：24~29

丁贵杰，周志春，王章荣. 马尾松纸浆用材林培育与利用[M]. 北京：中国林业出版社，2006.

丁贵杰，周政贤，严仁发，等. 造林密度对杉木生长进程及经济效果影响的研究[J]. 林业科学，1997，33(专刊)：67~75.

丁圣彦，宋永昌. 常绿阔叶林演替过程中马尾松消退的原因[J]. 植物学报，1998，40(8)：755~760.

董希斌，姜帆. 帽儿山不同森林类型生物多样性恢复效果分析[J]. 林业科学，2008，44(12)：77~82.

段喜华. 长白落叶松生长及材性遗传改良研究[D]. 哈尔滨：东北林业大学，1997.

段新芳. 木材颜色调控技术[M]. 北京：中国建材工业出版社，2002.

段新芳. 人工毛白杨木材材色测定及其株间变异[J]. 东北林业大学学报，1999，27(6)：26~30.

樊明亮. 马尾松无性系种子园亲本及子代性状变异与亲本选择[D]. 南京：南京林业大学，2003.

范林元. 马尾松实生种子园亲本多性状育种值评定及其去劣疏伐研究[D]. 南京：南京林业大学，2001.

方炜，彭少麟. 鼎湖山马尾松群落演替过程物种变化之研究[J]. 热带亚热带植物学报，1995，3(4)：30~37.

高贤明，马克平，陈灵芝. 暖温带若干落叶阔叶林群落物种多样性及其与群落动态的关系[J]. 植物生态学报，2001，25(3)：283~290.

高爱新，秦国峰，欧阳彤，等. 马尾松花粉萌发性状和不同林分马尾松花粉生活力的初步研究. 福建林业科技. 2009，36(3)：103~106.

葛辛. 高级植物分子生物学[M]. 北京：科学出版社，2004：123~145.

龚佳. 马尾松实生种子园遗传多样性研究[D]. 南京林业大学，2007.

龚木荣，李忠正. 六年生马占、大叶、厚荚3种相思树制浆性能比较[J]. 中国造纸，2002(1)：1~3.

郭峰，周运超. 不同密度马尾松林针叶养分含量及其转移特征[J]. 南京林业大学学报，2010，34(4)：93~96.

韩碧文，李颖章. 植物组织培养中器官建成的生理生化基础[J]. 植物学通报，1993，10(2)：1~6.

郝建军，康宗利. 植物生理学[M]. 北京：化学工业出版社，2005：250~265.

何斌，黎跃，王凌晖. 八角林分水源涵养功能的研究[J]. 南京林业大学学报(自然科学版)，2003，27(6)：63~66.

何佩云，丁贵杰. 猴樟、鹅掌楸对马尾松苗木生理活性的他感效应[J]. 浙江林学院学报，2008，25(5)：604~608.

何天相. 粤北马尾松两个变型的材性初步研究[J]. 林业科学，1964，9(4)：332~344.

胡振琪，张光灿，毕银丽，等. 煤矸石山刺槐林分生产力及生态效应的研究[J]生态学报，2002，22(5)：621~628.

华春，周泉澄，张边江，等. 毕氏海蓬子和盐角草幼苗对PEG6000模拟干旱的生理响应[J]. 干旱区研究，2009，26(5)：702~707.

黄家荣. 人工用材林最优密度控制模型[J]. 浙江林学院学报, 2001, 18(1): 36~40.

黄建昌. 草莓对干旱的生理反应. 果树科学, 1994, 11(2): 114~116.

黄进, 张金池, 杨会. 桐庐生态公益林主要森林类型水源涵养功能综合评价[J]. 中国水土保持科学, 2010, 8(1): 46~50.

黄勤坚. 培育马尾松大径材适宜松楠混交模式研究[J]广西林业科学, 2004, 33(3): 119~123.

黄庆丰, 高健, 吴泽民. 不同森林类型土壤肥力状况及水源涵养功能的研究[J]. 安徽农业大学学报(自然科学版), 2002, 29(1): 82~86.

黄玉梅. 桉树人工林地力衰退及其成因评述[J]. 西部林业科学, 2004, 33(4): 21~26.

惠刚盈, 盛炜彤. 我国杉木人工林生长与收获模型系统的研究[J]. 世界林业研究, 1996, 9(专集): 32~53.

姜笑梅, 骆秀琴, 殷亚方. 不同湿地松种源木材材性遗传变异的研究[J]. 林业科学, 2002, 38(3): 130~135.

蒋华松, 沈文瑛, 张大同, 等. 阔叶材原料特征与制浆之间关系的探讨[J]. 中国造纸, 1998(1): 36~39.

金春德, 王成, 金玉善. 天然林赤松木材材质变异规律的初步研究[J]. 东北林业大学学报, 2000, 28(1): 39~42.

金碚. 中国企业竞争力报告(2008): 企业成本与竞争力[M]. 北京: 社会科学文献出版社, 2008: 273~274.

康冰, 刘世荣, 蔡道雄, 等. 马尾松人工林林分密度对林下植被及土壤性质的影响[J]. 应用生态学报, 2009, 20(10): 2323~2331.

兰小中, 阳义健, 陈敏, 等. 水分胁迫下中华芦荟内源激素的变化研究[J]. 种子, 2006, 25(8): 1~3.

雷云飞, 张卓文, 苏开君, 等. 流溪河森林各演替阶段凋落物层的水文特性[J]. 中南林业科技大学学报, 2007, 27(6): 38~43.

李光, 徐建民, 陆钊华. 尾叶桉纸浆林造林密度控制技术的研究[J]. 林业科学研究, 2002, 15(2): 175~181.

李海防, 杨章旗, 韦理电, 等. 广西华山5种幼龄人工林水源涵养功能研究[J]. 中南林业科技大学学报, 2010, 30(12): 70~74.

李合生. 1999. 植物生理生化实验原理和技术[M]. 北京: 高等教育出版社, 1999, 32~33.

李合生, 孙群, 赵世杰, 等. 植物生理生化实验原理和技术[M]. 北京: 高等教育出版社, 2000.

李宏伟, 高丽锋, 刘曙东, 等. 用EST-SSRs研究小麦遗传多样性[J]. 中国农业科学, 2005, 38(1): 7~12.

李火根, 王章荣, 陈天华. 中国林木遗传育种进展[M]. 北京: 科学技术文献出版社, 1993.

李火根. 马尾松成熟林木材性状地理变异的研究[D]. 南京: 南京林业大学, 1991.

李火旦, 季孔庶, 龚佳. 磁珠富集法筛选马尾松微卫星标记[J]. 分子植物育种, 2007, 5(1): 141~144.

李景文, 王义文, 赵惠勋, 等. 森林生态学(第2版)[M]. 北京: 中国林业出版社, 1994: 121~125

李贻铨, 张建国, 纪建书, 等. 杉木施肥肥效与增益持续性研究[J]. 林业科学研究. 1996, 19(林木施肥与营养诊断专刊): 18~26.

李裕元, 邵明安. 子午岭植被自然恢复过程中植物多样性的变化[J]. 生态学报, 2004, 24(2): 252~260.

梁瑞龙, 蒙福祥, 韦永忠. 马尾松(桐棉种源)造林密度试验研究初报[J]. 广西林业科学, 1996(1): 22~25.

梁瑞龙，温恒辉. 广西大青山马尾松人工林施肥研究[J]. 林业科学研究 1992. 5(1)111~114.

林伯群，蒋毓蘅，彭志途，等. 土壤学(上册)[M]. 北京：中国林业出版社，1982.

林定波，刘祖祺. 冷驯化和 ABA 对枳橘柑橘膜稳定性的影响及膜特异性蛋白质的诱导[J]. 南京农业大学学报，1994，17(1)：1~5.

林开敏，俞新妥. 杉木人工林地力衰退与可持续经营[J]. 中国生态农业学报，2001，9(4)：39~42.

林瑞荣. 不同种源马尾松纸浆材制浆性能的差异分析[J]. 福建林业科技，2009，36(1)：74~76.

林思京. 福建省马尾松优树子代初步评定[J]. 福建林学院学报，1997，17(3)：255~258.

林毅夫，蔡昉，李周. 中国的奇迹：发展战略与经济改革[M]. 上海：上海三联书店、上海人民出版社，1999，103~104.

林元震，郭海，刘纯鑫，等. 火炬松热胁迫 cDNA 文库的 EST-SSR 预测[J]. 华南农业大学学报，2009，30(3)：41~44.

林植芳，李双顺，林桂珠. 1984. 水稻叶片的衰老与超氧物歧化酶活性及脂质过氧化作用的关系[J]. 植物学报，26(6)：605~615.

刘凤枝. 农业环境监测实用手册[M]. 北京：中国标准出版社，2001：104~109.

刘公秉，季孔庶. 基于松树 EST 序列的马尾松 SSR 引物开发[J]. 分子植物育种，2009，(7)4：833~838.

刘华英，萧浪涛，何长征. 植物体细胞胚发生与内源激素的关系研究进展[J]. 湖南农业大学学报，2002，28(4)：349~354.

刘景芳. 国外森林抚育间伐研究概述：森林抚育间伐[M]. 北京：中国林业出版社，1987：1~7.

刘青华，金国庆，张蕊，等. 24 年生马尾松生长、形质和木材生材密度的种源变异与种源区划[J]. 林业科学，2009，45(10)：55~61.

刘一星，李坚，徐子才，等. 我国 110 个树种木材表面视觉物理量的综合统计分析[J]. 林业科学，1995，31(4)：353~359.

刘一星，李坚，郭明辉，等. 中国 110 种木材表面视觉物理量分布特征[J]. 东北林业大学学报，1995，23(1)：52~57.

刘艺卓，田志宏. 对世界和中国林产品贸易中比较优势的检验[J]. 中国农业经济评论，2006(4)：16~18.

刘元. 木材光变色及其防止方法[J]. 木材工业，1995，9(4)：94~97.

刘元，吴义强，乔建政，等. 桉树人工林木材的干燥特性及干燥基准研究[J]. 中南林学院学报，2002，22(4)：44~49.

刘占锋，傅伯杰，刘国华，等. 土壤质量与土壤质量指标及其评价[J]. 生态学报，2006，26(3)：901~913.

刘昭息，何玉友，孙海菁. 火炬松种源遗传变异研究及纸浆材优良种源评选 I：性状的地理变异和相关分析[J]. 林业科学研究，2001，2(6)：45~48.

刘祖祺，张石诚. 植物抗性生理学[M]. 北京：中国农业出版社，1994：50~66.

卢纹岱. SPSS for Windows 统计分析[M]. 北京：电子工业出版社，2002.

鲁如坤. 土壤农业化学分析方法[M]. 北京：中国农业科技出版社，2000.

吕磊，文仕知，胡孔飞，等. 长沙市郊枫香人工林水文生态效应的研究[J]. 中南林业科技大学学报，2010，30(4)：21~25.

栾启福，姜景民，张守攻. 松属 Gas 相关 EST-SSR 标记与火炬松×洪都拉斯加勒比松苗高相关性分析[J]. 南京林业大学党报(自然科学版)，2011，35(1)：6~10.

罗正荣. 植物激素与抗寒力的关系[J]. 植物生理学通讯，1989(3)：1~5.

马海财，马雄，柳剑丽，等．利用 SSR 分子标记构建甜瓜遗传图谱[J]．福建农林大学学报，2010，39（1）：47～52．

马祥庆，范少辉，刘爱琴，等．不同栽植代数杉木人工林土壤肥力的比较研究[J]．林业科学研究，2000，13（6）：577～582．

毛桃．马尾松优树子代测定林生长和材质的遗传分析及联合选择[D]．南京：南京林业大学，2007．

孟宪宇，测树学[M]．北京：中国林业出版社，1996．

木材编写组．中华人民共和国国家标准——木材[M]．北京：国家标准局，1984：64～67．

潘瑞炽，董愚得．植物生理学[M]．北京：高等教育出版社，1995：318～333．

潘志刚，管宁，韦善华．我国南方杂交松生长和材性的研究[J]．林业科学研究，1999，12（4）：398～402．

平川泰彦．林木の材质鉴定（2）：含水率、材色[J]．林木の育种，1977（178）：35～37．

蒲高斌，张凯，张陆阳．2011．外源 ABA 对西瓜幼苗抗冷性和某些生理指标的影响[J]．西北农业学报，20（1）：133～136

齐新民，丁贵杰．马尾松纸浆材林优化栽培密度经济分析[J]．中南林学院学报，2001，21（2）：13～17．

秦国峰．马尾松造纸材最优产地的确定[J]．林业科学研究，1995，8（3）：266～271．

秦国峰，周志春，洪杏春．马尾松生长和木材密度的种源与地点互作效应[J]．林业科学研究，1994，7（2）：81～88．

秦国峰，周志春，金国庆，等．马尾松速生丰产林不同培育目标的适宜造林密度[J]．林业科学研究，1999，12（6）：620～627

秦国峰，周志春，李光荣，等．马尾松造纸材最优产地的确定[J]．林业科学研究，1995，8（3）：266～271．

秦特夫，黄洛华．5 种不同品系相思木材的化学性质Ⅰ．木材化学组成及差异性[J]．林业科学研究，2005，18（2）：191～194．

轻工业部造纸工业科学研究所．GB/T 2677.9—1994 造纸原料多戊糖含量的测定[S]．1994：216～219．

轻工业部造纸工业科学研究所．GB/T 2677.8—1994 造纸原料酸不溶木素含量的测定[S]．1994：213～215．

轻工业部造纸工业科学研究所．GB/T 2677.6—1994 造纸原料有机溶剂抽提物含量的测定[S]．1994：210～212．

轻工业部造纸工业科学研究所．GB/T 2677.5—1993 造纸原料 1% 氢氧化钠抽提物含量的测定[S]．1993：207～209．

轻工业部造纸工业科学研究所．GB/T 2677.4—1993 造纸原料水抽提物含量的测定[S]．1993：204～206．

轻工业部造纸工业科学研究所．GB/T 2677.2—1993 造纸原料水分的测定[S]．1993：200～201．

邱贵云．马尾松与木兰科几种阔叶树混交后水源涵养功能的初步研究[J]．亚热带水土保持，2006，18（2）：10～14．

任红旭，陈雄，吴冬秀．2001．浓度升高对干旱胁迫下蚕豆光合作用和抗氧化能力的影响[J]．作物学报，27（6）：11～18．

荣文琛．马尾松造纸材种源选择[J]．林业科学研究，1992，5（1）：7～13．

荣文琛，吴天林，岳水林，等．马尾松造纸材种源选择[J]．林业科学研究，1992，5（1）：7～13．

荣文琛，曾志光，孙成志．江西马尾松纸浆材种源选择[J]．江西农业大学学报，1994，16（3）：297～302．

杉木造林密度试验协作组．杉木造林密度试验阶段报告[J]．林业科学，1994，30（5）：419～429．

沈慧，姜凤岐．水土保持林土壤改良效益评价指标体系的研究[J]．北京林业大学学报，2000，22（5）：

753~758.

盛炜彤. 不同密度杉木人工林林下植被发育与演替的定位研究[J]. 林业科学研究, 2001, 14(5): 463~471.

盛炜彤. 我国人工林地力衰退及防治对策. 人工林地力衰退研究[M]. 北京: 中国科学技术出版社, 1992: 15~19.

盛炜彤, 范少辉, 马祥庆, 等. 杉木人工林长期生产力保持机制研究[M]. 北京: 科学出版社, 2005: 144~148.

石淑兰, 王军辉, 张守攻. 日本落叶松木材的化学组成研究[J]. 林业科学研究, 2004, 17(5): 570~576.

史东梅, 吕刚, 蒋光毅, 等. 马尾松林地土壤物理性质变化及抗蚀性研究[J]. 水土保持学报, 2005, 19(6): 35~39.

史吉平, 董永华. 1995. 水分胁迫对小麦光合作用的影响[J]. 麦类作物, (5): 49~51.

史瑞和. 土壤农化分析[M]. 北京: 农业出版社, 1988.

宋新章, 江洪, 余树全, 等. 中亚热带森林群落不同演替阶段优势种凋落物分解试验[J]. 应用生态学报, 2009, 20(3): 537~542.

宋云民, 黄铨, 黄永利. 湿地松家系生长和材性遗传变异分析[J]. 林业科学研究, 1995, 8(6): 671~676.

苏培正. 木荷纯林不同抚育间伐强度对比试验[J]. 湖北林业科技, 2005, 35(2): 22~24.

孙爱芹, 常伟光, 韩斌, 等. 2010. 不同枣品种花粉生活力及贮藏方法研究[J]. 中国农学通报, 26(1): 166~168.

孙时轩, 沈国舫, 王九龄, 等. 造林学(第2版)[M]. 北京: 中国林业出版社, 1992.

孙书存, 高贤明, 包维楷, 等. 岷江上游油松造林密度对油松生长和群落结构的影响[J]. 应用与环境生物学报, 2005, 11(1): 8~13.

孙霞, 邢世岩, 路冬. 银杏花粉生活力研究[J]. 果树科学, 1997, 15(1): 58~64.

孙晓梅, 张守攻, 李时元, 等. 日本落叶松纸浆材优良家系多性状联合选择[J]. 林业科学, 2005, 41(4): 48~54.

孙晓梅, 楚秀丽, 张守攻, 等. 落叶松种间及其杂种管胞特征及微纤丝角的变异[J]. 林业科学研究, 2011, 24(4): 415~422.

谭健晖. 插条母株年龄对巨尾桉幼林抗氧化生理的影响[J]. 林业科学, 2007, 43(04): 11~17.

谭健晖. 桉树无性繁殖衰退过程中的生理变化[J]. 北京林业大学学报, 2007, 27(3): 15~24.

谭健晖. 插条母株年龄对巨尾桉幼林抗氧化生理的影响[J]. 林业科学, 2007, 43(5): 43~51.

谭健晖, 冯源恒. 15和22年马尾松纸浆材优良家系选择比较研究[J]. 福建林学院学报, 2011, 31(4): 41~45.

谭健晖, 王以红, 陈学政, 等. 桉树无性繁殖衰退过程中的生理变化[J]. 北京林业大学学报, 2007, 14(3): 15~22.

唐继新, 谌红辉, 卢立华, 等. 马尾松中幼龄林不同施肥处理经济收益分析[J]. 林业经济问题, 2010, 30(5): 390~396.

唐守正. 1993. 同龄纯林自然稀疏规律的研究[J]. 林业科学, 29(3): 234~241.

唐守正. 多元统计分析方法[M]. 北京: 中国林业出版社, 1986.

唐守正. 同龄纯林自然稀疏规律的研究[J]. 林业科学, 1993, 29(3): 234~241.

唐玉贵, 朱积余, 蒋焱, 等. 湿地松×荷木(大叶栎)异龄混交造林技术及其成效研究[J]. 广西林业科学, 2010, 39(3): 127~131.

童童书振，盛炜彤，张建国．杉木林分密度效应研究[J]．林业科学研究，2002，15(1)：66~75.

汪海粟．资产评估[M]．北京：高等教育出版社，2003：4~8.

汪佑宏，牛敏，刘杏娥，等．马尾松树脂含量与其解剖特征的关系[J]．林业实用技术，2008，(11)：5~7.

王波．中国木质家具产业国际竞争力研究[D]．福州：福建农林大学，2009.

王长新．马尾松采脂量的相关因子分析[J]．河南科技大学学报：农学版，2004，24(3)：22~25.

王光仁，朱国发．湿地松产脂量相关因子分析及高产脂单株的选择[J]．林产化工通讯，1999，(1)：27~29.

王慧梅，夏德安，王文杰．红松种源材质性状研究[J]．植物研究，2004，15(4)：112~115.

王晶英，赵雨森，王臻，等．干旱胁迫对银中杨生理生化特性的影响[J]．水土保持学报，2006，20(1)：197~200.

王景燕，龚伟，胡庭兴，等．川南天然常绿阔叶林人工更新后的土壤水源涵养功能[J]．浙江林学院学报，2007，24(5)：569~574.

王军辉，崔兴华，张佳华，等．利用SSR标记技术构建黄瓜遗传连锁图谱[J]．北方园艺，2010(22)115~118.

王钦丽，卢龙斗，吴小琴，等．2002．花粉的保存及其生活力测定[J]．植物学通报，19(3)：365~373.

王勤，张宗应，徐小牛．安徽大别山库区不同林分类型的土壤特性及其水源涵养功能[J]．水土保持学报，2003，17(3)：59~61.

王润浑，赵奋成，胡德活，等．杂交松3个育种交配组遗传结构的SSR分子标记分析[J]．中南林业科技大学学报，2008(28)5：28~41.

王树力，刘大兴，促崇祺．长白落叶松工业人工林密度控制技术的研究[J]．林业科学，1997，33(10)：322~329.

王树森，余新晓，班嘉蔚，等．华北土石山区天然森林植被演替中群落结构和物种多样性变化的研究[J]．水土保持研究，2006，13(6)：48~50.

王艳霞，吴承祯，洪伟，等．杉木人工林生长对密度效应的响应[J]．福建林学院学报，2007，27(1)：25~29.

王源秀，徐立安，黄敏仁，等．林木比较基因组学研究进展[J]．遗传，2007，29(10)：1199~1206.

王章荣，陈天华，周志春．马尾松种子园建立技术论文集[C]．北京：学术书刊出版社，1990.

王章荣，陈天华，周志春．马尾松木材性状在林分间和林分内个体间的变异[J]．南京林业大学学报，1988，12(2)：38~42.

温远光，元昌安，李信贤，等．大明山中山植被恢复过程植物物种多样性的变化[J]．植物生态学报，1998，22(1)33~40.

温佐吾．不同密度2代连栽马尾松人工林生产力水平比较[J]．浙江林学院学报，2004，21(1)：22~27.

温佐吾，孟永庆．造林技术措施对10年生马尾松幼林生长的影响[J]．林业科学研究，1999，12(5)：493~499.

温佐吾，谢双喜，周运超，等．造林密度对马尾松林分生长、木材特性及经济效益的影响[J]．林业科学，2000，36(专刊)：36~43.

吴际友，龙应忠，余格非．湿地松半同胞家系主要经济性状的遗传分析及联合选择[J]．林业科学，2000，36：57~61.

吴启彬．马尾松优良种源内优良林分选择的研究[J]．福建林业科技，2008，35(1)：21~25.

吴颂如，陈婉芳，周燮．酶联免疫法(ELISA)测定内源植物激素[J]．植物生理学通讯，1988，25(5)：53~56.

吴彦, 刘庆, 何海, 等. 亚高山针叶林人工恢复过程中物种多样性变化[J]. 应用生态学报, 2004, 15(8): 1301~1306.

武应霞, 张玉洁. 泡桐材色变异规律的研究[J]. 林业科学研究, 2003, 16(3): 319~322.

夏灵芝. 推动我国人造板生产企业成本上升的因素分析[J]. 中国人造板, 2008(6): 7~8.

肖晖. 马尾松优树子代材性的初步研究[J]. 福建林业科技, 1998, 25(3): 36~39.

谢皓, 陈学珍, 杨柳, 等. EST-SSR标记的发展和在植物遗传研究中的应用[J]. 北京农学院学报, 2005, 20(4): 73~76.

谢吉容, 向邓云, 梅虎, 等. 南方红豆杉抗寒性的变化与内源激素的关系[J]. 西南师范大学学报, 2002, 27(2): 231~234.

邢世岩, 有祥亮, 李可贵, 等. 银杏雄株开花生物学特性的研究[J]. 林业科学, 1998, 34(3): 51~58.

徐大平, 张宁南. 桉树人工林生态效应研究进展[J]. 广西林业科学, 2006, 35(4): 179~188.

徐峰, 符韵林, 梁宏温, 等. 马占相思木材解剖特性研究[J]. 广西农业生物科学, 2005, 24(2): 140~144.

徐立安, 陈天华, 王章荣. 马尾松种源子代材性变异与制浆造纸材优良种源选择[J]. 南京林业大学学报, 1997, 21(2): 1~6.

徐有明, 鲍春红, 周志翔. 湿地松种源生长量、材性的变异与优良种源综合选择[J]. 东北林业大学学报, 2001, 29(5): 18~21.

徐有明, 方文彬. 火炬松木材纤丝角和管胞长度的变异及其相关分析[J]. 林业科学研究, 1997, 15(4): 1~6.

徐有明, 林汉, 万伏红. 马尾松纸浆材材性变异和采伐林龄的确定[J]. 浙江林学院学报, 1997, 14(1): 8~15.

徐有明, 唐万鹏. 荆州引进火炬松木材基本密度的变异[J]. 东北林业大学学报, 1999, 27(4): 33~37.

徐有明, 邹明宏, 万鹏. 火炬松种源木材管胞特征值的差异分析[J]. 南京林业大学学报(自然科学版), 2002, 26(5): 15~20.

徐进, 陈天华, 王章荣, 等. 1998. 不同贮藏方法及光照对马尾松花粉活力的影响[J]. 南京林业大学学报, 22(3): 728~731.

薛崇昀, 贺文明, 聂怡, 等. 杨树无性系造纸材材性分析[J]. 中国造纸, 2009, 23(9): 41~44.

薛立, 原秋男. 纯林自然稀疏研究综述[J]. 生态学报, 2001, 21(5): 834~838.

闫东锋, 侯金芳, 张义义, 等. 宝天曼自然保护区天然次生林林分直径分布规律研究[J] 河南科学, 2006, 24(3): 364~367.

严寒静, 谈锋. 自然降温过程中栀子叶片脱落酸、赤霉素与低温半致死温度的关系[J]. 西南师范大学学报, 2001, 26(2): 195~199.

阎勇, 罗兴录, 张兴思, 等. 不同供水条件下玉米耐旱生理特性比较[J]. 中国农学通报, 2007, 23(9): 323~326.

颜伟玉, 吴小波, 邹阳, 等. 蜜蜂花粉中同工酶的研究[J]. 江西农业大学学报, 2005, 27(5): 772~774.

杨承栋, 张小泉, 焦如珍, 等. 杉木连栽地土壤组成、结构、性质变化及其对杉木生长的影响[J]. 林业科学, 1996, 32(2): 175~181.

杨承栋, 王少元, 卢立华, 等. 中国主要造林树种土壤质量演化与调控机理[M]. 北京: 科学出版社, 2009: 283~353.

杨承栋, 孙启武, 焦如珍. 大青山一二代马尾松土壤性质变化与地力衰退关系的研究[J]. 土壤学报, 2003, 40(2): 267~273.

杨彦伶, 张亚东, 张新叶. 杨树 SSR 标记在柳树中的通用性分析[J]. 分子植物育种, 2008, 6(6): 1134~1138.

杨章旗. 马尾松材性与产脂性状遗传改良研究[D]. 北京: 北京林业大学, 2012.

杨章旗. 马尾松种子园优良家系生长性状选择[J]. 福建林学院学报, 2006, 26(1): 45~48.

杨章旗, 丘小军. 马尾松良种及速生丰产配套技术推广应用[J]. 广西林业科学, 2003, 32(1): 1~6.

杨章旗, 廖绍忠. 杂交松适生区域及高效培育技术[J] 广西林业科学, 2002, 31(3): 130~132, 136.

杨章旗, 颜培栋, 舒文波. 内源激素动态变化与马尾松优良种源抗寒性的关系. 广西科学, 2009, 16 (1): 87~91.

杨宗武, 郑仁华, 傅忠华, 等. 马尾松工业用材优良家系选择的研究[J]. 林业科学, 2003, 39(1): 1~7.

姚春丽, 蒲俊文. 三倍体毛白杨化学组分纤维形态及制浆性能的研究[J]. 北京林业大学学报, 1998, 20 (5): 18~21.

姚庆端, 何水东, 张文金, 等. 闽南山地桉树纤维材优良无性系的选择研究[J]. 林业科学, 2003, 39 (专刊): 87~92.

姚瑞玲, 丁贵杰, 王胤. 不同密度马尾松人工林凋落物及养分归还量的年变化特征[J]. 南京林业大学学报: 自然科学版, 2006, 30(5): 83~85.

尹思慈. 木材品质和缺陷[M]. 北京: 中国林业出版社, 1990.

尹佟明, 李东, 陈颖, 等. 马尾松表达序列标签多态性初步分析[J]. 林业科学, 2004, 40(6): 176~180.

游秀花. 马尾松天然林不同演替阶段土壤理化性质的变化[J]. 福建林学院学报, 2005, 25(2): 121~124.

余济云, 成子纯, 蔡聪, 等. 长江中上游马尾松阔叶混交林结构规律研究[J] 林业资源管理, 2002, 2 (2): 34~36.

虞沐奎, 赖天碧, 徐六一. 火炬松材性变异及优良种源选择研究[J]. 江苏林业科技, 2000, 27(1): 1~6.

曾德慧, 姜凤岐, 范志平, 等. 沙地樟子松人工林自然稀疏规律[J]. 生态学报, 2000, 20(2): 235~242.

詹怀宇. 纤维化学与物理[M]. 北京: 科学出版社, 2005.

张彩琴, 郝敦元, 李海平. 人工林林分密度最优控制策略的数学模型[J]. 东北林业大学学报, 2006, 34 (2): 24~27.

张成军 3. 辽东栎林中四种木本植物幼苗对土壤干旱的生理生态响应[D]. 哈尔滨: 东北林业大学, 2003.

张春锋, 殷鸣放, 孔祥文, 等. 不同间伐强度对人工阔叶红松林生长的影响[J]. 辽宁林业科技, 2007, 33(1): 12~15.

张大勇, 赵松龄. 森林自疏过程中密度变化规律的研究[J]. 林业科学, 1985, 21(4): 369~373.

张鼎华, 翟明普, 林平, 等. 杨树刺槐混交林下沙质土壤腐殖物质特性[J]. 林业科学, 2001, 37(3): 58~63.

张红城, 程蒙, 董捷. 六种蜂花粉中酶活性的研究[J]. 食品科学, 2009, 30(21): 229~230.

张红莲, 李火根. 利用 EST-SSR 分子标记检测鹅掌楸种间渐渗杂交[J]. 生物多样性, 2010, 18(2): 125 ~133.

张金文. 巨尾桉大径材间伐试验研究[J]. 林业科学研究, 2008, 21(4): 464~468.

张明, 陈彪, 文仕知, 等. 马尾松天然林自然演替过程中的生物产量及养分分布[J]. 林业资源管理, 1997(2): 47~49.

张水松，陈长发，吴克选，等．杉木林间伐强度试验 20 年生长效应的研究[J]．林业科学，2005，41（5）：56～65．

张顺恒，陈辉．桉树人工林的水源涵养功能[J]．福建林学院学报，2010，30(4)：300～303．

张翔，申宗圻．木材材色的定量表征[J]．林业科学，1990，26(4)：344～352．

张耀丽，徐水吉，龙应忠，等．湿地松种植密度对纸浆材主要化学成分的影响[J]．南京林业大学学报，2002，26(6)：60～62．

张一，储德裕，金国庆，等．马尾松亲本遗传距离与子代生长性状相关性分析[J]．林业科学研究，2010（2）：215～220．

赵阿风．马尾松无性系指纹图谱构建[D]．南京林业大学，2005．

赵传燕，冯兆东，刘勇．干旱区森林水源涵养生态服务功能研究进展[J]．山地学报，2003，21(2)：157～161．

赵春江，康书江，王纪华，等．植物内源激素与不同基因型小麦抗寒性关系的研究[J]．华北农学报，2000，15(3)：51～54．

赵广亮，王继兴，王秀珍，等．油松人工林密度与养分循环关系的研究[J]．北京林业大学学报，2006，28(4)：39～44．

赵荣军，杨培华．油松半同胞子代及亲本木材构造与物理力学性质的研究[J]．西北林学院学报，2000，15(2)：25～29．

赵世杰，许长成，邹琦，等．植物组织中丙二醛测定方法的改进[J]．植物生理学通讯，1994，30(3)：207～210．

赵文飞，邢世岩，姜永旭．贮藏时间对银杏花粉保护酶活性和萌发率的影响．武汉植物学研究．2004，22(3)：259～263．

郑海水，黎明，汪炳根．西南桦造林密度与林木生长的关系[J]．林业科学研究，2003，16(1)：81～84．

郑仁华，陈国金，俞白楠．马尾松家系木材基本密度遗传变异的研究[J]．西北林学院学报，2001，16(4)：6～9．

中国制浆造纸工业研究所．GB/T 2677.10—1995 造纸原料综纤维素含量的测定[S]．1995：221～223．

中国科学院南京土壤研究所．土壤理化分析[M]．上海：上海科技出版社，1978：1～3，470～471，500～507．

中华人民共和国国家标准．GB/T 2677.3—1993 造纸原料灰分的测定[S]．1993：202～203．

周慧珍．投资项目评估[M].（第 2 版）．大连：东北财经大学出版社，2000：3．

周政贤．中国马尾松[M]．北京：中国林业出版社，2001：14．

周志春．马尾松优质纸材选择及其生态遗传学研究[D]．南京：南京林业大学，2000．

周志春，傅玉狮，吴天林．马尾松生长和材性的地理遗传变异及最优种源区的划定[J]．林业科学研究，1993，6(5)：556～564．

周志春，黄光霖，金国庆．马尾松不同种源对环境的反映函数和优良种源的合理布局[J]．林业科学研究，1999，12(3)：229～236．

周志春，金国庆，秦国峰．马尾松幼龄材密度、管胞长度的地理遗传变异及性状相关[J]．林业科学研究，1990，3(4)：393～397．

周志春，金国庆，周世水，等．马尾松自由授粉家系生长和材质的遗传分析及联合选择[J]．林业科学研究，1994，7(3)：363～368．

周志春，李光荣，黄光霖，等．马尾松木材化学组分的遗传控制及其对木材育种的意义[J]．林业科学，2000，36(2)：110～115．

周志春，秦国峰．马尾松种子园建立技术论文集[C]．北京：学术书刊出版社，1990．

周志春，秦国峰. 马尾松天然林木材化学组分和浆纸性能的地理模式[J]. 林业科学研究，1995，8(1)：1~6.

周志春，秦国峰，李光荣，等. 马尾松天然林木材化学组分和浆纸性能的地理模式[J]. 林业科学研究，1995，8(1)：1~6.

周志春，秦国峰，王章荣，等. 马尾松制浆材材性的遗传变异及其改良的若干问题[C]. 林木遗传改良讨论会文集，1991.

周志春，汪名昌，吕勤. 马尾松种子园无性系生长性状和木材性状的当代表现[J]. 浙江林业科技，1991，11(5)：23~26.

周志春，王章荣，陈天华. 马尾松木材性状株内变异与木材取样方法的探讨[J]. 南京林业大学学报，1988，12(4)：52~60.

庄金顺，刘玉明. 不同造林密度对培育马尾松造纸工艺林生长的影响[J]. 福建林业科技，1992，19(4)：39~42.

Adams M D, Kelly J M, Gocayne J D, et al. Complementary DNA sequencing: expressed sequence tags and humangenome project [J]. Science, 1991, 252: 1651~1656.

AREVALO J R, FERNANDEZ-PALACIOS JM. From pine plantations to natural stands: Ecological restoration of a *Pinus canariensis* Sweet ex Spreng forest [J]. Plant Ecology, 2005, 181: 217~226.

Barnes R D, Birks J S, Battle G. The genetic control of ring width, wood density and tracheid length in the juvenile core of *Pinus patula* [J]. South African Forestry Journal. 1994, 169: 15~20.

Belonger P J, McKe S E, Jett J B. Genetic and environmental effects on biomass production and wood density in Loblolly pine [J]. Tree Improvement for Sustainable Tropical Forestry: Proceedings of the QFRI-IUFRO Conference, 1996: 307~310.

Borralho N M G, Cotterill P P, Kanowski P J. Breeding objectives for pulp production of Eucalyptus globulus under different industrial cost structures [J]. Canadian Journal of Forestry Research, 1993, 23: 648~656.

Brondani R P V, Williams E R, Bro ndani C, et al. A microsatellite-based consensus linkage map for species of Eucalyptusand a novel set of 230 microsatellite markers for the Genus [J]. BMC Plant Biology, 2006(6): 20.

Cai SY(蔡世英). 1990. Effects of ABA on regulation of resistance of coffee seedlings to chilling injury（ABA 对咖啡幼苗抗冷性的效应）[J]. Chinese Journal Tropical Crops(热带作物学报), 11(2): 69~77.

Cato S A, Gardener R C, Kent J, et al. A rapid PCR-based method for genetically mapping ESTs [J]. Theoretical and Applied Genetics, 2001, 102: 296~306.

Chen C, Zhou P, Choi Y A, et al. Mining and character izingmicrosatellites from Citrus ESTs [J]. Theoretical and Applied Genetics, 2006, 112: 1248~1257.

CHEN X Y. Effects of plant density and age on themating system of kandelia candel Druce(Rh izophoraceae), a viviparous mangrove species [J]. Hydrobiologia, 2000, 432: 189~193.

Choudhui MA. 1988. Free radical and leaf senescence [J]. Plant Physiology Biochemical India, 15(1): 18~29

Clutter JL, Jones EP. Prediction of Growth after Thinning in old field slash Pine plantation. [R]. USDA ForServ Res Paper, 1980: SE – 217.

Donaldson L A, Croucher M. Clonal variation of wood chemistry variables in Radiata pine (*Pinus radiate* D. Don.) wood [J]. Holzforschung, 1997, 51 (6): 537~542.

Donaldson L A, Evans R, Cown D J. Clonal variation of wood density variables in *Pinus radiata* [J]. New Zealand Journal of Forestry Science, 1996, 25(2): 175~188.

FAOSTAT. ForesSTAT [EB/OL]. (2009 – 09 – 30) [2010 – 01 – 18]. http: / /faostat. fao. org /site /626 / DesktopDefault. aspx? PageID = 626#ancor.

Gerber S, Rodolphe F, Bahrman N, et al. Seed protein variations of a pine (Pinus pinaster AIT.) revealed by two-dimensional electrophoresis: genetic determinism and construction of a linkag e map [J]. Theoretical and Applied Genetics, 1993, 85: 521 ~ 528.

Gusta L V, Tischuk R, Weiser CJ. 2005. Plant Cold acclimation the role of abscisic acid [J]. Plant Growth Regul, 24: 308 ~ 318.

Gwaze D P, Bridgwater F E, Byram T D. Genetic parameter estimates for growth and wood density in Loblolly pine (Pinus taeda L.) [J]. Forest Genetics, 2001, 8 (1): 47 ~ 55.

Han Z G, Guo W Z, Song X L, et al. Genetic mapping of EST- derived microsatellites from the diploid Gossypium arboreumin allotetraploid cotton [J]. Moll Gen1 Genom. , 2004, 272: 308 ~ 327.

Hannrup B, Ekberg I, Age-age correlations for tracheid length and wood density in *Pinus sylvestris* [J]. Canadian Journal of Forest Research, 1998, 28(9): 1373 ~ 1379.

Harold L M. Wood qua1 ity eval uation from increment cores [J]. Journal of Tapioca, 1958, 41(2): 150 ~ 157.

Hodge G R, Purnell R C. Genetic parameter estimates for wood density, transition age, and radial growth in Slash-pine [J]. Canadian Journal of Forest Research, 1993, 23(9): 1881 ~ 1891.

Howell G S, Dennis F G. Analyes and unprevent of plant cold hardness [M]. NY: CRC Press, 1981: 175 ~ 176.

Howell G S, Dennis F G. . 1981. Analyes and unprevent of Plant cold Hardness. NY: CRC Press, 175 ~ 176.

Jain K K, Intra increment variation in specific gravity of wood in Blue pine [J]. Wood Science and Technology, 1979, 13: 239 ~ 242.

Jimenez V M, Bangerth F. Endogenous hormone levels in explants and in embryogenic and non-embryogenic cultures of carror [J]. Physiol Plant, 2001, 111 (3): 389 ~ 395.

Kanazaw S, Sano S, Koshiba T, et al. 2000. Changes in antioxidative in cucumber cotyledons during naturalsence: comparison with those during dark induced senescence. Plant Physiol, 109: 211 ~ 216.

Kibblewhite R P. Radiata pine wood and kraft pulp quality relationships [J]. Appita, 2000, 37: 741 ~ 747.

King J N, Yeh F C, Heaman J C, et al. Selection of wood density and diameter in controlled crosses of coastal *Douglas fir* [J]. Silvae Genetica, 1988, 5: 85 ~ 89.

Komulainen P, Brow n G R, Mikkonen M, et al. Comparing EST-based genetic maps between *Pinus sylvestris* and *Pinus taeda* [J]. Theoretical and Applied Genetics, 2003, 107: 667 ~ 678.

Lan XZ(兰小中), Yang YJ(阳义健), Chen M(陈敏), et al. 2006. Research on changing of endogenous hormones of Aloevera var. chinensis under water stress(水分胁迫下中华芦荟内源激素的变化研究) [J]. Seed (种子), 25(8): 1 ~ 3.

Letham D S, Goodwin P B, Higgings T J S. Phytohormones and related compounds comprehensive treatise [M]. New York: Elservier / North Hodond Biomedical Press, 1978: 457 ~ 537.

Letharn D S, Higgings T J S, et al. 1978. Phytohormones and related compounds A comprehensive treatise. Elservier North Hodond: Biomedical Press. 2: 457 ~ 463.

Liew laksaneeyanawin C, Ritland C E, E-l Kassaby Y A, et al. Single-copy, species-transferable microsatellite mar kersdeveloped from loblolly pine ESTs [J]. Theoretical and Applied Genetics, 2004, 109: 361 ~ 369.

Lin DB(林定波), Liu ZQ(刘祖棋). 1994. Effect of cold acclimation and ABA on membrane stability and synthesis of membrane protein in citrus(冷驯化和 ABA 对枳橘柑橘膜稳定性的影响及膜特异性蛋白质的诱导) [J]. Journal of Nanjing Agricultural University (南京农业大学学报), 17(1): 1 ~ 5.

Loo J A. Genetic variation in the time of transition from juvenile to mature wood in Loblolly Pine [J]. Silvae Genetica, 1984, 34(1): 14 ~ 19.

Miyata M, Ubukata M, Eiga S. Clonal differ ences of the chemical constituents's contents of grafted plus- tree woods of Japanese red pine and Japanese black pine [J]. Journal of the Japanese Forestry Society, 1991, 73 (2): 151 ~ 153.

Mugasha A G, Iddi S. Survival, growth and wood density of *Pinus kesiya* and *Pinus oocarpa* provenances at Kihanga Arboretum, SaoHill, Tanzania [J]. Forest Ecology and Management, 1996, 87(1): 1 ~ 11.

Muneri A, Balodis V. Variation in wood density and tracheid length in *Pinus patula* grown in Zimbabwe [J]. Southern African Forestry Journal, 1998, 182(1): 41 ~ 50.

Nelson C D, Nance W L, Doudfek R L. A partial genetilinkage map of slash pine (*Pinus elliottii* Engelmann Var1elliottii) based on random amplified polymorphic DNA [J]. Theoretical and Applied Genetics, 1993, 87: 145 ~ 151.

Nyakuengama J G, Evans R, Matheson C. Wood quality and quantitative genetics of *Pinus radiate* D. Don: fibre traits and wood density [J]. Appita Journal, 1999, 52(5): 348 ~ 357.

Parton E, Vervaeke I, Delen R, et al. Viability and storage of bromeliad pollen [J]. Euphytica, 2002, 125: 1552 ~ 1661.

Pashley C H, Ellis J R, McCauley D E, et al. EST databasesas a source for molecular markers: Lessons from Helianthus [J]. Hered, 2006(97): 381 ~ 388.

Powell W, Machray G C, Provan J. Polymorphism revealedby simple sequence repeats. Trends in Plant [J]. Science, 1996(1): 215 ~ 222.

Remington D L, Wheten R W, Liu B H et al. Construction of an AFLP genetic map with nearly complete genome coverage in *Pinus taeda* [J]. Theoretical and Applied Genetics, 1999, 98: 1279 ~ 1292.

Rozenberg P, Cahalan C. Spruce and wood quality: genetic aspects (a review) [J]. Silvae Genetica, 1997, 46 (5): 270 ~ 279.

Rungis D, Berube Y, Zhang J, et al. Robust simple sequencer epeat markers for spruce (*Picea* spp.) from expressed sequencetags [J]. Theoretical and Applied Genetics, 2003, 109: 1283 ~ 1294.

Shelbourne T, Evans R, Kibblewhite P. Inheritance of tracheid transverse dimensions and wood density in radiate pine [J]. Appita Journal, 1997, 50(1): 47 ~ 67.

Silfverberg-Dilworth E, Matasci1 C L, Weg W E V D, et al. Microsatellite markers spanning the apple (*Malus* × *domestica* Borkh.) genome [J]. Tree Genetics & Genomes, 2006, 2(4): 202 ~ 224.

Susumu Mikami1 Breeding for wood quality of Japanese larch [J]. Bullet in of Forest Tree, 1988(6): 146 ~ 149.

Tautz D, Renz M. Simple sequencer epeatsar eubiquitous repetitive components of eukaryotic genomes [J]. Nucleic Acids Research, 1984, 12: 4127 ~ 4138.

Temesgen B, Brown G R, Harry D E et al. Genetic mapping of expressed sequence tag polymorphism (ESTP) markers in loblolly pine (*Pinus taeda* L.) [J]. Theoretical and Applied Genetics, 2001, 102: 664 ~ 675.

Varshney R K, Graner A, Sorrells M E. Genic microsate-llite markers in plants: Features and applications [J]. Trends Biotech, 2005, 23(1): 48 ~ 55.

Varshney R K, Graner A, Sorrells M E. Genicmicr osate-llite marker sinplants: Features and applications [J]. Trends Biotech, 2005, 23(1): 48 ~ 55.

Williams C G, Megraw R A. Juvenile mature relationships for wood density in *Pinus taeda* [J]. Canadian Journal of Forest Research, 1994, 24(4): 714 ~ 722.

Wright J A, Gibson G L, Barnes R D. Variation in volume and wood density of eight provenances of *Pinus oocarpa* and *P. patula* spp. tecunumanii in Conocoto, Ecuador [J]. Instituto de Pesquisase Estudos Florestais, 1989, (1): 5 ~ 7.

Wright J A, Burley J. The correlation of wood uniformity with the paper making traits of tropical pines [J]. Tappi,

1990, 73(3): 503 ~ 510.

Wu L, Han H F, Hu J J, et al. An integrated genetic map of Populus deltoidesbased on amplified fr agment length-polymorphisms [J]. Theoretical and Applied Genetics, 2000, 100: 1249 ~ 1256.

Wu S R(吴颂如), Chen W F(陈婉芳), Zhou X(周燮). 1988. Enzyme linked immunosorbent assay for endogenous plant hormones(酶联免疫法(ELISA) 测定内源植物激素) [J]. Plant Physiol Commun(植物生理学通讯), 25(5): 53 ~ 561.

Yan H J(严寒静), Tan F(谈锋). 2001. The relation between abscisic acid, gibberellic acid and semilethal temperature of Ardenia jasminoides Ellis leaves as temperature fell(自然降温过程中栀子叶片脱落酸, 赤酶素与低温半致死温度的关系) [J]. Journal of Southwest China Normal University: Natural Science Edition(西南师范大学学报. 自然科学版), 26(2): 195 ~ 199.

Yang Z Q(杨章旗), Qiu X J(丘小军). 2003. Promotion application on supporting technology of superior seed and fast growgh and highyield of Pinus massoniana (马尾松良种及速生丰产配套技术推广应用) [J]. Guangxi Forestry Science (广西林业科学), 32(1): 1 ~ 6.

Yasodha R, Sumathi R, Chezhian P, et al, Ghosh M. Eucalyptus microsatellites mined in silico: survey andevaluation [J]. Journal of Genetics, 2008, 87(1): 21 ~ 25.

Yazdani R, Yeh F C, Rimsha J. Genomic mapping of Pinus sylvestris (L.) using random amplified polymorphie DNA markers [J]. Forest Genetics, 1995, 2: 109 ~ 116.

Yin J L, Zhao H E. Summary of influential Factors on pollen viability and its preservation methods[J]. Chinese Agricultural Science Bulletin, 2005, 21(4): 110 ~ 114.

Yin T M, Wang X R, Andersson B, et al. Nearly complete genetic maps of Pinus sylvestris L. (Scots pine) constructedby AFLP marker analysis in a full sib family. Theoretical and Applied Genetics, 2003, 106: 1075 ~ 1083.

Zhao C J(赵春江), Kang S J(康书江), Wang J H (王纪华)等. Study on relations between plant endogenous hormones and cold resistance in wheat(植物内源激素与不同基因型小麦抗寒性关系的研究) [J]. Acta Agriculturae Boreal-Sinica (华北农学报), 2000, 15(3): 51 ~ 54.

Zhu Y, King B L, Parvizi B, et al. TIGR gene indices clustering tools(TGICL): a software system for fast clustering of large EST datasets [J]. Bioinformatics, 2003, 19(5): 651 ~ 652.

Zobel B J, Buijtenen J P. Wood Variation: Its Causes and Control [M]. Berlin: Springer Verlag, 1989: 157 ~ 173.

Zobel B J, van Buijtenen J P. Wood variation: its causes and control. Berlin: Springer-Verlag, 1989: 157 ~ 173.

Zobel B J. Breeding for wood properties in forest trees [J]. Unasylva, 1964(18): 89 ~ 103.